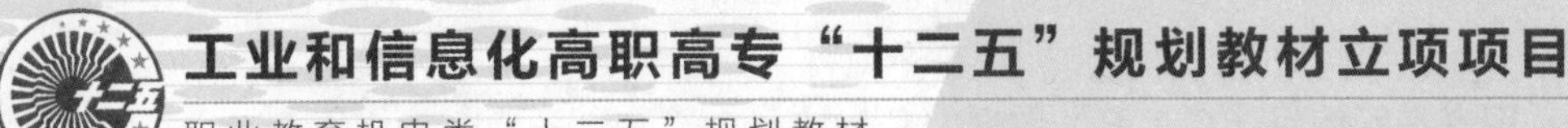
工业和信息化高职高专“十二五”规划教材立项项目
职业教育机电类“十二五”规划教材

机械产品精度测量

马凤岚　杨淑珍　主编
邓方贞　陈舒拉　副主编
胡立炜　陈根琴　主审

人民邮电出版社
北京

图书在版编目（CIP）数据

机械产品精度测量 / 马凤岚，杨淑珍主编. -- 北京
：人民邮电出版社，2012.10
职业教育机电类“十二五”规划教材
ISBN 978-7-115-28881-3

Ⅰ. ①机… Ⅱ. ①马… ②杨… Ⅲ. ①机械工业－工
业产品－精度－测量－中等专业学校－教材 Ⅳ.
①TG806

中国版本图书馆CIP数据核字(2012)第191610号

内 容 提 要

本书共分 6 个项目，着重介绍常见典型零件的检测、标注和几何精度对加工质量的影响。本书在编写时还用“学习任务单”的形式，将工作任务具体化，将理论与实践融为一体，将教学与生产紧密相连，很好地贯彻了“基于工作任务，构建课程体系；模拟工作情境，开发课程内容”的教学设计目标。

本书可作为职业院校或技工学校机械制造专业、数控专业、模具专业、汽车专业的教学用书，也可作为相关从业人员技能培训教材。

工业和信息化高职高专“十二五”规划教材立项项目
职业教育机电类“十二五”规划教材
机械产品精度测量

◆ 主　　编　马凤岚　杨淑珍
副 主 编　邓方贞　陈舒拉
主　　审　胡立炜　陈根琴
责任编辑　李育民

◆ 人民邮电出版社出版发行　北京市崇文区夕照寺街 14 号
邮编　100061　电子邮件　315@ptpress.com.cn
网址　http://www.ptpress.com.cn
北京鑫正大印刷有限公司印刷

◆ 开本：787×1092　1/16
印张：13　　2012 年 10 月第 1 版
字数：304 千字　　2012 年 10 月北京第 1 次印刷

ISBN 978-7-115-28881-3

定价：28.00 元

读者服务热线：(010)67170985　印装质量热线：(010)67129223
反盗版热线：(010)67171154

Forward 前言

本书突出职业教育的特色，根据教学的基本要求，围绕培养应用型人才这个目标，依托产品讲零件，依托项目讲测量。

本书不是一般意义上的精度测量教材，因为测量精度不仅与测量器具、测量方法有关，还与零件的加工工艺和机械产品的装配工艺有关。因此，本书没有局限于狭义上的“测量”技术，而是对传统的教学内容做了精心的选择与编排，并根据近年来公差课程改革的成功经验，对内容进行了取舍，形成了自己的鲜明特点，即结构模块化、技能系统化、内容弹性化。

本书共有6个项目，划分的依据是以机械产品的使用要求为前提，具有典型性和通用性，突出了针对性、先进性和实用性。

所谓针对性，是指教材根据职业教育的认知规律去合理组织教学，用感性引导理性，从实践导入理论，从整体渗透到细节。所谓先进性，是指教材内容站在本学科的前沿和实践改革的高端，用最新的教学理念、教学项目和教学设施阐述教学过程。所谓实用性，是指教材内容从实训教学的基本要求出发，有的放矢地指导检测活动的进行，并通过学习典型机械产品的加工、装配等相关知识来加深对精度测量概念的理解，从而起到举一反三的作用。

本书的参考学时约为50学时。

本书是由江西机电职业技术学院公差教研室组织编写的，马凤岚、杨淑珍任主编，邓方贞、陈舒拉任副主编，陈舒拉负责全书的策划、统稿和定稿。本书具体编写分工如下：马凤岚编写了项目一、项目二和项目三,杨淑珍编写了项目四,邓方贞编写了项目五和项目六，陈舒拉编写了前言、目录、附录和参考文献。另外，陈文参与了有关资料的收集和整理工作。承蒙胡立炜和陈根琴两位教授的细心审阅，在此深表感谢。本书在编写过程中还得到了殷立君、胡凤翔、顾晔、曾虎、罗建军、卢卓、王湖根、陈月华等老师的大力支持，在此一并表示衷心感谢。

由于编者水平有限，书中疏漏及不当之处，恳请广大读者批评指正，编者不胜感激。

编　者

2012 年 7 月

Content
目 录

任务一

发动机活塞连杆组件的检测

【促成目标】

① 能根据发动机原理分析活塞连杆的工作机理。
② 了解连杆机械加工的工艺过程。
③ 了解活塞连杆的材料选用及结构特点。
④ 测量连杆大小头的平行度误差。
⑤ 测量活塞和活塞销的形位误差。

【最终目标】

了解活塞连杆的工作机理，能对发动机活塞连杆组件进行拆装、检测。在此基础上，理解发动机工作原理，了解发动机各零部件的结构、选材及工作性能。

一、工作任务

通过对本任务“二、基础知识”的学习，了解活塞连杆的工作机理，能对发动机活塞连杆组件进行拆装、检测，并认真填写下面的《学习任务单》、《学习报告单一——测量连杆大小头的平行度误差》和《学习报告单二——测量活塞和活塞销的形位误差》。

1．认识、拆装活塞连杆组，了解零配件的名称、结构、作用和性能

发动机活塞连杆组件，如图 1-1 所示。

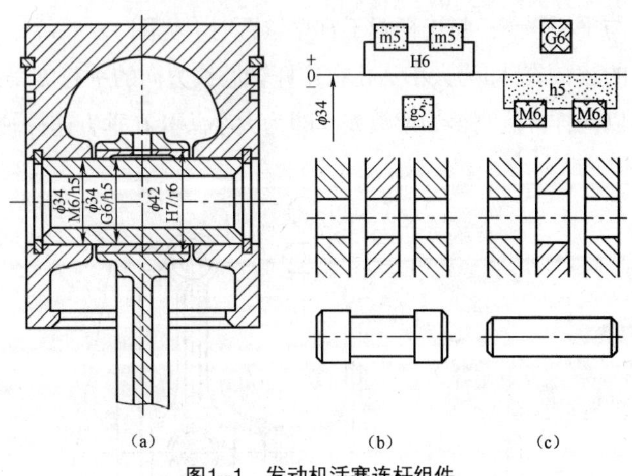

图1-1　发动机活塞连杆组件

学习任务单

学习情境	测量连杆大小头孔在两个互相垂直方向的平行度	姓名		日期	
学习任务	1. 测量连杆大小头的平行度误差； 2. 测量活塞和活塞销的形位误差	班级		教师	
任务目标	能根据发动机原理分析活塞连杆的工作机理，认识、拆装活塞连杆组，了解零配件的名称、结构、作用和性能				
任务要求	能根据形位公差项目选择合适的检测方法				
条件配备	平板、心轴或V形块、指示表、磁性表座等				
• 根据提供的资料和老师讲解，学习完成任务必备的理论知识要点 • ① 能根据发动机原理分析活塞连杆的工作机理。 ② 了解连杆机械加工的工艺过程。 ③ 了解活塞连杆的材料选用及结构特点。 ④ 测量连杆大小头的平行度误差。 ⑤ 测量活塞和活塞销的形位误差。 • 根据现场提供的零部件及工具，完成测量项目 ➡ 掌握平板、心轴或V形块、指示表、磁性表座等工具的使用方法。 完成任务后，认真填写《学习报告单一——测量连杆大小头的平行度误差》和《学习报告单二——测量活塞和活塞销的形位误差》，上交，作为考核依据					

2. 测量连杆大小头在两个互相垂直方向的平行度误差

平行度误差的检测经常用平板、心轴或V形块来模拟平面、孔或轴并作为基准，然后测量被测线、面上各点到基准的距离之差，以最大相对差作为平行度误差。图1-2所示为连杆大小头孔在两个互相垂直方向的平行度检验。在大小头孔中塞入心轴，大头的心轴搁在等高垫铁上，使大头心轴与平板平行。将连杆置于直立位置时［见图1-2（a）］，在小头心轴上距离为［100 mm］处测量高度的读数差，即为大小头孔在连杆轴心线方向的平行度误差值；将工件置于水平位置时［见图1-2（b）］，以同样方法测得的读数差，即为大小头孔在垂直连杆轴心线方向的平行度误差值。

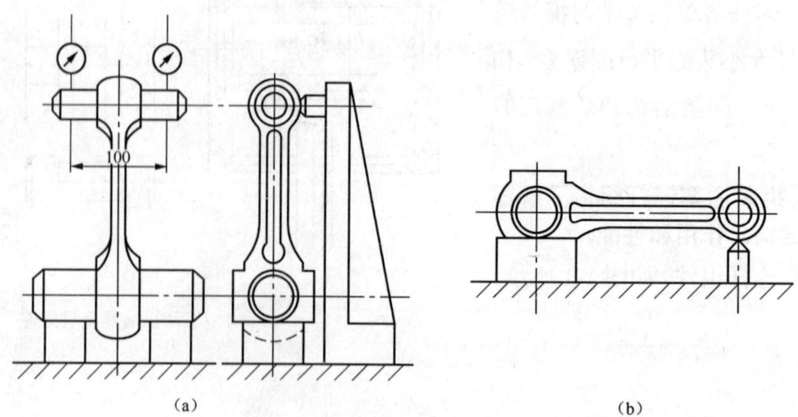

图1-2 连杆平行度误差的测量

学习报告单一——测量连杆大小头的平行度误差

学习情境		姓名		成绩	
学习任务	测量连杆大小头的平行度误差	班级		教师	
1. 实训目的：要求和内容 2. 实训主要设备、仪器、工具、材料、工装等 3. 实训步骤（画一张测量简图） 4. 实训记录及数据分析、总结 5. 实训过程中的注意事项，实训后的思考、认识、深化、联想、建议等					

3. 测量活塞和活塞销的圆柱度误差

圆柱度误差的测量：圆柱度是一项综合性指标，它包括圆柱体纵、横剖面内的各项误差及轴心线（孔心线）的直线度误差。对于它的测量，目前多采用单项测量的办法来代替。用量表分别测量活塞和活塞销的上、中、下部，在3个断面内所测得的所有读数中最大与最小直径差值的一半即为活塞和活塞销的圆柱度误差。

学习报告单二——测量活塞和活塞销的形位误差

学习情境		姓名		成绩	
学习任务	测量活塞和活塞销的形位误差	班级		教师	

1. 实训目的：要求和内容

2. 实训主要设备、仪器、工具、材料、工装等

3. 实训步骤（画一张测量简图）

4. 实训记录及数据分析、总结

5. 实训过程中的注意事项，实训后的思考、认识、深化、联想、建议等

二、基础知识

从活塞连杆组件的结构和工作原理可知，所有机械设备都是由不同的零部件组成的，要保证其

精度和质量，首先必须保证各零部件的尺寸、形状、位置精度。下面我们来讲述其概念。

（一）活塞连杆组件

活塞连杆组由活塞、活塞环、活塞销、连杆等机件组成，其构造如图 1-3 所示，活塞连杆的功用是：与气缸、气缸盖构成工作容积和燃烧室；承受燃气压力并通过连杆将活塞的往复直线运动变换成曲轴的旋转运动；密封气缸，防止燃气漏入曲轴和过多的机油窜入气缸。

（1）活塞。根据其作用，活塞可分为顶部、环槽部、裙部和活塞销座四部分，活塞的外形见图 1-3（a）。活塞顶部形状与所选用的燃烧室形式有关，汽油机一般采用平顶，柴油机则根燃烧室的要求，设有各种不同形状的凹顶。环槽部车有若干活塞环槽，靠顶部的环槽装气环，一般为 2～3 道，下面的一道环槽装油环。油环槽的槽底钻有许多径向小孔，以便油环从缸壁上刮下的多余润滑油经此孔流回油底壳。裙部是活塞往复运动的导向部分。活塞销座用来安装活塞销，销座孔内有安装弹性卡环的卡环槽。

活塞一般用铝合金铸造。

（2）活塞环。活塞环是具有一定弹性的金属开口环，有气环与油环两种。气环的功用是密封活塞与气缸壁间的间隙，同时将活塞顶部的热量传给气缸壁来为活塞散热。油环用来刮除气缸壁上多余的机油，防止机油窜入燃烧室，并在气缸壁上均匀地布一层油膜，保证活塞、活塞环与气缸壁间的良好润滑。

活塞环目前多采用活塞销材料制成。

气环的断面形状见图 1-3（b），有矩形、梯形等。油环的断面形状如图 1-3（b）的下图所示，在其外圆上切有环形凹槽，槽底部开口有很多穿通的排油小孔或狭缝。

（3）活塞销。活塞销为一空圆柱体。其功用是连接活塞与连杆小头，将活塞承受的气体作用力传给连杆。为防止浮动式活塞销产生轴向窜动而刮伤气缸壁，在活塞销座两端装有卡环以使活塞销轴向定位。

活塞销一般用低碳合金钢经表面渗碳处理制成。

（4）连杆。连杆的功用是连接活塞和曲轴，把活塞承受的压力传给曲轴，并将活塞的往复直线运动转变为曲轴的旋转运动。从图 1-3（a）可以看出，连杆由小头 9、杆身 10 和大头 11（包括连杆盖 14）3 部分组成。

连杆小头孔内装有减磨青铜衬套。为了润滑活塞销与衬套，在小头和衬套上开有集油孔或集油槽，用来收集内燃机运转时飞溅上来的机油。采用压力润滑的，在连杆杆身上开有压力油通道。

连杆杆身通常做成“工”字形断面，杆身断面从大头到小头逐渐变小。

连杆大头与曲轴的曲柄销相连。除了个别小型汽油机的连杆采用整体式大头外，连杆大头一般做成剖分式，如图 1-3（c）所示，有斜切口和水平切口两种。被分开的部分称为连杆盖，用螺栓螺母联接并可靠紧固，大头孔内装有两个半圆形连杆瓦。连杆螺栓是一个经常承受交变载荷的重要零件，一般采用韧性较高的优质碳素钢或合金钢锻制。

连杆一般用中碳钢或合金钢锻造而成，然后经机加工和热处理。

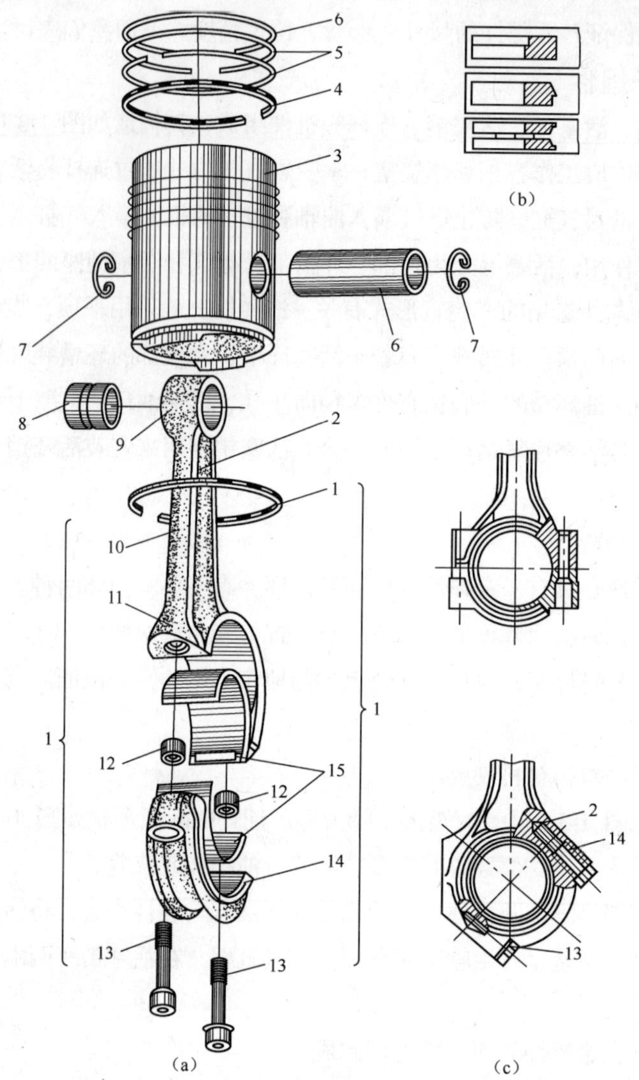

图1–3 活塞连杆组

1—连杆组件；2—连杆；3—活塞；4—油环；5—中气环；6—上气环；7—活塞销卡环；8—连杆衬套；9—连杆小头；10—连杆杆身；11—连杆大头；12—定位套筒；13—连杆螺钉；14—连杆盖；15—连杆轴瓦；16—活塞销

（二）尺寸公差与配合

零件的几何形体参数大多是通过加工后得到的，可是任何加工方法都不可能把零件加工得绝对准确，在尺寸、形状和位置这 3 个方面总是存在着一定的加工误差。

例如，直径尺寸为 100 mm 的轴，工作时若与孔相配合，按中等精度要求，它的误差一般不能超过 0.035 mm。须知，一般人的头发直径约为 0.07 mm。

又如，车间用的 630 mm×400 mm 的划线平板，即使是最低等级的 3 级精度平板，它的工作面的平面度误差也不得超过 0.07 mm。

再如，普通车床的主轴前顶尖与尾座后顶尖，在装配后应保持等高(轴线重合)，一般它的最大误差不允许超过 0.01 mm。

从上述例子可以看出，欲保证产品及其零部件的使用要求，必须将加工误差控制在一定的范围。实际上，只要零部件的几何量误差在规定的范围内变动，就能满足互换性的要求。

零件几何参数允许的变动量称为“公差”。工件的误差在公差范围内，为合格件；超出了公差范围，为不合格件。误差是在加工过程中产生的，而公差是设计人员给定的。设计者的任务就在于正确地确定公差，并把它在图样上明确地表示出来。这就是说，互换性要用公差来保证。显然，在满足功能要求的条件下，公差应尽量规定得大些，以获得最佳的技术经济效益。

完工后的零件是否满足公差要求，要通过检测加以判断。检测包含检验与测量。几何量的检验是指确定零件的几何参数是否在规定的极限范围内，并作出合格性判断，而不必得出被测量的具体数值；测量是将被测量与作为计量单位的标准量进行比较，以确定被测量的具体数值的过程。检测不仅用来评定产品质量，而且用于分析产品不合格的原因，及时调整生产，监督工艺过程，预防废品产生。检测是机械制造的“眼睛”。无数事实证明，产品质量的提高，除设计和加工精度的提高外，往往有赖于检测精度的提高。

由此可见，合理确定公差并正确进行检测，是保证产品质量、实现互换性生产的两个必不可少的条件和手段。

孔和轴的定义如下。

孔：孔主要指圆柱形的内表面，也包括其他内表面中由单一尺寸确定的部分。

轴：轴主要指圆柱形的外表面，也包括其他外表面中由单一尺寸确定的部分。

定义中的“单一尺寸确定的部分”是指内、外部表面某一部分的意思。从孔与轴的定义中可知，孔并不一定是圆柱形的，也可以是非圆柱形的，见图 1-4（a）中的毂槽。同样，轴也并不一定是圆柱形的，也可以是非圆柱形的，见图 1-4（b）中的轴槽。

从装配关系讲，孔是包容面，轴是被包容面。从加工过程来看，随着余量的切除，孔的尺寸由小变大，轴的尺寸由大变小。从测量方法看，测孔用内卡脚，测轴用外卡脚，如图 1-4（c）所示。

1．有关尺寸的术语及定义

（1）尺寸：尺寸是指用特定单位表示长度值的数值。

长度值包括直径、半径、宽度、深度、高度、中心距等。在机械制造中，一般常用毫米（mm）作为特定单位，在图样上标注尺寸时，可将单位省略，仅标注数值。当以其他单位表示尺寸时，则应注明相应的长度单位，如 50 μm。

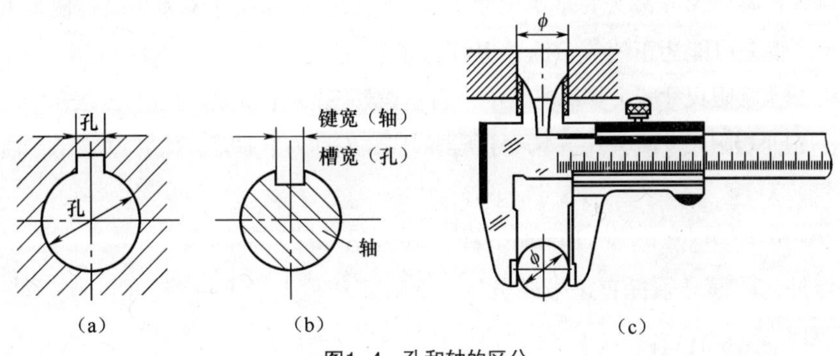

图1-4　孔和轴的区分

（2）基本尺寸：基本尺寸是设计时给定的，孔用 D 表示，轴用 d 表示。它是设计者根据使用要求，通过强度、刚度计算及结构等方面的考虑，并按标准直径或标准长度圆整后所给定的尺寸。

基本尺寸仅表示零件尺寸的基本大小，它并非对完工零件实际尺寸的要求，不能将它理解为理想尺寸，认为完工零件尺寸越接近基本尺寸就越好。零件尺寸是否合格，要看它是否落在尺寸公差带之内，而不是看它对基本尺寸偏离多少。故基本尺寸只是计算极限尺寸和偏差的起始尺寸。

（3）极限尺寸：允许尺寸变化的两个界限值称为极限尺寸。它以基本尺寸为基数来确定。两个界限值中较大的一个称为最大极限尺寸，较小的一个称为最小极限尺寸。孔和轴的最大、最小极限尺寸分别用 D_{max}、d_{max} 和 D_{min}、d_{min} 表示，如图 1-5 所示。

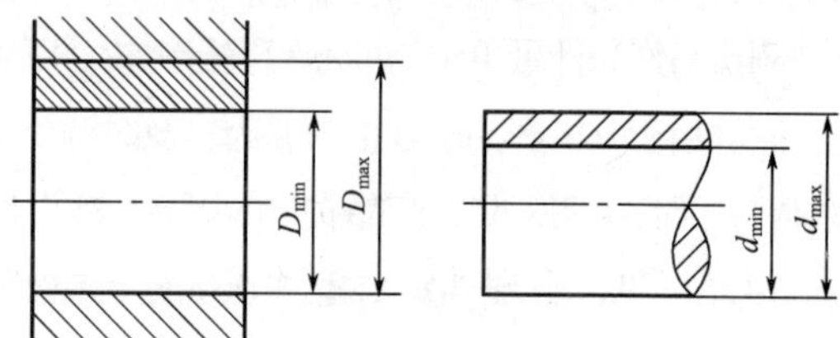

图1-5　极限尺寸

（4）实际尺寸：实际尺寸是通过测量所得的尺寸。孔的实际尺寸用 D_a 表示，轴的实际尺寸用 d_a 表示。由于存在测量误差，实际尺寸并非被测尺寸的真值，它只是接近真实尺寸的一个随机尺寸。由于零件存在形状误差，所以不同部位的实际尺寸也不尽相同，因此，往往把它称为局部实际尺寸，如图 1-6 所示。

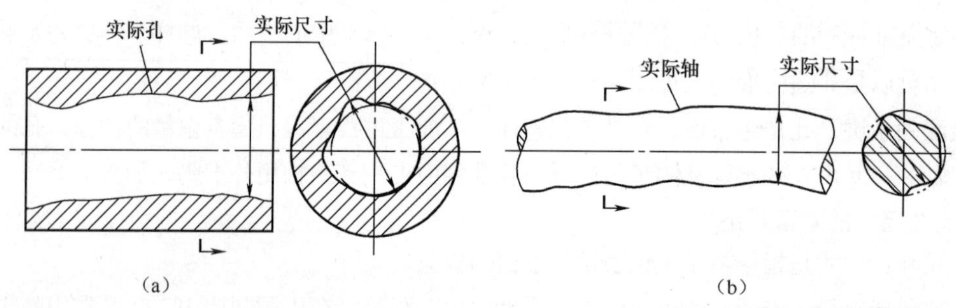

图1-6　实际尺寸

2. 有关偏差和公差的术语及定义

（1）尺寸偏差：某一尺寸减去其基本尺寸所得的代数差称为尺寸偏差（简称偏差）。孔用 E 表示，轴用 e 表示。偏差可能为正值或负值，也可为零。

① 上偏差：最大极限尺寸减去其基本尺寸所得的代数差称为上偏差。孔用 ES 表示，轴用 es 表示。

② 下偏差：最小极限尺寸减去其基本尺寸所得的代数差称为下偏差。孔用 EI 表示，轴用 ei 表示。

$$\begin{aligned} ES&=D_{max}-D \qquad es=d_{max}-d \\ EI&=D_{min}-D \qquad ei=d_{min}-d \end{aligned} \tag{1-1}$$

偏差值除零外，前面必须标有正号或负号。上偏差总是大于下偏差，如 $50^{+0.034}_{+0.009}$，$50^{-0.009}_{-0.020}$，$30^{\ 0}_{-0.007}$，$30^{+0.011}_{\ 0}$，80 ± 0.015。

（2）极限偏差：上偏差和下偏差统称为极限偏差。

（3）实际偏差：实际尺寸减去其基本尺寸所得的代数差称为实际偏差。孔和轴的实际偏差代号分别为 E_a 和 e_a。

（4）基本偏差：在公差与配合标准中，确定尺寸公差带相对零线位置的那个极限偏差称为基本偏差。孔、轴的基本偏差数值均已标准化，它可以是上偏差或下偏差，一般为靠近零线的那个极限偏差。

（5）尺寸公差：尺寸公差（简称公差）是最大极限尺寸与最小极限尺寸之差，它是尺寸允许的变动量。尺寸公差是一个没有符号的绝对值。孔的公差用 T_D 表示，轴的公差用 T_d 表示，其关系为

$$T_D=|D_{max}-D_{min}|=|ES-EI| \quad (1\text{-}2)$$

$$T_d=|d_{max}-d_{min}|=|es-ei| \quad (1\text{-}3)$$

（6）标准公差：《公差与配合》国家标准中所规定的用以确定公差带大小的任一公差值称为标准公差。

（7）公差带图：表示零件的尺寸相对其基本尺寸所允许变动的范围，叫做尺寸公差带。公差带的图解方式称为公差带图，如图 1-7 所示。公差带图由零线、极限偏差线等构成。

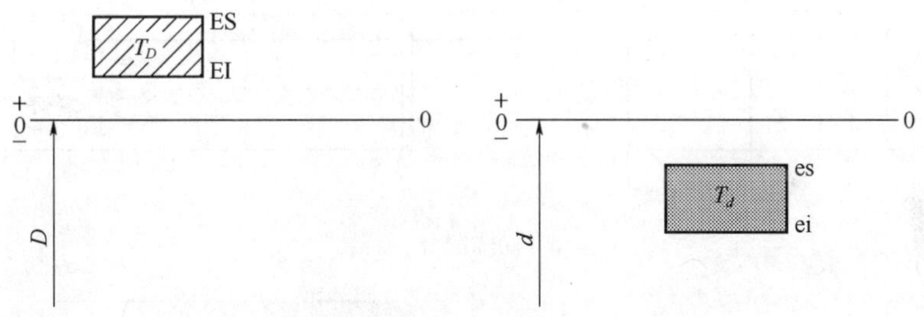

图1-7　公差带图

① 零线：公差带图中用于确定极限偏差的一条基准线即零偏差线，表示基本尺寸。位于零线上方的极限偏差值为正数；位于零线下方的极限偏差值为负数；当与零线重合时，表示偏差为零。

② 偏差线：公差带图中与零线平行的直线即为偏差线，用于表示上、下偏差，亦称为上、下偏差线。其间的宽度表示公差带的大小，即公差值。公差带相对零线的位置由基本偏差确定。公差带图的实例画法如图 1-8 所示。

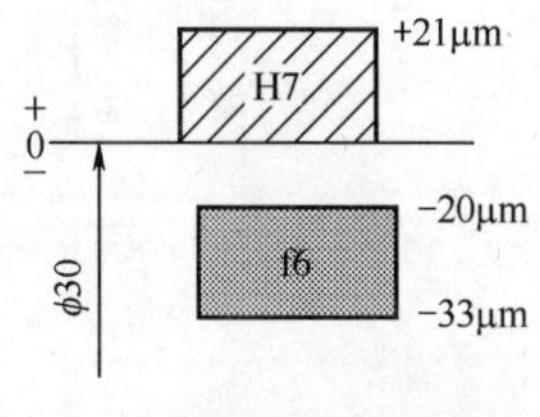

图1-8　公差带图的实例画法

（8）公差与极限偏差的异同点说明：公差与极限偏差是两个极为重要的概念，《公差与配合》国家标准就是通过对这两个公差带组成要素（实际上是公差与基本偏差）的标准化，从而形成了标准公差系列与基本偏差系列。公差与极限偏差既有区别又有联系，搞清这两个概念对于正确理解《公差与配合》国家标准有帮助，现简单归纳如下。

① 两者都是设计时给定的，反映了使用或设计要求。

② 公差是绝对值，且不能为零；极限偏差是代数值，可以为正值、负值或零。

③ 公差反映了对尺寸分布的密集、均匀程度的要求，是用以限制尺寸误差的；极限偏差表示对尺寸偏移程度的要求，是用以限制实际偏差的。

④ 极限偏差决定了加工零件时机床进刀、退刀位置，一般与零件加工精度要求无关，通常任何机床可加工任一极限偏差的零件；公差反映了对制造精度的要求，体现了加工的难易程度。某一精度等级的机床只能够加工公差值在某一范围内的零件。

⑤ 极限偏差在公差带图中限定公差带的位置，影响孔轴结合的松紧程度；公差值表示公差带的大小，影响配合松紧的均匀程度（或配合精确程度）。

3. 有关配合的术语及定义

（1）配合：配合是指基本尺寸相同的、相互结合的孔和轴公差带之间的关系。

（2）间隙或过盈：在孔与轴的配合中，孔的尺寸减去轴的尺寸所得的代数差，当差值为正时称为间隙，用 X 表示；当差值为负时称为过盈，用 Y 表示。

（3）配合种类：按配合性质不同，配合可分为间隙配合、过盈配合和过渡配合 3 种，如图 1-9 所示。

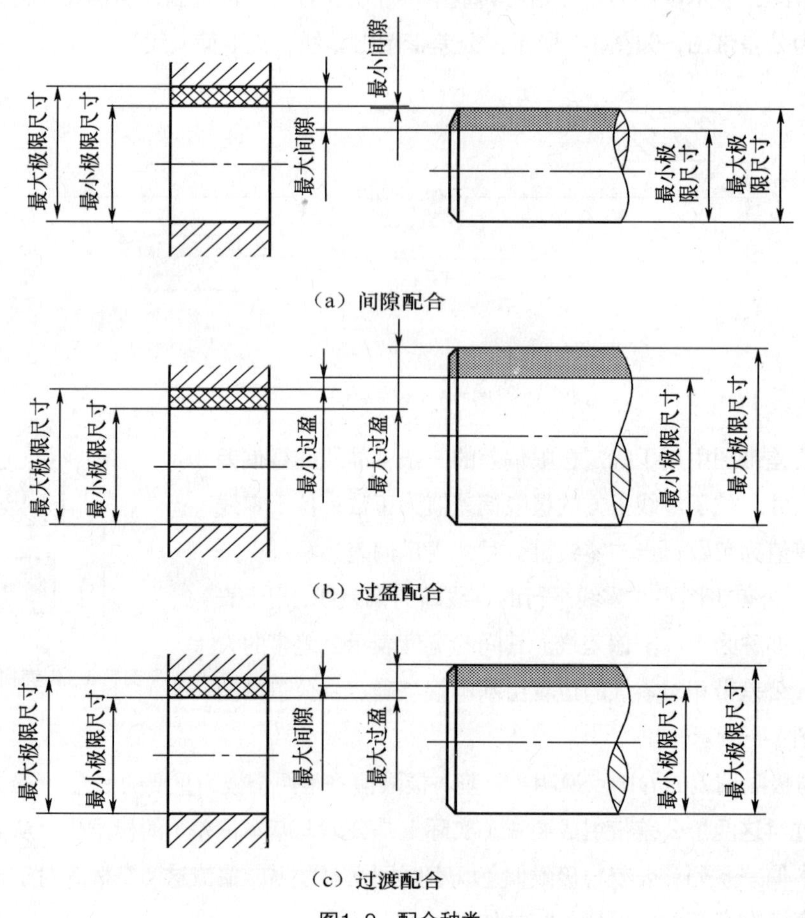

图1-9 配合种类

（4）间隙配合：具有间隙（包括最小间隙等于零）的配合称为间隙配合。在间隙配合中，孔的公差带在轴的公差带之上，如图 1-10 所示。

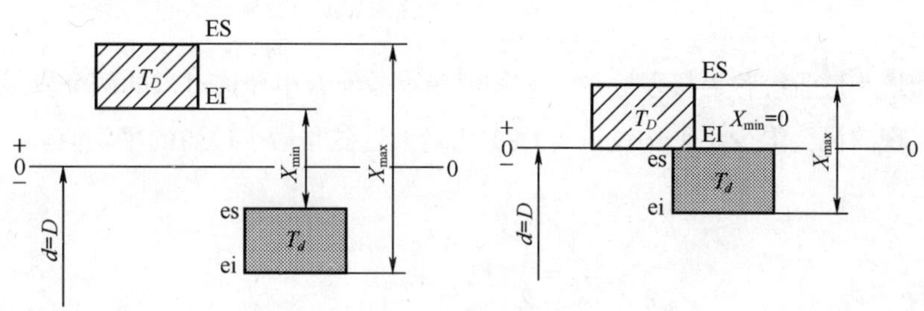

图1-10　间隙配合

当孔为最大极限尺寸而轴为最小极限尺寸时，装配后得到最大间隙（X_{max}）；当孔为最小极限尺寸而轴为最大极限尺寸时，装配后得到最小间隙（X_{min}）。

最大间隙：

$$X_{max}=D_{max}-d_{min}=ES-ei \tag{1-4}$$

最小间隙：

$$X_{min}=D_{min}-d_{max}=EI-es \tag{1-5}$$

最大间隙与最小间隙统称为极限间隙，它们表示间隙配合中允许间隙变动的两个界限值。在正常生产中，两者出现的机会很少。间隙配合的平均松紧程度称为平均间隙（X_{av}）。

平均间隙：

$$X_{av}=\frac{1}{2}(X_{max}+X_{min}) \tag{1-6}$$

（5）过盈配合：具有过盈（包括最小过盈等于零）的配合称为过盈配合。在过盈配合中，孔的公差带在轴的公差带之下，如图 1-11 所示。

当孔为最小极限尺寸而轴为最大极限尺寸时，装配后得到最大过盈（Y_{max}）；当孔为最大极限尺寸而轴为最小极限尺寸时，装配后得到最小过盈（Y_{min}）。

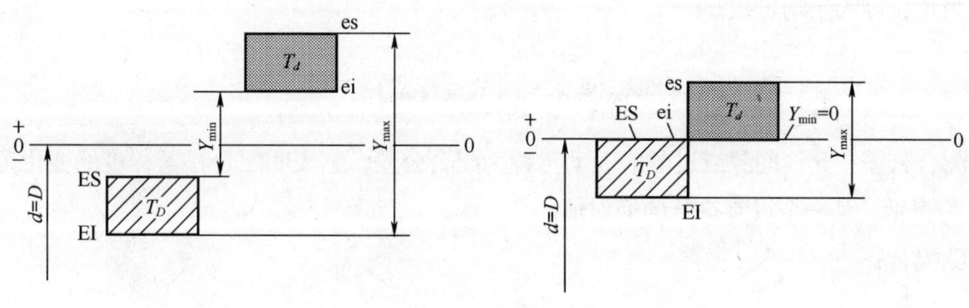

图1-11　过盈配合

最大过盈：

$$Y_{max}=D_{min}-d_{max}=EI-es \quad (1\text{-}7)$$

最小过盈：

$$Y_{min}=D_{max}-d_{min}=ES-ei \quad (1\text{-}8)$$

最大过盈和最小过盈统称为极限过盈，它们表示过盈配合中允许过盈的两个界限值。在正常的生产中，两者出现的机会很少。平均过盈（Y_{av}）为最大过盈与最小过盈的平均值。

平均过盈：

$$Y_{av}=\frac{1}{2}(Y_{max}+Y_{min}) \quad (1\text{-}9)$$

（6）过渡配合：可能具有间隙或过盈的配合称为过渡配合（对于孔、轴群体而言。若单对孔、轴配合，则无过渡之说）。此时，孔的公差带与轴的公差带相互交叠，如图 1-12 所示。

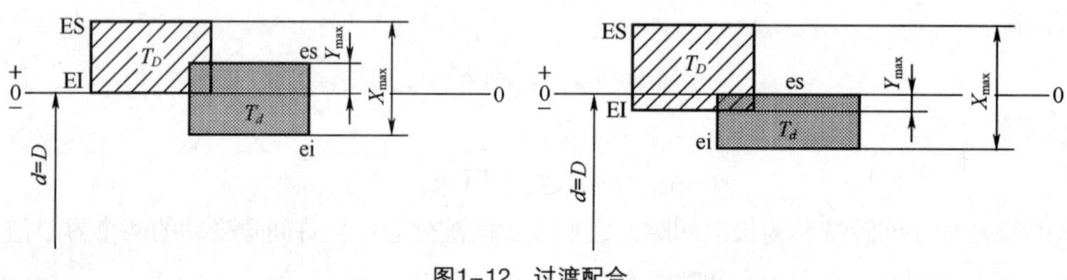

图1-12 过渡配合

当孔为最大极限尺寸而轴为最小极限尺寸时，装配后得到最大间隙（X_{max}）；当孔为最小极限尺寸而轴为最大极限尺寸时，装配后得到最大过盈（Y_{max}）。

最大间隙：

$$X_{max}=D_{max}-d_{min}=ES-ei \quad (1\text{-}10)$$

最大过盈：

$$Y_{max}=D_{min}-d_{max}=EI-es \quad (1\text{-}11)$$

在过渡配合中，平均间隙或平均过盈为最大间隙与最大过盈的平均值，所得值为正，则为平均间隙；若为负，则为平均过盈。

$$X_{av}(Y_{av})=\frac{1}{2}(X_{max}+Y_{max}) \quad (1\text{-}12)$$

（7）配合公差：允许间隙或过盈的变动量称为配合公差，它表明配合松紧程度的变化范围。配合公差用 T_f 表示，是一个没有符号的绝对值。

对间隙配合：

$$T_f=|X_{max}-X_{min}|$$

对过盈配合：

$$T_f=|Y_{\min}-Y_{\max}|$$

对过渡配合：

$$T_f=|X_{\max}-Y_{\max}| \tag{1-13}$$

在式（1-13）中，把最大、最小间隙和过盈分别用孔、轴的极限尺寸或偏差带入，可得 3 种配合的配合公差都为

$$T_f=T_D+T_d \tag{1-14}$$

式（1-14）表明配合件的装配精度与零件的加工精度有关，要提高装配精度，使配合后间隙或过盈的变动量小，则应减小零件的公差，提高零件的加工精度。

用直角坐标表示出相配合的孔和轴的间隙或过盈的变动范围的图形，叫做配合公差带图，如表 1-1 中最下栏内所示。

间隙配合、过盈配合和过渡配合的计算实例如表 1-1 所示。

表 1-1　　三类配合作图计算及综合比较表

配合类型 / 项目	间隙配合	过盈配合	过渡配合
定义：一批合格轴孔按互换性原则组成	具有间隙（包括最小间隙等于零）的配合	具有过盈（包括最小过盈等于零）的配合	可能具有间隙或过盈的配合
轴孔公差带关系：实例	孔公差带在轴公差带之上 $\phi30\frac{H7(^{+0.021}_{0})}{g6(^{-0.007}_{-0.020})}$ +0.021　H7　0　$X_{\min}=+0.007$　$X_{\max}=+0.041$　−0.007　g6　−0.020　$\phi30$ $\phi30\frac{H7}{g6}$	孔公差带在轴公差带之下 $\phi30\frac{H7(^{+0.021}_{0})}{p6(^{+0.035}_{+0.022})}$ +0.035　p6　+0.022　+0.021　H7　$Y_{\min}=-0.001$　$Y_{\max}=-0.035$ $\phi30\frac{H7}{p6}$	孔公差带与轴公差带交叠 $\phi30\frac{H7(^{+0.021}_{0})}{k6(^{+0.015}_{+0.002})}$ $X_{\max}=+0.019$　+0.021　+0.015　H7　k6　+0.002　$Y_{\max}=-0.015$ $\phi30\frac{H7}{k6}$

续表

配合类型项目		间 隙 配 合	过 盈 配 合	过 渡 配 合
定义：一批合格轴孔按互换性原则组成		具有间隙（包括最小间隙等于零）的配合	具有过盈（包括最小过盈等于零）的配合	可能具有间隙或过盈的配合
配合松紧的特征参数	可能最紧配合状态下的极限盈隙/mm	孔轴均处于最大实体尺寸：$D_{min}-d_{max}$=EI−es		
		$X_{min}=0-(-0.007)$ $=+0.007$	$Y_{max}=0-(+0.035)$ $=-0.035$	$Y_{max}=0-(+0.015)$ $=-0.015$
	可能最松配合状态下的极限盈隙/mm	孔轴均处于最小实体尺寸：$D_{max}-d_{min}$=ES−ei		
		$X_{max}=-0.021-(-0.020)$ $=+0.041$	$Y_{min}=+0.022-(+0.021)$ $=-0.001$	$X_{max}=+0.021-(+0.002)$ $=+0.019$
配合松紧的特征参数	平均间隙（或平均过盈）	$X_{av}=(X_{max}+X_{min})/2$	$Y_{av}=(Y_{max}+Y_{min})/2$	$X_{av}(Y_{av})=(Y_{max}+X_{max})/2$
	配合松紧变化程度特征参数配合公差 T_f	$\lvert X_{max}-X_{min}\rvert$	$\lvert Y_{min}-Y_{max}\rvert$	$\lvert X_{max}-Y_{max}\rvert$
		$T_f=T_D+T_d$		
配合公差带图		X/μm, Y; 40, 30, 20, 10, 0, 10, 20, 30, 40; $\phi30\frac{H7}{g6}$: +41, +7	$\phi30\frac{H7}{p6}$: −1, −35	$\phi30\frac{H7}{k6}$: +19, −15

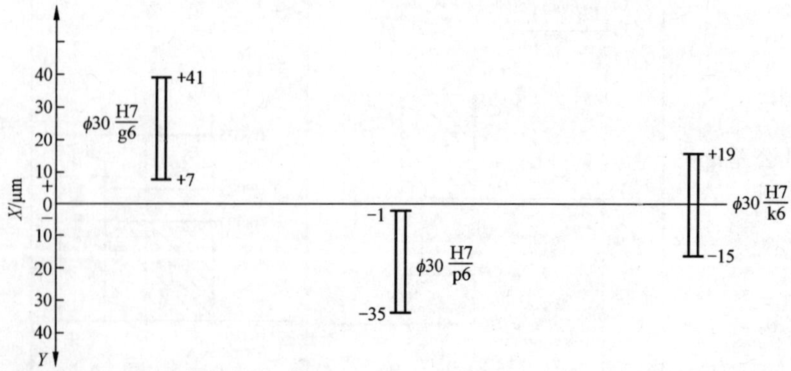

【任务训练一】计算液压缸 $\phi50H7(^{+0.025}_{0})$ 与活塞 $\phi50e6(^{-0.050}_{-0.066})$ 配合的极限尺寸、极限间隙及配合公差，并画出尺寸公差带图和配合公差带图。

4. **认识零件图中尺寸公差的标注形式**

（1）零件图中尺寸公差的三种标注形式。零件图中尺寸公差有三种标注形式，如图 1-13 所示。

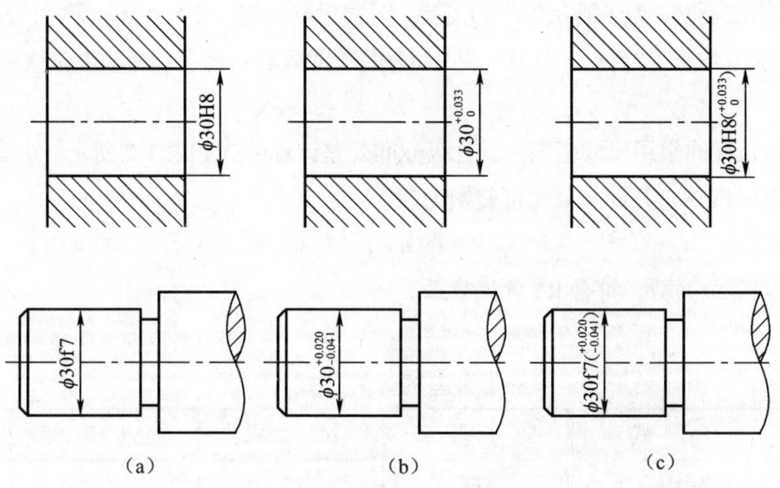

图1-13　零件图中尺寸公差的标注

① 标注基本尺寸和公差带代号。如图 1-13（a）所示，此种标注适用于大批量生产的产品零件。

② 标注基本尺寸和极限偏差值。如图 1-13（b）所示，此种标注一般在单件或小批生产的产品零件图样上采用，应用较广泛。

③ 标注基本尺寸、公差带代号和极限偏差值。如图 1-13（c）所示，此种标注适用于中小批量生产的产品零件。

（2）公差带代号与配合代号。孔、轴的公差带代号由基本偏差代号和公差等级数字组成。例如：H7、F7、K7、P6 等为孔的公差带代号；h7、g6、m6、r7 等为轴的公差带代号。

当孔和轴组成配合时，配合代号写成分数形式，分子为孔的公差带代号，分母为轴的公差代号，如 $\frac{H7}{g6}$ 或 H7/g6。如指某基本尺寸的配合，则基本尺寸标在配合代号之前，如 ϕ30H7/g6。

（3）标准公差系列。

① 公差单位。公差单位是计算标准公差的基本单位，是制定标准公差系列表格的基础。

公差是用于控制误差的，因此，确定公差值的依据是加工误差的规律性与测量误差的规律性。根据生产实践及科学试验与统计分析得知：零件的加工误差（主要是加工时的力变形与热变形）与基本尺寸呈立方抛物线关系。测量误差（包括测量时温度不稳定或测量时温度偏离标准温度及量规变形等所引起的误差）基本上与基本尺寸呈线性关系，因此，标准规定基本尺寸 $D \leqslant 500$ mm 的常用尺寸段的公差单位 i 的计算公式如下：

$$i= 0.45\sqrt[3]{D} +0.001D \tag{1-15}$$

式中：D——孔或（轴）的基本尺寸（mm）；

i——公差单位（μm）。

② 公差等级。确定尺寸精确程度的等级称为公差等级。不同零件和零件上不同部位的尺寸，对精确程度的要求往往不同，为了满足生产的需要，国家标准设置了 20 个公差等级，各级标准公差的代号为 IT01，IT0，IT1，IT2，…，IT18，其中 IT01 精度最高，其余代号精度依次降低，标准公差值依次增大。

在尺寸≤500 mm 的常用尺寸范围内，各级标准公差计算公式如表 1-2 所示。由表 1-2 可知，常用公差等级为 IT5～IT18，其计算公式可归纳为

$$\mathrm{IT}= a\times i \tag{1-16}$$

式中：a——公差等级系数，符合 R5 优先数系。

表 1-2　　标准公差的计算公式

公差等级	公　式	公差等级	公　式	公差等级	公　式
IT01	0.3+0.008D	IT6	10i	IT13	250i
IT0	0.5+0.012D	IT7	16i	IT14	400i
IT1	0.8+0.020D	IT8	25i	IT15	640i
IT2	（IT1）(IT5/IT1)1/4	IT9	40i	IT16	1 000i
IT3	（IT1）(IT5/IT1)2/4	IT10	64i	IT17	1 600i
IT4	（IT1）(IT5/IT1)3/4	IT11	100i	IT18	2 500i
IT5	7i	IT12	160i		

③ 尺寸分段。由标准公差的计算公式可知，对应每一个基本尺寸和公差等级就可计算出一个相应的公差值，这样编制的公差表格将非常庞大，给生产、设计带来麻烦，同时也不利于公差值的标准化、系列化。为了减少标准公差的数目、统一公差值、简化公差表格以便于实际应用，国家标准对基本尺寸进行了分段，对同一个尺寸段内的所有基本尺寸，在相同公差等级情况下，规定相同的标准公差。

在计算标准公差和基本偏差时，公差单位算式中 D 取尺寸段首尾两个尺寸的几何平均值。

例如对 30～50 mm 尺寸段，$D=\sqrt{30\times 50}\approx 38.73$（mm）。凡属于这一尺寸段的任一基本尺寸，其标准公差均以 D=38.73 mm 进行计算。实践证明，这样计算的公差值差别不大，有利于生产应用，极大地简化了公差表格。

标准公差数值如表 1-3 所示。

表 1-3 标准公差数值（摘自 GB/T 1800.3—1998）

基本尺寸/mm		公差等级																			
		IT01	IT0	IT1	IT2	IT3	IT4	IT5	IT6	IT7	IT8	IT9	IT10	IT11	IT12	IT13	IT14	IT15	IT16	IT17	IT18
大于	至	μm													mm						
—	3	0.3	0.5	0.8	1.2	2	3	4	6	10	14	25	40	60	0.10	0.14	0.25	0.40	0.60	1.0	1.4
3	6	0.4	0.6	1	1.5	2.5	4	5	8	12	18	30	48	75	0.12	0.18	0.30	0.48	0.75	1.2	1.8
6	10	0.4	0.6	1	1.5	2.5	4	6	9	15	22	36	58	90	0.15	0.22	0.36	0.58	0.90	1.5	2.2
10	18	0.5	0.8	1.2	2	3	5	8	11	18	27	43	70	110	0.18	0.27	0.43	0.70	1.10	1.8	2.7
18	30	0.6	1	1.5	2.5	4	6	9	13	21	33	52	84	130	0.21	0.33	0.52	0.84	1.30	2.1	3.3
30	50	0.6	1	1.5	2.5	4	7	11	16	25	39	62	100	160	0.25	0.39	0.62	1.00	1.60	2.5	3.9
50	80	0.8	1.2	2	3	5	8	13	19	30	46	74	120	190	0.30	0.46	0.74	1.20	1.90	3.0	4.6
80	120	1	1.5	2.5	4	6	10	15	22	35	54	87	140	220	0.35	0.54	0.87	1.40	2.20	3.5	5.4
120	180	1.2	2	3.5	5	8	12	18	25	40	63	100	160	250	0.40	0.63	1.00	1.60	2.50	4.0	6.3
180	250	2	3	4.5	7	10	14	20	29	46	72	115	185	290	0.46	0.72	1.15	1.85	2.90	4.6	7.2
250	315	2.5	4	6	8	12	16	23	32	52	81	130	210	320	0.52	0.81	1.30	2.10	3.20	5.2	8.1
315	400	3	5	7	9	13	18	25	36	57	89	140	230	360	0.57	0.89	1.40	2.30	3.60	5.7	8.9
400	500	4	6	8	10	15	20	27	40	63	97	155	250	400	0.63	0.97	1.55	2.50	4.00	6.3	9.7

5. 基本偏差系列

基本偏差是决定公差带位置的唯一参数，原则上与公差等级无关。基本偏差的数量将决定配合种类的数量，基本偏差系列是对公差带位置的标准化。

（1）代号。为了满足机器中各种不同性质和不同松紧程度的配合需要，国家标准对孔和轴分别规定了 28 个公差带位置，分别由 28 个基本偏差代号来确定。

基本偏差代号用拉丁字母表示，孔用大写字母表示，轴用小写字母表示。28 种基本偏差代号，由 26 个拉丁字母中除去 5 个容易与其他参数混淆的字母 I、L、O、Q、W（i、l、o、q、w），剩下的 21 个字母加上 7 个双写的字母 CD、EF、FG、JS、ZA、ZB、ZC（cd、ef、fg、js、za、zb、zc）组成。这 28 种基本偏差构成了基本偏差系列。

（2）基本偏差系列图及其特征。图 1-14 所示为基本偏差系列图。该图主要有以下特征。

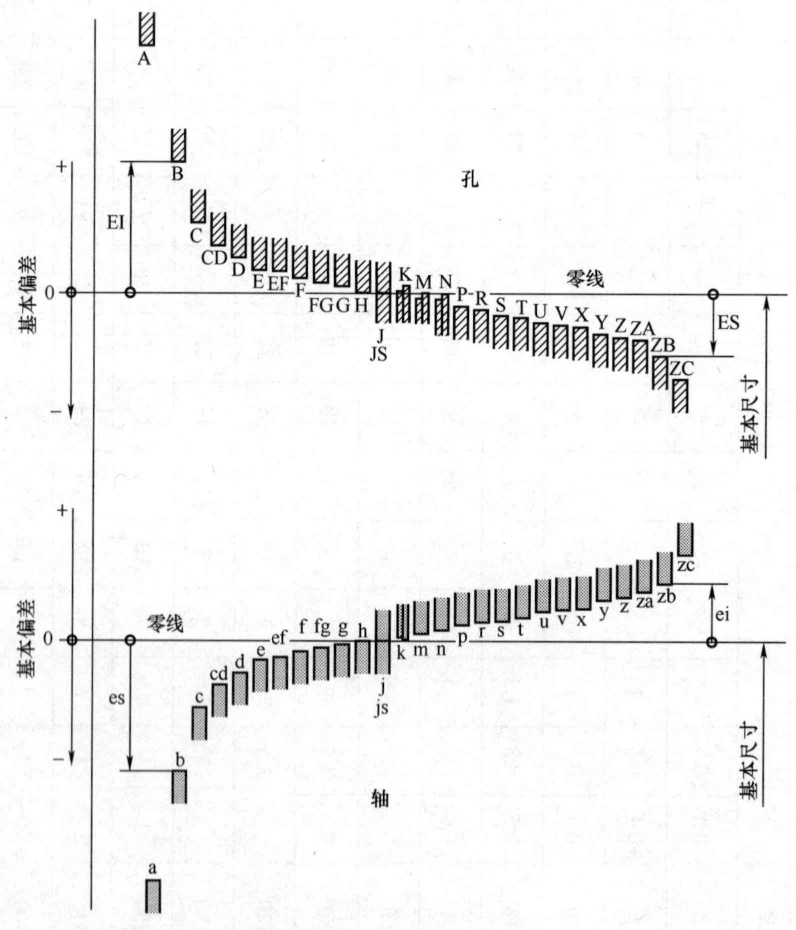

图1-14 基本偏差系列示意图

① 基本偏差系列中的 H（h）的基本偏差为零。

② JS（js）与零线对称，上偏差 ES（es）= +IT/2，下偏差 EI（ei）= −IT/2，上下偏差均可作为

基本偏差。

JS 和 js 将逐渐代替近似对称于零线的基本偏差 J 和 j，因此，在国家标准中，孔仅有 J6、J7 和 J8，轴仅保留了 j5、j6、j7 和 j8。

③ 在孔的基本偏差系列中，A～H 的基本偏差为下偏差 EI，J～ZC 的基本偏差为上偏差 ES。

在轴的基本偏差系列中，a～h 的基本偏差为上偏差 es，j～zc 的基本偏差为下偏差 ei。

A～H（a～h）的基本偏差的绝对值逐渐减小，J～ZC（j～zc）的基本偏差的绝对值一般为逐渐增大。

④ 图 1-15 中各公差带只画出基本偏差一端，另一端取决于标准公差值的大小。

（3）轴的基本偏差数值。轴的基本偏差数值以基孔制配合为基础，按照各种配合要求，再根据生产实践经验和统计分析结果得出的一系列公式经计算后经圆整尾数而得出。轴的基本偏差计算公式请参考有关资料。为了方便使用，国家标准按有关轴的基本偏差计算公式列出了轴的基本偏差数值表，如表 1-4 所示。

轴的基本偏差可查表确定，另一个极限偏差可根据轴的基本偏差数值和标准公差值按下列关系计算：

$$ei = es - IT \tag{1-17}$$

$$es = ei + IT \tag{1-18}$$

（4）孔的基本偏差数值。孔的基本偏差数值是由同名的轴的基本偏差换算得到的。换算原则为：同名配合的配合性质不变，即基孔制的配合（如ϕ40H9/f9、ϕ40H7/p6）变成同名基轴制的配合（如ϕ40F9/h9、ϕ40P7/h6）时，其配合性质（极限间隙或极限过盈）不变。

根据上述原则，孔的基本偏差按以下两种规则换算。

① 通用规则。用同一字母表示的孔、轴的基本偏差的绝对值相等，符号相反。孔的基本偏差是轴的基本偏差相对于零线的倒影，即

$$ES = -ei \quad （适用于 A～H） \tag{1-19}$$

$$EI = -es \quad （适用于同级配合的 J～ZC） \tag{1-20}$$

② 特殊规则。用同一字母表示的孔、轴的基本偏差的符号相反，而绝对值相差一个Δ值，即

$$ES = -ei + \Delta$$

$$\Delta = IT_n - IT_{n-1} \tag{1-21}$$

特殊规则适用于基本尺寸≤500mm，标准公差≤IT8 的 J、K、M、N 和标准公差≤IT7 的 P～ZC。

孔的另一个极限偏差可根据孔的基本偏差数值和标准公差值按下列关系式计算。

$$EI = ES - IT \tag{1-22}$$

$$ES = EI + IT \tag{1-23}$$

按上述换算规则，国家标准制定出孔的基本偏差数值表，如表 1-5 所示。

表 1-4　尺寸≤500 mm 的轴的基本偏差数值（GB/T 1800.3—1998）

基本尺寸/mm	基本偏差/μm																														
	上偏差（es）												下偏差 ei																		
	a	b	c	cd	d	e	ef	f	fg	g	h	js	j			k		m	n	p	r	s	t	u	v	x	y	z	za	zb	zc
	所有公差等级												5~6	7	8	4~7	≤3 >7	所有公差等级													
≤3	−270	−140	−60	−34	−20	−14	−10	−6	−4	−2	0	偏差等于±IT/2	−2	−4	−6	0	0	+2	+4	+6	+10	+14	—	+18	—	+20	—	+26	+32	+40	+60
3~6	−270	−140	−70	−46	−30	−20	−14	−10	−6	−4	0		−2	−4	—	+1	0	+4	+8	+12	+15	+19	—	+23	—	+28	—	+35	+42	+50	+80
6~10	−280	−150	−80	−56	−40	−25	−18	−13	−8	−5	0		−2	−5	—	+1	0	+6	+10	+15	+19	+23	—	+28	—	+34	—	+42	+52	+67	+97
10~14	−290	−150	−95	—	−50	−32	—	−16	—	−6	0		−3	−6	—	+1	0	+7	+12	+18	+23	+28	—	+33	—	+40	—	+50	+64	+90	+130
14~18																									+39	+45	—	+60	+77	+108	+150
18~24	−300	−160	−110	—	−65	−40	—	−20	—	−7	0		−4	−8	—	+2	0	+8	+15	+22	+28	+35	—	+41	+47	+54	+63	+73	+98	+136	+188
24~30																							+41	+48	+55	+64	+75	+88	+118	+160	+218
30~40	−310	−170	−120	—	−80	−50	—	−25	—	−9	0		−5	−10	—	+2	0	+9	+17	+26	+34	+43	+48	+60	+68	+80	+94	+112	+148	+200	+274
40~50	−320	−180	−130	—																			+54	+70	+81	+97	+114	+136	+180	+242	+325
50~65	−340	−190	−140	—	−100	−60	—	−30	—	−10	0		−7	−12	—	+2	0	+11	+20	+32	+41	+53	+66	+87	+102	+122	+144	+172	+226	+300	+405
65~80	−360	−200	−150																		+43	+59	+75	+102	+120	+146	+174	+210	+274	+360	+480
80~100	−380	−220	−170	—	−120	−72	—	−36	—	−12	0		−9	−15	—	+3	0	+13	+23	+37	+51	+71	+91	+124	+146	+178	+214	+258	+335	+445	+585
100~120	−410	−240	−180																		+54	+79	+104	+144	+172	+210	+256	+310	+400	+525	+690
120~140	−460	−260	−200	—	−145	−85	—	−43	—	−14	0		−11	−18	—	+3	0	+15	+27	+43	+63	+92	+122	+170	+202	+248	+300	+365	+470	+620	+800
140~160	−520	−280	−210																		+65	+100	+134	+190	+228	+280	+340	+415	+535	+700	+900
160~180	−580	−310	−230																		+68	+108	+146	+210	+252	+310	+380	+465	+600	+780	+1 000
180~200	−660	−340	−240									偏差等于±IT/2									+77	+122	+166	+236	+284	+350	+425	+520	+670	+880	+1 150
200~225	−740	−380	−260	—	−170	−100	—	−50	—	−15	0		−13	−21	—	+4	0	+17	+31	+50	+80	+130	+180	+258	+310	+385	+470	+575	+740	+960	+1250
225~250	−820	−420	−280																		+84	+140	+196	+284	+340	+425	+520	+640	+820	+1 050	+1 350
250~280	−920	−480	−300	—	−190	−110	—	−56	—	−17	0		−16	−26	—	+4	0	+20	+34	+56	+94	+158	+218	+315	+385	+475	+580	+710	+920	+1 200	+1 550
280~315	−1050	−540	−330																		+98	+170	+240	+350	+425	+525	+650	+790	+1 000	+1 300	+1 700
315~355	−1200	−600	−360	—	−210	−125	—	−62	—	−18	0		−18	−38	—	+4	0	+21	+37	+62	+108	+190	+268	+390	+475	+590	+730	+900	+1 150	+1 500	+1 900
355~400	−1350	−680	−400																		+114	+208	+294	+435	+530	+660	+820	+1 000	+1 300	+1 650	+2 100
400~450	−1500	−760	−440	—	−230	−135	—	−68	—	−20	0		−20	−32	—	+5	0	+23	+40	+68	+126	+232	+330	+490	+595	+740	+920	+1 100	+1 450	+1 850	+2 400
450~500	−1650	−840	−480																		+132	+252	+360	+540	+660	+820	+1 000	+1 250	+1 600	+2 100	+2 600

注：1. 基本尺寸小于 1 mm 时，各级的 a 和 b 均不采用。

2. js 的数值：对 IT7～IT11，若 IT 的数值（μm）为奇数，则取 $js=\pm\frac{IT-1}{2}$。

表 1-5　尺寸≤500 mm 的孔的基本偏差数值（GB/T 1800.3—1998）

基本尺寸/mm	基本偏差/μm																																		Δ/μm					
	下偏差 EI											上偏差 ES										上偏差 ES																		
	A	B	C	CD	D	E	EF	F	FG	G	H	JS	J			K		M		N		P~ZC	P	R	S	T	U	V	X	Y	Z	ZA	ZB	ZC						
	所有的公差等级												6	7	8	≤8	>8	≤8	>8	≤8	>8	≤7													3	4	5	6	7	8
≤3	+270	+140	+60	+34	+20	+14	+10	+6	+4	+2	0		+2	+4	+6	0	0	-2	-2	-4	-4		-6	-10	-14	—	-18	—	-20	—	-26	-32	-40	-60	Δ=0					
3~6	+270	+140	+70	+46	+30	+20	+14	+10	+6	+4	0		+5	+6	+10	-1+Δ	—	-4+Δ	-4	-8+Δ	0		-12	-15	-19	—	-23	—	-28	—	-35	-42	-50	-80	1	1.5	1	3	4	6
6~10	+280	+150	+80	+56	+40	+25	+18	+13	+8	+5	0		+5	+8	+12	-1+Δ	—	-6+Δ	-6	-10+Δ	0	同一直径比大于7级的增加一个Δ值	-15	-19	-23		-28	—	-34	—	-42	-52	-67	-97	1	1.5	2	3	6	7
10~14	+290	+150	+95	—	+50	+32	—	+16	—	+6	0	偏差等于±IT/2	+6	+10	+15	-1+Δ	—	-7+Δ	-7	-12+Δ	0		-18	-23	-28	—	-33	—	-40	—	-50	-64	-90	-130	1	2	3	3	7	9
14~18																												-39	-45	—	-60	-77	-108	-150						
18~24	+300	+160	+110	—	+65	+40	—	+20	—	+7	0		+8	+12	+20	-2+Δ	—	-8+Δ	-8	-15+Δ	0		-22	-28	-35	—	-41	-47	-54	-65	-73	-98	-136	-188	1.5	2	3	4	8	12
24~30																										-41	-48	-55	-64	-75	-88	-118	-160	-218						
30~40	+310	+170	+120	—	+80	+50	—	+25	—	+9	0		+10	+14	+24	-2+Δ	—	-9+Δ	-9	-17+Δ	0		-26	-34	-43	-48	-60	-68	-80	-94	-112	-148	-200	-274	1.5	3	4	5	9	14
40~50	+320	+180	+130																							-54	-70	-81	-95	-114	-136	-180	-242	-325						
50~65	+340	+190	+140	—	+100	+60	—	+30	—	+10	0		+13	+18	+28	-2+Δ	—	-11+Δ	-11	-20+Δ	0		-32	-41	-53	-66	-87	-102	-122	-144	-172	-226	-300	-400	2	3	5	6	11	16
65~80	+360	+200	+150																					-43	-59	-75	-102	-120	-146	-174	-210	-274	-360	-480						
80~100	+380	+220	+170	—	+120	+72	—	+36	—	+12	0		+16	+22	+34	-3+Δ	—	-13+Δ	-13	-23+Δ	0		37	-51	-71	-91	-124	-146	-178	-214	-258	-335	-445	-585	2	4	5	7	13	19
100~120	+410	+240	+180																					-54	-79	-104	-144	-172	-210	-254	-310	-400	-525	-690						
120~140	+460	+260	+200	—	+145	+85	—	+43	—	+14	0		+18	+26	+41	-3+Δ	—	-15+Δ	-15	-27+Δ	0		43	-63	-92	-122	-170	-202	-248	-300	-365	-470	-620	-800	3	4	6	7	15	23
140~160	+520	+280	+210																					-65	-100	-134	-190	-228	-280	-340	-415	-535	-700	-900						
160~180	+580	+310	+230																					-68	-108	-146	-210	-252	-310	-380	-465	-600	-770	-1 000						
180~200	+660	+340	+240	—	+170	+100	—	+50	—	+15	0	偏差等于±IT/2	+22	+30	+47	-4+Δ	—	-17+Δ	-17	-31+Δ	0	同一直径比大于7级的增加一个Δ值	50	-77	-122	-166	-236	-284	-350	-425	-520	-670	-880	-1 150	3	4	6	9	17	26
200~225	+740	+380	+260																					-80	-130	-180	-258	-310	-385	-470	-575	-740	-960	-1 250						
225~250	+820	+420	+280																					-84	-140	-196	-284	-340	-425	-520	-640	-820	-1 050	-1 350						
250~280	+920	+480	+300	—	+190	+110	—	+56	—	+17	0		+25	+36	+55	-4+Δ	—	-20+Δ	-20	-34+Δ	0		56	-94	-158	-218	-315	-385	-475	-580	-710	-920	-1 200	-1 550	4	4	7	9	20	29
280~315	+1050	+540	+330																					-98	-170	-240	-350	-425	-525	-650	-790	-1 000	-1 300	-1 700						
315~355	+1200	+600	+360	—	+210	+125	—	+62	—	+18	0		+29	+39	+60	-4+Δ	—	-21+Δ	-21	-37+Δ	0		62	-108	-190	-268	-390	-475	-590	-730	-900	-1 150	-1 500	-1 900	4	5	7	11	21	32
355~400	+1350	+680	+400																					-114	-208	-294	-435	-530	-660	-820	-1 000	-1 300	-1 650	-2 100						
400~450	+1500	+760	+440	—	+230	+135	—	+68	—	+20	0		+33	+43	+66	-5+Δ	—	-23+Δ	-23	-40+Δ	0		68	-126	-232	-330	-490	-595	-740	-920	-1 100	-1 450	-1 850	-2 400	5	5	7	13	23	34
450~500	+1650	+840	+480																					-132	-252	-360	-540	-660	-820	-1 000	-1 250	-1 600	-2 100	-2 600						

注：1. 基本尺寸小于 1 mm 时，各级的 A 和 B 及大于 8 级的 N 均不采用。

2. 特殊情况：当基本尺寸大于 25 mm（25～315 mm）时，M6 的 ES 等于-9（不等于-11）。

【例 1-1】查表确定ϕ35j6、ϕ72K8、ϕ90R7 的基本偏差与另一极限偏差。

解：ϕ35j6：查表 1-3，IT6 时，T_d =16 μm；

查表 1-4，ei = −5 μm，则 es = ei + T_d = 11 μm，

即ϕ 35j6→ϕ $35^{+0.011}_{-0.005}$ mm。

ϕ 72K8：查表 1-3，IT8 时，T_D = 46 μm；

查表 1-5，ES= −2 μm +Δ = (−2+16)μm=14 μm，

EI = ES − T_D = (14−46)μm = −32 μm，

即ϕ72K8→$\phi$$72^{+0.014}_{-0.032}$ mm。

ϕ 90R7：查表 1-3，IT7 时，T_D =35 μm；

查表 1-5，ES = −51 μm +Δ=(−51+13)μm = −38 μm，

EI =ES −T_D = (−38−35)μm= −73 μm，

即ϕ90R7→$\phi$$90^{-0.038}_{-0.073}$ mm。

【任务训练二】

（1）试查表确定下列孔轴的基本偏差与另一极限偏差。

① ϕ50g6

② ϕ70M8

③ ϕ90t7

（2）试查表确定下列孔轴的公差带代号。

① 轴$\phi$$50^{-0.050}_{-0.066}$

② 孔$\phi$$35^{+0.007}_{-0.018}$

③ 孔$\phi$$30^{-0.020}_{-0.041}$

6. 比较尺寸公差带图

比较ϕ80H8/e7 和ϕ80E8/h7 的尺寸公差带图。

（1）ϕ80H8($^{+0.046}_{-0}$)/e7($^{+0.060}_{-0.090}$) 和ϕ80E8($^{+0.106}_{-0.060}$)/h7($^{0}_{-0.030}$) 的尺寸公差带图如图 1-15 所示。

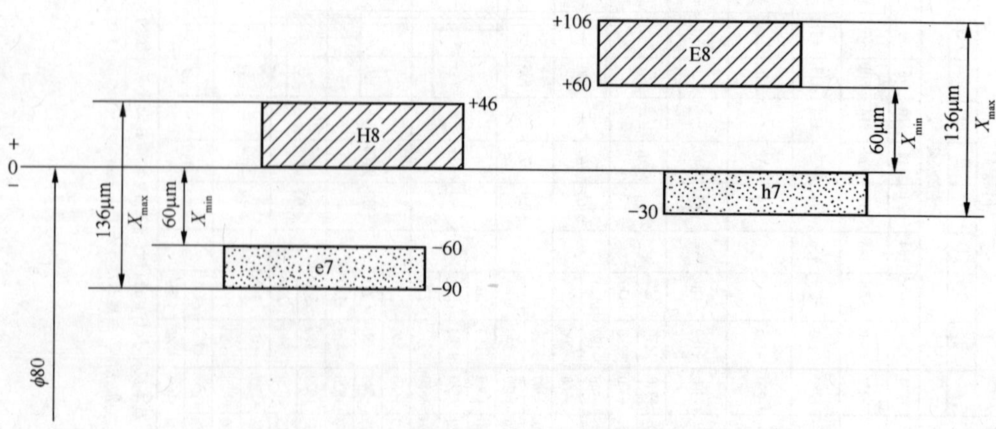

图1-15 两种基准制的公差带图

图 1-15 中孔、轴的公差带相互位置并未发生改变，即配合性质（极限间隙）没变，但相对于零线的位置发生了改变。

（2）基准制。在生产实践中，需要各种不同的孔、轴公差带来实现各种不同性质的配合。为了设计和制造的方便，把孔（轴）的公差带位置固定，改变与其配合的轴（孔）公差带的位置来形成所需要的各种配合。在 GB/T 1800.1—1997 中规定了两种等效的配合制：基孔制配合和基轴制配合。

① 基孔制配合。基本偏差一定的孔的公差带，与不同基本偏差的轴的公差带形成各种配合的一种制度，称为基孔制配合（简称基孔制）。基孔制的孔称为基准孔，基本偏差为 H，其下偏差为零，如图 1-16 所示。

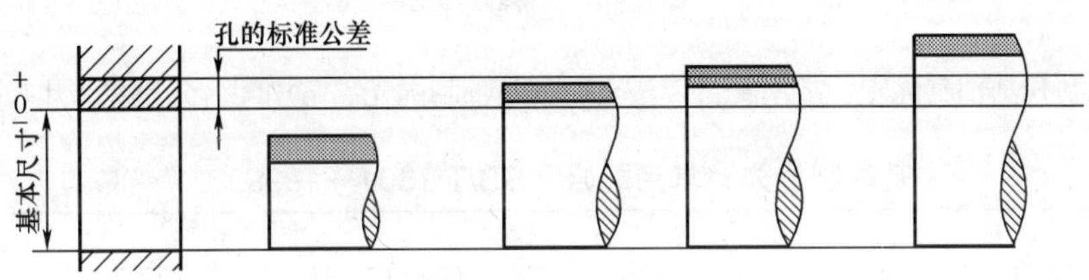

图1-16　基孔制配合

② 基轴制配合。基本偏差一定的轴的公差带，与不同基本偏差的孔的公差带形成各种配合的一种制度，称为基轴制配合（简称基轴制）。基轴制的轴称为基准轴，基本偏差为 h，其上偏差为零，如图 1-17 所示。

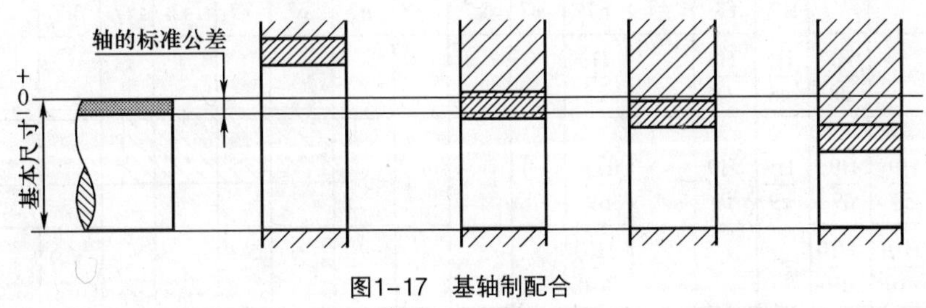

图1-17　基轴制配合

基准制公差带图如图 1-18 所示。由图可知，基准件公差画有两条虚线，一个表示精度较低，一个表示精度较高。当精度较高时，过渡配合将可能成为过盈配合，如ϕ30H7/n6。此外，图中所有孔、轴公差带未封口者表示该位置待定，取决于公差值的大小。

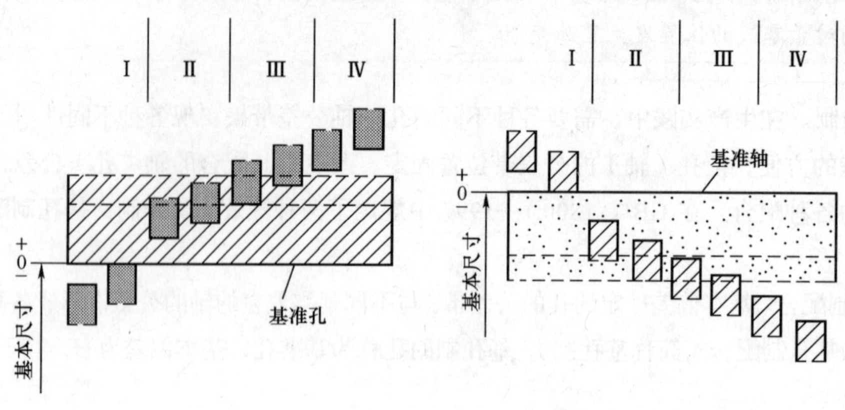

(a) 基孔制　　(b) 基轴制

Ⅰ—间隙配合；Ⅱ—过渡配合；Ⅲ—过渡配合或过盈配合；Ⅳ—过盈配合

图1-18　基准制公差带

（3）基孔制和基轴制优先、常用配合。基孔制和基轴制优先、常用配合分别见表 1-6 和表 1-7 所示。

表 1-6　　基孔制优先、常用配合（GB/T 1801—1999）

基准孔	轴																				
	a	b	c	d	e	f	g	h	js	k	m	n	p	r	s	t	u	v	x	y	z
	间隙配合								过渡配合				过盈配合								
H6						H6/f5	H6/g5	H6/h5	H6/js5	H6/k5	H6/m5	H6/n5	H6/p5	H6/r5	H6/s5	H6/t5					
H7						H7/f6	◤H7/g6	◤H7/h6	H7/js6	◤H7/k6	H7/m6	◤H7/n6	◤H7/p6	H7/r6	◤H7/s6	H7/t6	◤H7/u6	H7/v6	H7/x6	H7/y6	H7/z6
H8					H8/e7	◤H8/f7	H8/g7	◤H8/h7	H8/js7	H8/k7	H8/m7	H8/n7	H8/p7	H8/r7	H8/s7	H8/t7	H8/u7				
				H8/d8	H8/e8	H8/f8		H8/h8													
H9			H9/c9	◤H9/d9	H9/e9	H9/f9		◤H9/h9													
H10			H10/c10	H10/d10				H10/h10													
H11	H11/a11	H11/b11	◤H11/c11	H11/d11				◤H11/h11													
H12		H12/b12						H12/h12													

注：1. $\frac{H6}{n5}$、$\frac{H7}{p6}$ 在基本尺寸小于或等于 3mm 和 $\frac{H8}{r7}$ 在基本尺寸小于或等于 100 mm 时，为过渡配合。

2. 带◤的配合为优先配合。

表 1-7　　　　　　基轴制优先、常用配合（GB/T 1801—1999）

基准轴	孔																				
	A	B	C	D	E	F	G	H	JS	K	M	N	P	R	S	T	U	V	X	Y	Z
	间隙配合								过渡配合			过盈配合									
h5						F6/h5	G6/h5	H6/h5	JS6/h5	K6/h5	M6/h5	N6/h5	P6/h5	R6/h5	S6/h5	T6/h5					
h6						F7/h6	◤G7/h6	◤H7/h6	JS7/h6	◤K7/h6	M7/h6	◤N7/h6	◤P7/h6	R7/h6	◤S7/h6	T7/h6	◤U7/h6				
h7					E8/h7	◤F8/h7		◤H8/h7	JS8/h7	K8/h7	M8/h7	N8/h7									
h8				D8/h8	E8/h8	F8/h8		H8/h8													
h9				◤D9/h9	E9/h9	F9/h9		◤H9/h9													
h10				D10/h10				H10/h10													
h11	A11/h11	B11/h11	◤C11/h11	D11/h11				◤H11/h11													
h12		B12/h12						H12/h12													

注：带◤ 的配合为优先配合。

【任务训练三】

试查表确定下列孔轴的极限偏差，计算极限间隙或极限过盈以及配合公差，并作出公差带图，指出配合性质和基准制。

（1）ϕ30H7/g6

（2）ϕ50K7/h6

（三）公差与配合的选用

在实际生产中，需要使用各种不同类别的配合。在装配图上需要标注配合代号，如图 1-1（a）所示；在零件图上需要标注公差代号、选择基准制、公差等级和配合类别。

公差与配合的选择主要是基准制、公差等级和配合种类的选择。

公差配合的选择一般有 3 种方法：类比法、计算法和试验法。类比法就是通过对类似机器和零部件进行调查研究、分析对比后，根据前人的经验来选取公差与配合。类比法是目前应用最多、也是最主要的一种方法。计算法是按照一定的理论和公式来确定需要的间隙或过盈的方法。这种方法虽然麻烦，但比较科学，只是有时将条件理论化、简单化了，使得计算结果不完全符合实际。试验法是通过试验或统计分析来确定间隙或过盈的方法。这种方法合理、可靠，只是代价较高，因而只用于重要产品的重要配合处。本节讨论公差配合的选择，主要采用类比法。

1. 基准制的选择

基准制的选择主要考虑结构的工艺性及加工的经济性，一般原则如下。

（1）一般情况下优先选用基孔制。优先选用基孔制，这主要是从工艺性和经济性来考虑的。孔通常用定值刀具（如钻头、铰刀、拉刀等）加工，用极限量规（塞规）检验。当孔的基本尺寸和公差等级相同而基本偏差改变时，就需要更换刀具、量具。而一种规格的磨轮或车刀，可以加工不同基本偏差的轴，轴还可以用通用量具进行测量，所以为了减少定值刀具、量具的规格和数量，利于生产，提高经济性，应优先选用基孔制。

（2）有明显经济效益时应选用基轴制。

① 当在机械制造中采用具有一定公差等级（IT7～IT9）的冷拉钢材，其外径不经切削加工即能满足使用要求（如农业机械和纺织机械等）时，就应选择基轴制，再按配合要求选用适当的孔公差带加工孔就可以了。这在技术上、经济上都是合理的。

② 由于结构上的特点，宜采用基轴制。图 1-1（a）所示为发动机的活塞销轴与连杆铜套孔和活塞孔之间的配合，根据工作要求，活塞销轴与活塞孔应为过渡配合，而活塞销轴与连杆之间由于有相对运动应为间隙配合。若采用基孔制配合，如图 1-1（b）所示，销轴将做成阶梯状，这样既不便于加工，又不利于装配。若采用基轴制配合，如图 1-1（c）所示，销轴做成光轴，既方便加工，又利于装配。

（3）与标准件配合时，应服从标准件的既定表面。标准件通常由专业工厂大量生产，在制造时其配合部位的基准制已确定，所以与其配合的轴和孔一定要服从标准件既定的基准制。例如，与滚动轴承内圈配合的轴应选用基孔制，而与滚动轴承外圈外径相配合的外壳孔应选用基轴制，如图 1-19 所示。

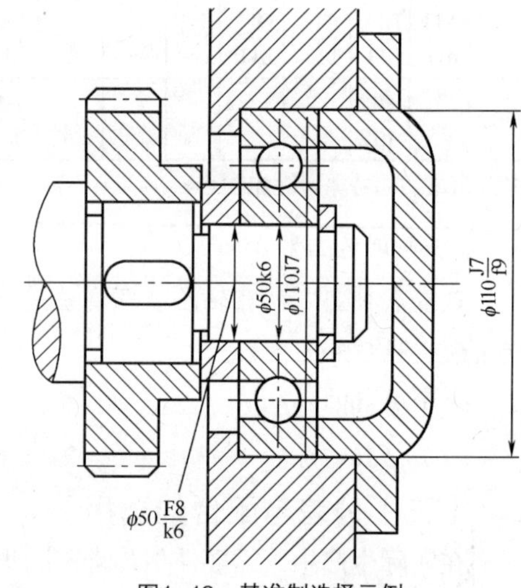

图1-19　基准制选择示例

（4）在特殊需要时可采用非基准制配合。非基准制配合是指由不包含基本偏差 H 和 h 的任一孔、轴公差带组成的配合。图 1-19 所示为轴承座孔同时与滚动轴承外径和端盖的配合，滚动轴承是标准件，它与轴承座孔的配合应为基轴制过渡配合，选取轴承座孔公差带为 ϕ110J7，而轴承座孔与端盖的配合应为较低精度的间隙配合，座孔公差带已定为 J7，现在只能对端盖选定一个位于 J7 下方的公差带，以形成所要求的间隙配合。考虑到端盖的性能要求和加工的经济性，采用 f9 的公差带，最后确定端盖与轴承座孔之间的配合为 ϕ110J7/f9。

2. 公差等级的选择

正确合理地选择公差等级，需要处理好零件的使用要求与制造工艺和成本之间的关系。选择公差等级的基本原则是在满足零件使用要求的前提下，尽量选取较低的公差等级。

公差等级的选择常采用类比法，即参考从生产实践中总结出来的经验资料，联系待定零件的工艺、配合和结构等特点，经分析后再确定公差等级。其一般过程如下。

（1）了解各个公差等级的应用范围。可参考表 1-8 和表 1-12。

表 1-8　　公差等级的应用

应　用	公差等级（IT）																			
	01	0	1	2	3	4	5	6	7	8	9	10	11	12	13	14	15	16	17	18
量块	—	—	—																	
量规			—	—	—	—	—	—	—											
配合尺寸							—	—	—	—	—	—	—	—	—					
特别精密的配合				—	—	—	—													
非配合尺寸														—	—	—	—	—	—	—
原材料尺寸										—	—	—	—	—	—	—				

（2）掌握配合尺寸公差等级的应用情况。可参考表 1-9。

表 1-9　　配合尺寸公差等级的应用

公 差 等 级	重　要　处		常　用　处		次　要　处	
	孔	轴	孔	轴	孔	轴
精密机械	IT4	IT4	IT5	IT5	IT7	IT6
一般机械	IT5	IT5	IT7	IT6	IT8	IT9
较粗机械	IT7	IT6	IT8	IT9	IT10～IT12	

（3）熟悉各种工艺方法的加工精度。公差等级与加工方法的关系如表 1-10 所示。要慎重选择使用高精度公差等级，否则会使加工成本急剧增加。

表 1-10　　各种加工方法可能达到的公差等级

加 工 方 法	公差等级（IT）																			
	01	0	1	2	3	4	5	6	7	8	9	10	11	12	13	14	15	16	17	18
研磨	—	—	—	—	—	—	—													
珩						—	—	—	—											
圆磨							—	—	—	—										
平磨							—	—	—	—										
金刚石车							—	—	—											
金刚石镗							—	—	—											
拉削							—	—	—	—										
铰孔								—	—	—	—	—								
车									—	—	—	—	—							
镗									—	—	—	—	—							
铣										—	—	—	—							
刨、插												—	—							
钻												—	—	—	—					
滚压、挤压												—	—							
冲压												—	—	—	—	—				

续表

加工方法	公差等级（IT）																			
	01	0	1	2	3	4	5	6	7	8	9	10	11	12	13	14	15	16	17	18
压铸													—	—	—	—				
粉末冶金成形								—	—	—										
粉末冶金烧结									—	—	—	—								
砂型铸造、气割																		—	—	—
锻造																	—	—		

（4）注意孔、轴配合时的工艺等价性。孔和轴的工艺等价性是指孔和轴加工难易程度应相同。在公差等级≤8 级时，从目前来看，中小尺寸的孔加工比相同尺寸、相同等级的轴加工要困难，加工成本也要高些，其工艺是不等价的。为了使组成配合的孔、轴工艺等价，其公差等级应按优先常用配合孔、轴相差一级选用，这样就可保证孔轴工艺等价。当然，在实践中如有必要，仍允许同级组成配合。按工艺等价性选择公差等级可参考表 1-11。

表 1-11　　按工艺等价性选择轴的公差等级

要求配合	条件：孔的公差等级	轴应选的公差等级	实例
间隙配合 过渡配合	≤IT8 >IT8	轴比孔高一级 轴与孔同级	H7/f6 H9/d9
过盈配合	≤IT7 >IT7	轴比孔高一级 轴与孔同级	H7/p6 H8/s8

精度要求不高的配合允许孔、轴的公差等级相差 2～3 级，如图 2-20 中轴承端盖凸缘与箱体外壳孔的配合代号为ϕ110J7/f9，孔、轴的公差等级相差 2 级。

表 1-12　　公差等级的应用举例

公差等级	应用条件说明	应用举例
IT01	用于特别精密的尺寸传递基准	特别精密的标准量块
IT0	用于特别精密的尺寸传递基准及宇航中特别重要的极个别精密配合尺寸	特别精密的标准量块；个别特别重要的精密机械零件尺寸；校对、检验 IT6 级轴用量规的校对量规
IT1	用于精密的尺寸传递基准、高精密测量工具、特别重要的极个别精密配合尺寸	高精密标准量规；校对、检验 IT7～IT9 级轴用量规的校对量规；个别特别重要的精密机械零件尺寸
IT2	用于高精密的测量工具、特别重要的精密配合尺寸	检验 IT6～IT7 级工作用量规的尺寸制造公差；校对、检验 IT8～IT11 级轴用量规的校对塞规；个别特别重要的精密机械零件的尺寸
IT3	用于精密测量工具、小尺寸零件的高精度的精密配合及与 C 级滚动轴承配合的轴径和外壳孔径	检验 IT8～IT11 级工件用量；校对、检验 IT9～IT13 级轴用量规的校对量规；与特别精密的 C 级滚动轴承内环孔（直径至 100 mm）相配的机床主轴、精密机械和高速机械的轴径；与 C 级向心球轴承外环外径相配合的外壳孔径；航空工业及航海工业中导航仪器上特殊精密的个别小尺寸零件的精密配合

续表

公差等级	应用条件说明	应用举例
IT4	用于精密测量工具、高精度的精密配合和C级、D级滚动轴承配合的轴径和外壳孔径	检验IT9～IT12级工件用量规；校对IT12～IT14级轴用量规的校对量规；与C级轴承孔（孔径大于100mm时）及与D级轴承孔相配的机床主轴；精密机械和高速机械的轴径；与C级轴承相配的机床外壳径；柴油机活塞销及活塞销座孔径；高精度（1～4级）齿轮的基准孔或轴径；航空及航海工业用仪器中特殊精密的孔径
IT5	用于机床、发动机和仪表中特别重要的配合，在配合公差要求很小、形状精度要求很高的条件下，这类公差等级能使配合性质比较稳定，它对加工要求较高，在一般机械制造中较少应用	检验IT11～IT14级工件用量规；校对IT14～IT15级轴用量规的校对量规；与D级滚动轴承相配的机床箱体孔；与E级滚动轴承孔相配的机床主轴、精密机械及高速机械的轴径；机床尾架套筒、高精度分度盘轴颈；分度头主轴、精密丝杆基准轴颈；高精度镗套的外径等；发动机中主轴的外径、活塞销外径与活塞的配合；精密仪器中轴与各种传动件轴承的配合；航空、航海工业中，仪表中重要的精密孔的配合；5级精度齿轮的基准孔及5、6级精度齿轮的基准轴
IT6	广泛用于机械制造中的重要配合，配合表面有较高均匀性的要求，能保证相当高的配合性质，使用可靠	检验IT12～IT15级工件用量规；校对IT15～IT16级轴用量规的校对量规；与E级滚动轴承相配的外壳孔及与滚子轴承相配的机床主轴轴颈；机床制造中，装配式青铜蜗轮、轮壳外径安装齿轮、蜗轮、联轴器、皮带轮、凸轮的轴径；机床丝杠支承轴颈、矩形花键的定心直径、摇臂钻床的立柱等；机床夹具的导向件的外径尺寸；精密仪器光学仪器、计量仪器中的精密轴；航空、航海仪器仪表中的精密轴；无线电工业、自动化仪表、电子仪器，如邮电机械中特别重要的轴；手表中特别重要的轴；导航仪器中主罗经的方位轴、微电机轴、电子计算机外围设备中的重要尺寸；医疗器械中牙科直车头、中心齿轴及X线机齿轮箱的精密轴等；缝纫机中重要轴类尺寸；发动机中的汽缸套外径、曲轴主轴颈、活塞销、连杆衬套、连杆和轴瓦外径等；6级精度齿轮的基准孔和7、8级精度齿轮的基准轴径，以及特别精密（1、2级精度）齿轮的顶圆直径
IT7	应用条件与IT6相类似，但它要求的精度可比IT6稍低一点，在一般机械制造业中应用相当普遍	检验IT14～IT16级工件用量规；校对IT16级轴用量规的校对量规；机床制造中装配式青铜蜗轮轮缘孔径、联轴器、皮带轮、凸轮等的孔径，机床卡盘座孔、摇臂占床的摇臂孔、车床丝杆的轴承孔等；机床夹头导向件的内孔（如固定占套、可换占套、衬套、镗套等）；发动机中的连杆孔、活塞孔、铰制螺栓定位孔等；纺织机械中的重要零件；印染机械中要求较高的零件；精密仪器光学仪器中精密配合的内孔；手表中的离合杆压簧等；导航仪器中主罗经壳底座孔、方位支架孔；医疗器械中牙科直车头中心齿轮轴的轴承孔及X线机齿轮箱的转盘孔；电子计算机、电子仪器、仪表中的重要内孔；自动化仪表中的重要内孔；缝纫机中的重要轴内孔零件；邮电机械中的重要零件的内孔；7、8级精度齿轮的基准孔和9、10级精密齿轮的基准轴

续表

公差等级	应用条件说明	应用举例
IT8	用于机械制造中属中等精度；在仪器、仪表及钟表制造中，由于基本尺寸较小，所以属较高精度范畴；在配合确定性要求不太高时，可应用较多的一个等级。尤其是在农业机械、纺织机械、印染机械、自行车、缝纫机、医疗器械中应用最广	检验IT16级工件用量规，轴承座衬套沿宽度方向的尺寸配合；手表中跨齿轴、棘爪拨针轮等与夹板的配合；无线电仪表工业中的一般配合；电子仪器仪表中较重要的内孔；计算机中变数齿轮孔和轴的配合；医疗器械中牙科车头的钻头套的孔与车针柄部的配合；导航仪器中主罗经粗刻度盘孔月牙形支架与微电机汇电环孔等；电机制造中铁芯与机座的配合；发动机活塞油环槽宽连杆轴瓦内径、低精密（9～12级精度）齿轮的基准孔、11～12级精度齿轮的基准轴、6～8级精度齿轮的顶圆
IT9	应用条件与IT8相类似，但要求精度低于IT8时用	机床制造中轴套外径与孔、操纵件与轴、空转皮带轮与轴操纵系统的轴与轴承等的配合；纺织机械、印刷机械中的一般配合零件；发动机中机油泵体内孔、气门导管内孔、飞轮与飞轮套、圈衬套、混合气预热阀轴、气门盖孔径、活塞槽环的配合等；光学仪器、自动化仪表中的一般配合；手表中要求较高零件的未注公差尺寸的配合；单键连接中键宽配合尺寸；打字机中的运动件配合等
IT10	应用条件与IT9相类似，但要求精度低于IT9时用	电子仪器仪表中支架上的配合；导航仪器中绝缘衬套孔与汇电环衬套轴；打字机中铆合件的配合尺寸；闹钟机构中的中心管与前夹板；轴套与轴；手表中尺寸小于18mm时要求一般的未注公差尺寸及大于18mm要求较高的未注公差尺寸；发动机中油封挡圈孔与曲轴皮带轮毂
IT11	用于配合精度要求较粗糙、装配后可能有较大的间隙。特别适用于要求间隙较大，且有显著变动而不会引起危险的场合	机床上法兰盘止口与孔、滑块与滑移齿轮、凹槽等；农业机械、机车车厢部件及冲压加工的配合零件；钟表制造中不重要的零件，手表制造用的工具及设备中的未注公差尺寸；纺织机械中较粗糙的活动配合；印染机械中要求较低的配合；医疗器械中手术刀片的配合；磨床制造中的螺纹连接及粗糙的动连接；不作测量基准用的齿轮顶圆直径公差
IT12	配合精度要求很粗糙，装配后有很大的间隙，适用于基本上没有什么配合要求的场合；要求较高、未注公差尺寸的极限偏差	非配合尺寸及工序间尺寸；发动机分离杆；手表制造中工艺装备的未注公差尺寸；计算机行业切削加工中未注公差尺寸的极限偏差；医疗器械中手术刀柄的配合；机床制造中扳手孔与扳手座的连接
IT13	应用条件与IT12相类似	非配合尺寸及工序间尺寸；计算机、打字机中切削加工零件及圆片孔、二孔中心距的未注公差尺寸
IT14	用于非配合尺寸及不包括在尺寸链中的尺寸	在机床、汽车、拖拉机、冶金矿山、石油化工、电机、电器、仪器、仪表、造船、航空、医疗器械、钟表、自行车、缝纫机、造纸与纺织机械等工业中对切削加工零件未注公差尺寸的极限偏差，广泛应用此等级
IT15	用于非配合尺寸及不包括在尺寸链中的尺寸	冲压件、木模铸造零件、重型机床制造，当尺寸大于3 150mm时的未注公差尺寸
IT16	用于非配合尺寸及不包括在尺寸链中的尺寸	打字机中浇铸件尺寸；无线电制造中箱体外形尺寸；手术器械中的一般外形尺寸公差；压弯延伸加工用尺寸；纺织机械中木件尺寸公差；塑料零件尺寸公差；木模制造和自由锻造时用

续表

公差等级	应用条件说明	应用举例
IT17	用于非配合尺寸及不包括在尺寸链中的尺寸	塑料成型尺寸公差；手术器械中的一般外形尺寸公差
IT18	用于非配合尺寸及不包括在尺寸链中的尺寸	冷作、焊接尺寸用公差

3. 配合的选择

前述基准制和公差等级的选择，确定了基准孔或基准轴的公差带，以及相应的非基准轴或非基准孔公差带的大小，因此，选择配合种类实质上就是确定非基准轴或非基准孔公差带的位置，也就是选择非基准轴或非基准孔的基本偏差代号。各种代号的非基准轴或非基准孔的基本偏差，在一定条件下代表了各种不同的配合，故选择配合就是如何选择基本偏差的问题。

设计时，通常多采用类比法选择配合种类。为此，首先必须掌握各种基本偏差的特点，并了解它们的应用实例。各种基本偏差的应用说明见表 1-13。

表 1-13 各种基本偏差的应用说明

配合	基本偏差	特点及应用实例
间隙配合	a（A） b（B）	可得到特别大的间隙，应用很少，主要用于工作时温度高、热变形大的零件的配合，如发动机中活塞与缸套的配合为 H9/a9
	c（C）	可得到很大的间隙，一般用于工作条件较差（如农业机械）、工作时受力变形大及装配工艺性不好的零件的配合，也适用于高温工作的间隙配合，如内燃机排气阀杆与导管的配合为 H8/c7
	d（D）	与 IT7～IT11 对应，适用于较松的间隙配合（如滑轮、空转的带轮与轴的配合），以及大尺寸滑动轴承与轴颈的配合（如涡轮机、球磨机等的滑动轴承），如活塞环与活塞槽的配合可用 H9/d9
	e（E）	与 IT6～IT9 对应，具有明显的间隙，用于大跨距及多支点的转轴与轴承的配合，以及高速、重载的大尺寸轴与轴承的配合，如大型电机、内燃机的主要轴承处的配合为 H8/e7
	f（F）	多与 IT6～IT8 对应，用于一般转动的配合，受温度影响不大、采用普通润滑油的轴与滑动轴承的配合，如齿轮箱、小电动机、泵等的转轴与滑动轴承的配合为 H7/f6
	g（G）	多与 IT5、IT6、IT7 对应，形成配合的间隙较小，用于轻载精密装置中的转动配合，用于插销的定位配合，滑阀、连杆销等处的配合，钻套孔多用 G
	h（H）	多与 IT4～IT11 对应，广泛用于无相对转动的配合、一般的定位配合。若没有温度、变形的影响，也可用于精密滑动轴承，如车床尾座孔与滑动套筒的配合为 H6/h5
过渡配合	js（JS）	多用于 IT4～IT7 具有平均间隙的过渡配合，用于略有过盈的定位配合，如联轴节、齿圈与轮毂的配合、滚动轴承外圈与外壳孔的配合多用 JS7，一般用手或木槌装配

续表

配合	基本偏差	特点及应用实例
过渡配合	k（K）	多用于IT4～IT7平均间隙接近零的配合，用于定位配合，如滚动轴承的内、外圈分别与轴颈、外壳孔的配合，用木槌装配
	m（M）	多用于IT4～IT7平均过盈较小的配合，用于精密定位的配合，如蜗轮的青铜轮缘与轮毂的配合为H7/m6
	n（N）	多用于IT4～IT7平均过盈较大的配合，很少形成间隙，用于加键传递较大扭矩的配合，如冲床上齿轮与轴的配合，用槌子或压力机装配
过盈配合	p（P）	用于小过盈配合，与H6或H7的孔形成过盈配合，而与H8的孔形成过渡配合。碳钢和铸铁制零件形成的配合为标准压入配合，如绞车的绳轮与齿圈的配合为H7/p6。合金钢制零件的配合需要小过盈时可用p（或P）
	r（R）	用于传递大扭矩或受冲击负荷而需要加键的配合，如蜗轮与轴的配合为H7/r6。H8/r8配合在基本尺寸<100 mm时，为过渡配合
	s（S）	用于钢和铸铁零件的永久性和半永久性结合，可产生相当大的结合力，如套环压在轴、阀座上用H7/s6配合
	t（T）	用于钢和铸铁制零件的永久性结合，不用键可传递扭矩，须用热套法或冷轴法装配，如联轴节与轴的配合为H7/t6
	u（U）	用于大过盈配合，最大过盈须验算，用热套法进行装配，如火车轮毂和轴的配合为H6/u5
	v（V），x（X） y（Y），z（Z）	用于特大过盈配合，目前使用的经验和资料很少，须经试验后才能应用，一般不推荐

在实际生产中，广泛应用的选择方法是类比法，其一般步骤如下。

（1）按表1-14确定大体方向（初选）。由表1-14可知，当孔、轴间有相对运动时，应选间隙配合。当孔、轴间无相对运动时，应根据具体工作条件不同，从三类配合中选取：若要求传递足够大的扭矩，且不要求拆卸时，一般应选过盈配合；若需要传递一定的扭矩，但要求能够拆卸，应选用过渡配合；若对同轴度要求不高，只是为了装配方便，则应选取间隙配合。

表1-14　配合类别选择的大体方向

无相对运动	要传递转矩	要精确同轴	永久结合	过盈配合
			可拆结合	过渡配合或基本偏差为H（h）[②]的间隙配合加紧固件[①]
		不要精确同轴		间隙配合的加紧固件[①]
	不需要传递转矩			过渡配合或轻的过盈配合
有相对运动	只有移动			基本偏差为H（h）、G（g）[②]等的间隙配合
	转动或转动和移动复合运动			基本偏差A～F（a～f）[②]等的间隙配合

注：① 紧固件指键、销钉和螺钉等。

② 指非基准件的基本偏差代号。

（2）按表 1-15、表 1-16 和表 1-17 确定（精选）。

表 1-15　　尺寸至 500 mm 常用和优先间隙配合的特征及应用

基准件＼基本偏差＼配合种类		a	A	b	B	c	C	d	D	e	E	f	F	g	G	h	H
		轴 或 孔															
H6	h5											H6/f5	F6/h5	H6/g5	G6/h5	H6/h5	
H7	h6											H7/f6	F7/h6	◤H7/g6	◤G7/h6	◤H7/h6	
H8	h7									H8/e7	E8/h7	H8/f7	◤F8/h7	H8/g7		◤H8/h7	
H8	h8							H8/d8	D8/h8	H8/e8	E8/h8	H8/f8	F8/h8			H8/h8	
H9	h9					H9/c9		◤H9/d9	◤D9/h9	H9/e9	E9/h9	H9/f9	F9/h9			◤H9/h9	
H10	h10					H10/c10		H10/d10	D10/h10							H10/h10	
H11	h11	H11/a11	A11/h11	H11/b11	B11/h11	H11/c11	C11/h11	H11/d11	D11/h11							◤H11/h11	
H12	h12			H12/b12	B12/h12											H12/h12	
摩擦类型		紊流液体摩擦						层流液体摩擦								半液体摩擦	
配合间隙		特别大		特大		很大		较大				适中		较小		很小，极端情况为零	
应用场合		用于高温或工作时要求大间隙的配合，一般很少应用				用于缓慢、松弛的动配合；用于工作条件较差（如农业机械）、受力变形、或为了便于装配而需要大间隙的配合；高温时的动配合		用于高速、重载的滑动轴承或大直径的滑动轴承；由于间隙较大，也可用于大跨距或多支点支承的配合				用于一般转速转动配合；当温度影响不大时，广泛地应用在普通润滑油（或润滑脂）润滑支承处		最适合于不回转的精密滑动配合或用于缓慢间歇回转的精密配合		用于不同精度要求的一般定位配合或缓慢移动和摆动配合	

注：带◤的配合为优先配合。

表 1-16　　尺寸至 500 mm 常用和优先过渡配合的特征及应用

基准件 \ 基本偏差 \ 配合种类		轴与孔									
		js	Js	k	K	m	M	n	N	p	t
H6	h5	$\frac{H6}{js5}$	$\frac{Js6}{h5}$	$\frac{H6}{k5}$	$\frac{K6}{h5}$	$\frac{H6}{m5}$	$\frac{M6}{h5}$	$\frac{H6}{n5}$			
H7	h6	$\frac{H7}{js6}$	$\frac{Js7}{h6}$	◤$\frac{H7}{k6}$	◤$\frac{K7}{h6}$	$\frac{H7}{m6}$	$\frac{M7}{h6}$	◤$\frac{H7}{n6}$	◤$\frac{N7}{h6}$	◤$\frac{H7}{p6}$	
H8	h7	$\frac{H8}{js7}$	$\frac{Js8}{h7}$	$\frac{H8}{k7}$	$\frac{K8}{h7}$	$\frac{H8}{m7}$	$\frac{M8}{h7}$	$\frac{H8}{n7}$	$\frac{N8}{h7}$	$\frac{H8}{p7}$	$\frac{H8}{r7}$
过盈百分率		低 → 高									
应用场合		用于易于装拆的定位配合或加紧固件可传递一定静载荷的配合		用于稍有振动的定位配合，加紧固件可传递一定的载荷，装拆尚方便		用于定位精度较高且能抗振的定位配合，加键能传递较大的载荷，一般可用木锤装配，但在最大过盈时要求相当大的压入力		用于精确定位或紧密组件的配合，加键能传递大扭矩或冲击性载荷，由于拆卸较难，一般用于大修理时才拆卸的配合		加键后能传递很大扭矩、振动及冲击的配合；因拆卸困难，故用于装配后不再拆卸的配合	

注：1. 当基本尺寸大于 3mm 时，$\frac{H6}{n5}$ 和 $\frac{H7}{p6}$ 为过盈配合；当基本尺寸大于 100mm 时，$\frac{H8}{r7}$ 为过盈配合。

2. 带◤的配合为优先配合。

表 1-17　　尺寸至 500mm 常用和优先过盈配合的特征及应用

基准件 \ 基本偏差 \ 配合种类		轴或孔																			
		n	N	p	P	r	R	s	S	t	T	u	U	v	V	x	X	y	Y	z	Z
H6	h5	$\frac{H6}{n5}$	$\frac{N6}{h5}$	$\frac{H6}{p5}$	$\frac{P6}{h5}$	$\frac{H6}{r5}$	$\frac{R6}{h5}$	$\frac{H6}{s5}$	$\frac{S6}{h5}$	$\frac{H6}{t5}$	$\frac{T6}{h5}$										
H7	h6			◤$\frac{H7}{p6}$	◤$\frac{P7}{h6}$	$\frac{H7}{r6}$	$\frac{R7}{h6}$	◤$\frac{H7}{s6}$	◤$\frac{S7}{h6}$	$\frac{H7}{t6}$	$\frac{T7}{h6}$	◤$\frac{H7}{u6}$	◤$\frac{U7}{h6}$	$\frac{H7}{v6}$		$\frac{H7}{x6}$		$\frac{H7}{y6}$		$\frac{H7}{z6}$	
H8	h7					$\frac{H8}{r7}$		$\frac{H8}{s7}$		$\frac{H8}{t7}$		$\frac{H8}{u7}$									

配合类型	轻型	中型	重型	特重型
装配方法	用手锤或压力机	用压力机，热胀孔或冷缩轴法	用热胀孔或冷缩轴法	用热胀孔或冷缩轴法
应用场合	用于精确的定位配合。上列多数配合不能靠过盈产生的紧固性传递载荷。要传递扭矩或轴向力时，要加紧固件	在传递较小扭矩或轴向力时，不加紧固件；若承受较大载荷或动载荷时，应加紧固件	不加紧固件能传递和承受大的扭矩和动载荷，但材料的许用应力要大	能传递和承受很大的扭矩和动载荷，目前使用的经验和资料还很少，须经试验后才可应用

注：1. 当基本尺寸小于等于 3 mm 时 $\frac{H6}{n5}$ 和 $\frac{H7}{p6}$ 为过渡配合；当基本尺寸小于等于 100mm 时，$\frac{H8}{r7}$ 为过渡配合。

2. 带◤的配合为优先配合。

归纳起来，间隙配合的选择主要看运动的速度、承受载荷、定心要求和润滑要求。相对运动速度高，工作温度高，则间隙应选大一些；相对运动速度低，如一般只作低速的相对运动，则间隙可选小一些。

过盈配合的选择主要根据扭矩的大小以及是否加紧固件与拆装困难程度等要求，无紧固件的过盈配合，其最小过盈量产生的结合力应保证能传递所需的扭矩和轴向力；而最大过盈量产生的内应力不许超出材料的屈服强度。

过渡配合的选择主要根据定心要求与拆装等情况。对于定位配合，要保证不松动；如需要传递扭矩，则还须加键、销等紧固件；经常拆装的部位要比不经常拆装的配合松些。

（3）按表 1-18 和表 1-19 调整。

表 1-18　对选择的间隙配合的调整

具体情况	间隙的增大或减小	具体情况	间隙的增大或减小
工作温度｛孔高于轴时 轴高于孔时	减小 增大	两支承距离较大或多支承时	增大
表面粗糙度值较大时	减小	支承间同轴度误差大时	增大
润滑油黏度较大时	增大	生产类型｛单件小批生产时 大批大量生产时	增大 减小
定心精度较低时	增大		

表 1-19　对选择的过盈配合的调整

具体情况	过盈的增大或减小	具体情况	过盈的增大或减小
材料强度小时	减小	配合长度较大时	减小
经常拆卸	减小	配合面形位误差较大时	减小
有冲击载荷	增大	装配时可能歪斜	减小
工作时温度｛孔高于轴时 轴高于孔时	增大 减小	转速很高时 表面粗糙度值较大时	增大

（4）工程中常用机构的配合如图 1-14 所示。现简要说明如下。

① 图 1-20（a）所示为车床尾座和顶尖套筒的配合，套筒在调整时要在车床尾座孔中滑动，须有间隙，但在工作时要保证顶尖高的精度，所以要严格控制间隙量以保证同轴度，故选择了最小间隙为零的间隙定位配合 H/h 类。

② 图 1-20（b）所示为三角皮带轮与转轴的配合，皮带轮上的力矩通过键连接作用于转轴上，为了防止冲击和震动，两配合件采用了轻微定心配合 H/js 类。

③ 图 1-20（c）所示为起重机吊钩铰链配合，这类粗糙机械只要求动作灵活，便于装配，且多为露天作业，对工作环境要求不高，故采用了特大间隙低精度配合。

④ 图 1-20（d）所示为管道的法兰连接，为使管道连接时能对准，一个法兰上的一凸缘和另一法兰上的凹槽相结合，用凸缘和凹槽的内径作为对准的配合尺寸。为了防止渗漏，在凹槽底部放有密封填料，并由凸缘将之压紧。凸缘和凹槽的外径处的配合本来只要求有一定间隙，易于装配即可；但由于凸缘和凹槽的外径在加工时，不可避免地会产生相对于内径的同轴度误差，所以在外径处采用大的间隙配合，这里用的是 H12/h12。

⑤ 图 1-20（e）所示为内燃机排气阀与导管的配合，由于气门导杆工作时温度很高，为补偿热变形，故采用很大间隙 H7/c6 配合，以确保气门导杆不被卡住。

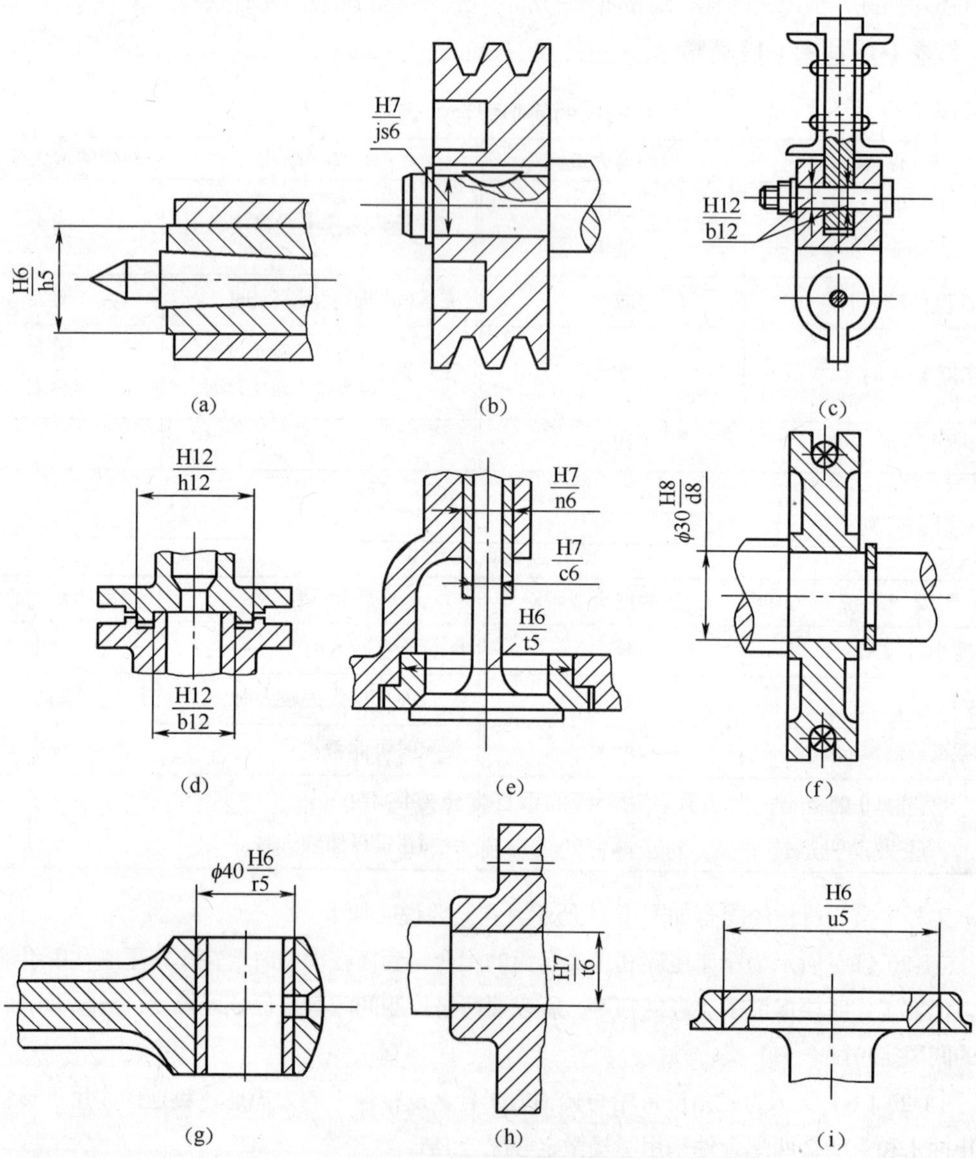

(a) (b) (c)

(d) (e) (f)

(g) (h) (i)

图1–20　工程中常用机构的配合

⑥ 图 1-20（f）所示为滑轮与心轴的配合（注：心轴是只承受弯矩作用而不承受转矩作用的轴，

传动轴正好相反，转轴则兼而有之，既承受弯矩作用又承受转矩作用）。为使滑轮在心轴上能灵活转动，宜采用较大的间隙配合，故采用了 H/d 配合。机器中有些结合本来只须稍有间隙，能有活动作用即可，但为了补偿形位误差对装配的影响，须增大间隙，这时也常采用这种配合。

⑦ 图 1-20（g）所示为连杆小头孔与衬套的配合，这类配合的过盈能产生足够大的夹紧力，确保两相配件连为一个整体，而又不致于在装配时压坏衬套。

⑧ 图 1-20（h）所示为联轴器与传动轴的配合，这种配合过盈较大，对钢和铸铁件适于作永久性结合，图 1-15（e）中的内燃机阀座和缸头的配合也属于 H/t 类。

⑨ 图 1-20（i）所示为火车轮缘与轮毂的配合，这种配合过盈量很大，须用热套法装配，且应验算在最大过盈时其内应力不许超出材料的屈服强度。

三、拓展知识——连杆机械加工工艺过程与分析

连杆的结构及主要技术条件分析。连杆是较细长的变截面非圆形杆件，其杆身截面从大头到小头逐步变小，以适应在工作中承受的急剧变化的动载荷。连杆由连杆体和连杆盖两部分组成，连杆体与连杆盖用螺栓和螺母与曲轴主轴颈装配在一起。图 1-21 为某型号发动机的连杆合件。

为了减少磨损和磨损后便于修理，在连杆小头孔中压入青铜衬套，大头孔中装有薄壁金属轴瓦。

连杆材料一般采用 45 钢或 40Cr、45Mn2 等优质钢或合金钢，近年来也有采用球墨铸铁的。其毛坯用模锻制造。可将连杆体和盖分开锻造，也可整体锻造，主要取决于锻造毛坯的设计能力。

汽车发动机的连杆主要技术条件如下。

① 小头衬套底孔尺寸公差为 IT7～IT9 级，粗糙度为 *Ra*3.2，小头衬套孔为 IT5 级，粗糙度为 *Ra*0.4。为了保证与活塞销的精密装配间隙，小头衬套孔在加工后，以每组间隙为 0.002 5 mm 分组（见分组互换法）。

② 大头孔镶有薄壁剖分轴瓦，底孔尺寸公差为 IT6 级，粗糙度为 *Ra*0.8。

③ 大小头孔轴线应位于同一平面，其平行度允差每 100 mm 长度上不大于 0.06 mm；大小头孔间距尺寸公差为±0.05 mm；大小头孔对端面的垂直度允差每 100 mm 长度上不大于 0.1 mm。

④ 为保证发动机运转平稳，对于连杆的重量及装于同一台发动机中的一组连杆重量都有要求。对连杆大头重量和小头重量都分别规定、涂色分组，供选择装配。

1. 连杆机械加工工艺过程

连杆的尺寸精度、形状精度和位置精度的要求都很高，但刚度又较差，容易产生变形。大批大量生产的连杆机械加工工艺过程如表 1-20 所列。

连杆的主要加工表面为大小头孔、两端面、连杆盖与连杆体的接合面和螺栓等。次要表面为油孔、锁口槽、供作工艺基准的工艺凸台等。还有称重去重、检验、清洗和去毛刺等工序。

2. 连杆机械加工工艺过程分析

（1）工艺过程的安排。连杆的加工顺序大致如下：粗磨上下端面—钻、拉小头孔—拉侧面—切开—拉半圆孔、接合面、螺栓孔—配对加工螺栓孔—装成合件—精加工合件—大小头孔光整加工—

去重分组、检验。

连杆小头孔压入衬套后常以金刚镗孔作为最后加工。大头孔常以珩磨或冷挤压作为底孔的最后加工。

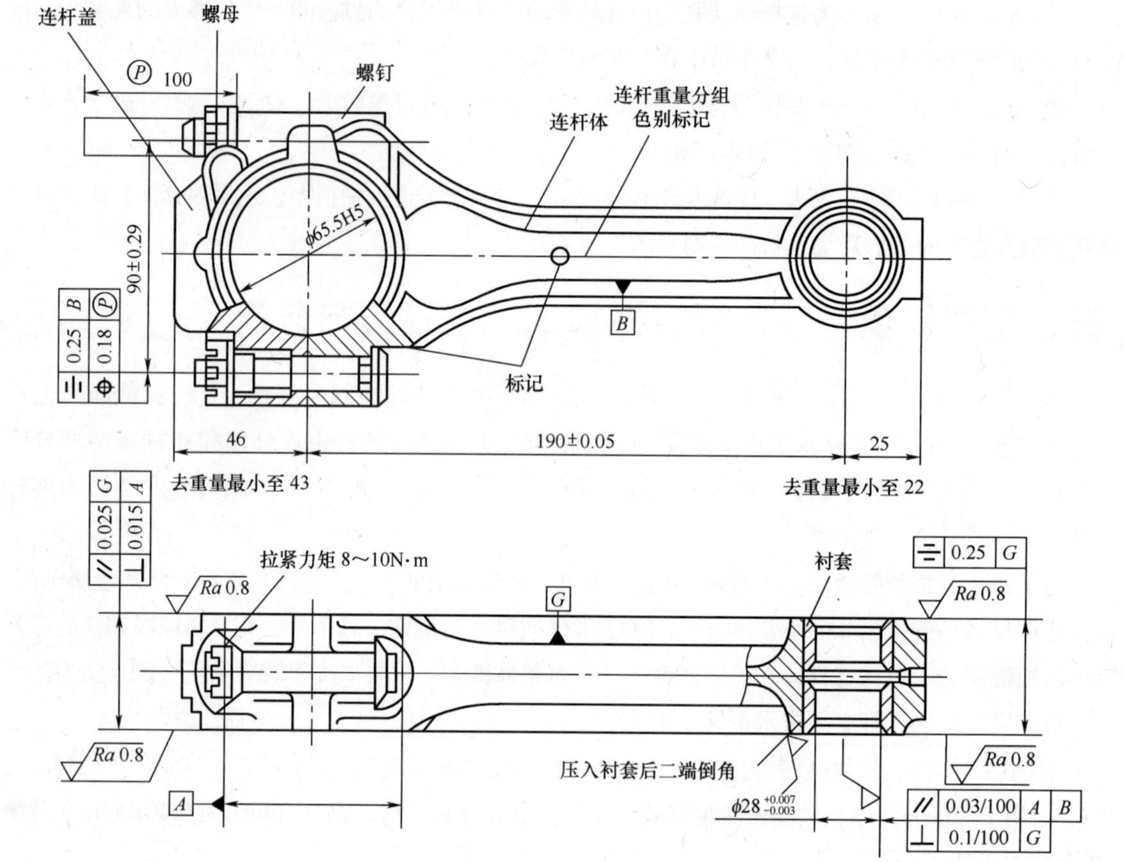

图1–21 某发动机的连杆合件

表 1-20 汽车连杆机械加工工艺过程

序号	工序名称	工序尺寸及要求	工序简图	设备	工夹具
0	模锻	按连杆锻造工艺进行			
1	粗磨连杆大小头两端面	磨第一面尺寸 $39.20_{-0.16}^{\ 0}$ $\sqrt{Ra6.3}$ （标记向上） 磨第二面至 $38.6_{-0.16}^{\ 0}$ $\sqrt{Ra6.3}$	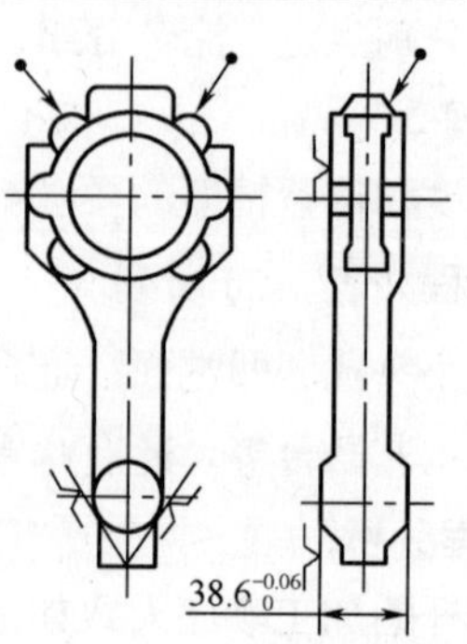 $38.6_{\ 0}^{-0.06}$	双轴立式平面磨床	

续表

序号	工序名称	工序尺寸及要求	工序简图	设备	工夹具
2	钻道孔	$\phi 28.3^{+0.45}_{-0.05}$（标记向上）	三爪定心夹紧 $\phi 28.3^{+0.45}_{-0.05}$	立式六轴钻床	随机夹具
3	两端倒角	$\phi 31^{+0.5}_{0}$，60°		立式钻床	侧角夹具
4	拉小头孔	$\phi 29.49^{+0.033}_{0}$	小孔和一端面图（标记向上）定位	立式内拉床	
5	拉连杆小头定位面		Ra 6.3　$99^{0}_{-0.1}$　$247^{0}_{-0.3}$　G　0.25 G　28±0.1　$28^{+0.05}_{-0.15}$	立式外拉床	
6	将整体磨件熔开为连杆和连杆体		49±0.3　191.5±0.2	双面卧式组合铣床	随机夹具
7	精拉连杆及连杆盖的二侧定位面及其圆弧面		$98^{0}_{-0.08}$　$\phi 64.3^{0}_{-1}$　$18.5^{+0.3}_{-0.1}$　Ra6.3　$98^{0}_{-0.08}$　$\phi 64.3^{0}_{-1}$　$190.5^{+0.3}_{-0.1}$	卧式连续拉床	随机夹具
8	磨连杆及连杆盖对口面			双轴立式平面磨床	
9	从对口处钻连杆螺栓孔			双面卧式钻孔组合机床	随机夹具
10	钻连杆盖螺栓孔			双面卧式钻孔组合机床	随机夹具

续表

序号	工序名称	工序尺寸及要求	工序简图	设备	工夹具
11	铣连杆及盖嵌轴瓦的锁口磨		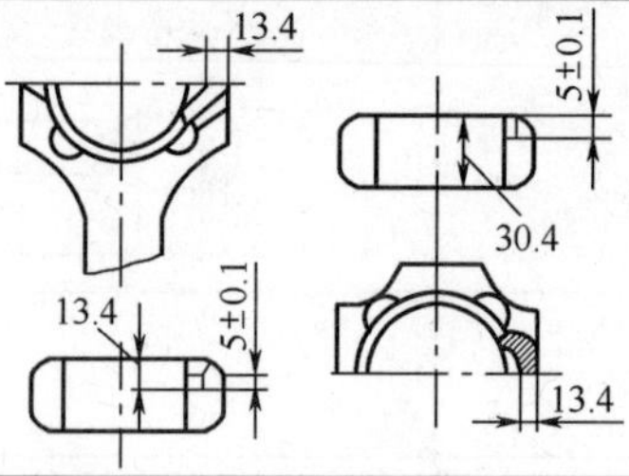 13.4　5±0.1　30.4　13.4　5±0.1　13.4	双面卧式钻孔组合机床	随机夹具
12	粗锪连杆螺栓窝座及盖的窝座	杆 $\phi25$ 盖 $\phi29$	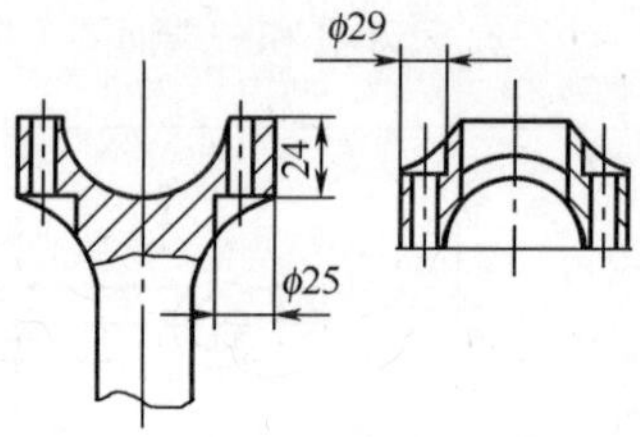 $\phi29$　24　$\phi25$	双面卧式钻孔组合机床	随机夹具
13	螺栓孔的两端倒侧角	杆$\phi22\times45°$　盖$\phi15\times45°$ $\phi13.6\times45°$　$\phi13.2\times45°$		双面卧式倒角组合机床	随机夹具
14	精锪连杆螺栓窝座			双面卧式倒角组合机床	随机夹具
15	去毛刺	在连杆小头衬套的孔内$\phi5$ 油孔处		去毛刺机	喷枪
16	精加工螺栓孔	第一工位将连杆和连杆盖合放在夹具里定位并夹紧（标记朝上）成套地放在料车上	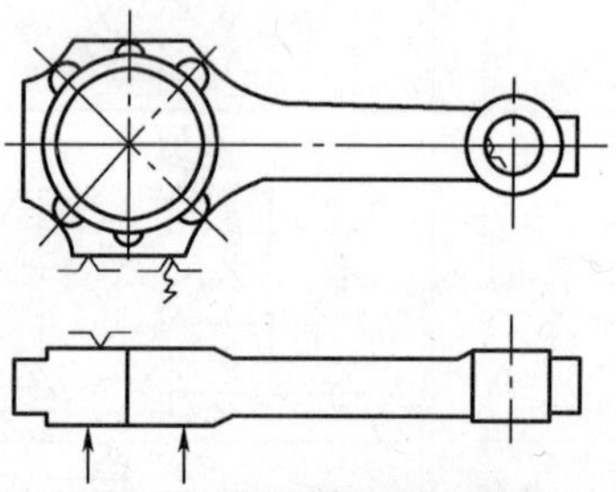	五工位组合机床	随机夹具
	扩连杆盖上螺栓孔	第二工位 $\phi12.5$，深 19	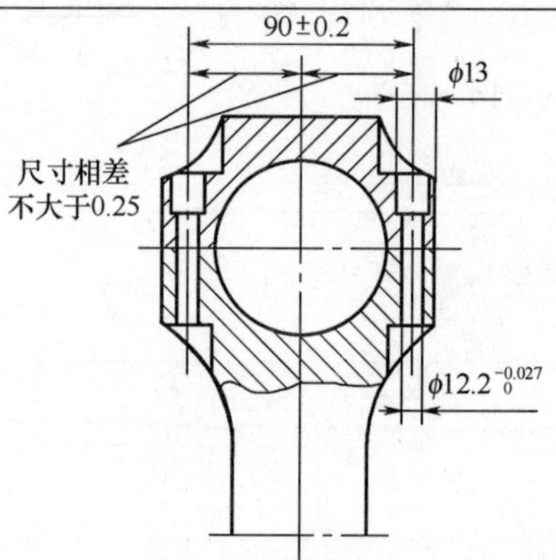 90±0.2　$\phi13$　尺寸相差不大于0.25　$\phi12.2_{0}^{-0.027}$		

续表

序号	工序名称	工序尺寸及要求	工序简图	设备	工夹具
16	阶梯扩连杆盖或连杆的螺栓孔	第三工位 ϕ13，深 19 ϕ11.4H10			
	镗连杆盖及连杆盖上的螺栓孔	第四工位 ϕ21H10			
	铰连杆及连杆盖的螺栓孔	第五工位 ϕ12.2H7			
17	装配连杆及连杆盖	用压缩空气吹净后装配		装配台	喷枪手锤
18	在大头孔的两端倒角	ϕ70.5×45° $\sqrt{Ra6.3}$		双面倒角机	随机夹具
19	精磨大小头两端面	磨有标记的一面至尺寸 $38.20_{-0.08}^{0}$ 磨另一端大头至尺寸 $37.83_{-0.08}^{0}$ 大头至尺寸 $38.95_{-0.3}^{0}$		双轴立式平面磨床	磨用夹具
20	粗镗大头孔	ϕ65 ± 0.05 中心距 189.925～100.075	ϕ65±0.05　Ra6.3　3 189.925～190.075	金刚镗床	镗孔夹具
21	去配量		2　2 48 去重量小至43 28 去重量小至22		
22	精镗大头孔			金磨镗床	随机夹具
23	珩磨大头孔			立式珩磨机	随机夹具
24	清洗吹干	苏打水			喷枪
25	中间检查				检验夹具

续表

序号	工序名称	工序尺寸及要求	工序简图	设备	工夹具
26	将铜套从两端压入小头孔内	铜套有倒角的一头向里	待压 已压	双面气动压床	随机夹具
27	挤压铜套	ϕ27.50～27.545	3 $\phi 27.5^{+0.015}_{0}$	压床	
28		小头两端倒角 1.5×45°		立式钻床	
29	镗小头铜套孔	至ϕ27.997～ϕ28.007 圆柱度为ϕ0.025 至中心距为 190 ± 0.05	// 0.03/100 A F；⊥ 0.01/100 G；Ra 0.4；$\phi 28^{+0.007}_{-0.003}$；4；移去定位长销；190±0.05；F；G；3；2；2；A；内涨心轴	金刚镗床	随机夹具
30	清洗吹干				
31	最后检验	按图纸上的技术条件进行检验			
32	防锈处理				

（2）定位基面的选择。连杆加工中可作定位基面的表面有：大小头孔上下两平面及两侧面等。这些表面在加工过程中不断地转换基准，由初到精逐渐形成。例如表 1-20 中，工序 1 粗磨平面的基准是毛坯底平面、小头外圆和大头一侧；工序 2 仍采用平面为基准，但平面已为精基准；大头两侧面在大量生产时以两侧自定心定位，中小批生产为简化夹具可取一侧定位；镗大孔时的定位基准为一平面、小头孔和大头孔一侧面；而镗小头孔时可选一平面、大头孔和小头孔外圆等。

连杆加工粗基准选择，要保证其对称性和孔的壁厚均匀。图 1-22 所示的钻小头孔钻模是以小头外圆定位，来保证孔与外圆的同轴度、使壁厚均匀的。

（3）确定合理的夹紧方法。连杆相对刚性较差，要十分注意夹紧力的大小、方向及着力点的选择。图 1-23 表示不正确的夹紧方法。

（4）连杆两端面加工。如果毛坯精度高，可以不经粗铣而直接粗磨。精磨工序应安排在精加工大小头孔之前，以保证孔与端面的相互垂直度要求。

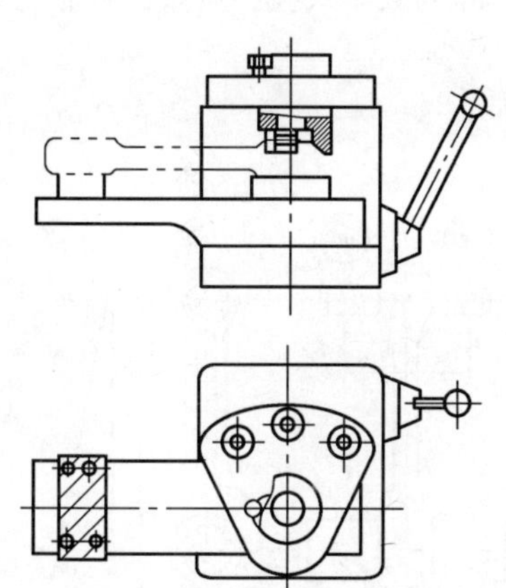
图1-22 钻小头孔钻模

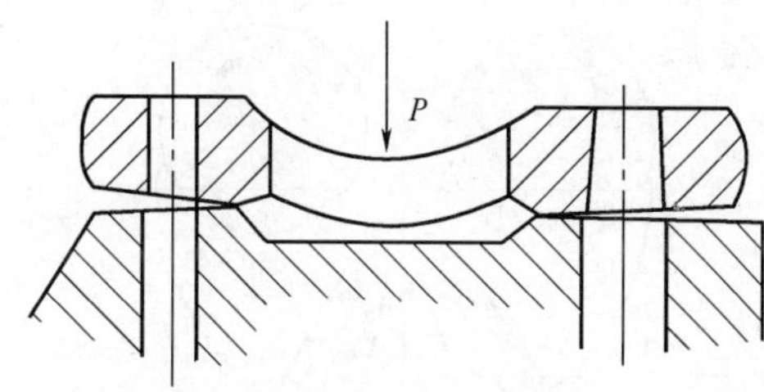

图1-23 连杆的夹紧变形

图 1-24 是在双轴立式平面磨床上磨削端面示意图。磨床上有两根主轴，分别装有高速旋转的砂轮 1 和 2。砂轮 2 的转速比 1 略低一些，可分别调整磨削深度以及磨削连杆的不同端面，所以Ⅰ、Ⅱ工位的定位基面不是等高的，第Ⅱ工位比第Ⅰ工位高，其高出量就是另一端面的加工余量。粗磨和精磨应在不同的机床上进行。

（5）连杆大小头孔的加工。大小头孔加工既要保证孔本身的精度、表面粗糙度要求，还要保证相互位置和孔与端面垂直度要求。小头底孔径由钻孔、倒棱、拉孔三道工序而成。钻孔用如图 1-22 所示外圆定心夹具，以保证壁厚均匀，小头孔径倒棱后在立式拉床上拉孔，然后压入青铜衬套，再以衬套内孔定位，在金刚镗床上精镗内孔。工序 29 所示定位夹紧方式为镗孔前大孔以内涨心轴定位，小孔插入菱形假销并使端面紧贴支承面后将工件夹紧，抽出假销进行精镗小孔。大头孔径粗镗后切开，这时连杆体与盖的圆弧均不成半圆，故在工序 7 精拉连杆和连杆盖的侧面及接口面时，同时拉出圆弧面。此后，大头孔的粗镗、精镗、衍磨或冷挤压工序都是在合装后进行的。

（6）螺栓孔的加工。对于整体锻造的连杆，螺栓孔的加工是在切开后，接合面经精加工后进行的。这样易于保证螺栓孔与接合面的垂直度。因其精度要求较高，一般须经钻—扩—锪—铰等工序。在工序安排上分两个阶段，第一个阶段是在杆、盖分开状况下的加工（工序 9～15），第二阶段是在杆、盖合装后的加工（工序 16）。

3. 连杆的检验

连杆的加工工序长，中间又插入热处理工序，因而须经多次中间检验。最终检查项目和其他零件一样，包括尺寸精度、形状精度和位置精度以及表面粗糙度，只不过连杆某些要求较高而已。由于装配的要求，大小头孔要按尺寸分组，连杆的位置精度要在检具上进行。如大小头孔轴心线在两个互相垂直方向上的平行度，可采用图 1-25 所示方法进行。在大小头孔中塞入心轴，大头的心轴搁在等高垫铁上，使大头心轴与平板平行。将连杆置于直立位置时［见图 1-25（a）］，在小头心轴上距离为 100 mm 处测量高度的读数差，即为大小头孔在连杆轴心线方向的平行度误差值；将工件置

于水平位置时［见图 1-25（b）］，用同样方法测得的读数差，即为大小头孔在垂直连杆轴心线方向的平行度误差值。连杆还要进行探伤以检查其内在质量。

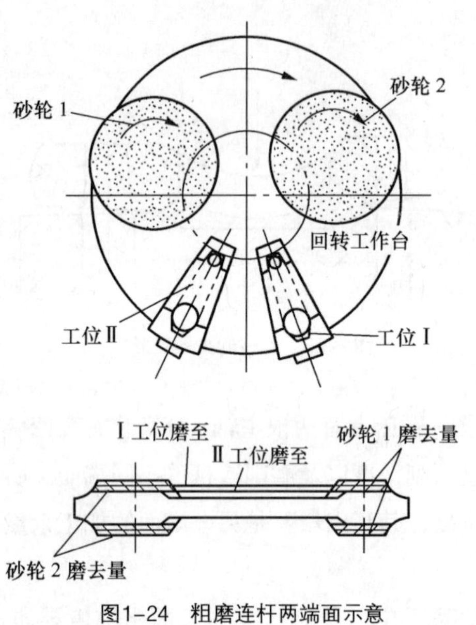

图1-24 粗磨连杆两端面示意

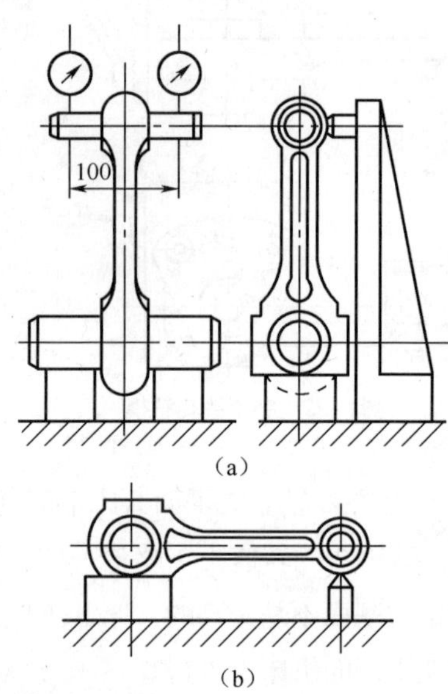

图1-25 连杆大小头孔在两个互相垂直方向平行度检验

四、任务小结

公差与配合的应用，归结起来，就是选择配合的基准制、选择相配合件的公差等级和选择非基准件的基本偏差。

（1）选择基准制的总原则是使配合结构合理、加工及装配方便和具有明显的经济效益。一般情况下，优先采用基孔制。特殊情况下，采用基轴制。与标准件配合时，按标准件选择基准制。

（2）选择公差等级的总原则是在保证使用性能要求的前提下，尽量选用较低的公差等级。选择相配合件的公差等级，实际上是为了获得配合精度（配合公差）。在分配配合公差时，应考虑孔轴的加工工艺性。过渡配合和过盈配合的孔轴应选择较高的公差等级。相配合零件的公差应协调。

（3）选择配合实际上是选择非基准件的公差带位置。按标准推荐顺序选择公差带及配合，能最大限度地发挥标准化的作用。首先选用优先公差带及优先配合，其次选用常用公差带及常用配合，再次选用一般用途公差带组成配合。

五、思考题与习题

1-1 什么是极限尺寸？什么是实际尺寸？二者关系如何？

1-2 什么是标准公差？什么是基本偏差？二者各自的作用是什么？

1-3 试述尺寸公差与尺寸偏差的异同点。

1-4　什么是配合？当基本尺寸相同时，如何判断孔、轴配合性质的异同？

1-5　间隙配合、过渡配合、过盈配合各适用于何种场合？

1-6　什么是基准制？国标规定了几种基准制？如何正确选择基准制？

1-7　国标规定了多少个公差等级？选择公差等级的基本原则是什么？其一般过程有哪几步？

1-8　如何用类比法选择配合的种类及代号？大致有哪几个步骤？

1-9　什么是线性尺寸的一般公差？它分为哪几个公差等级？如何确定其极限偏差？

1-10　已知一孔、轴配合，图样上标注为孔 $\phi30^{+0.033}_{0}$、轴 $\phi30^{+0.029}_{+0.008}$。试作出此配合的尺寸公差带图，计算孔、轴极限尺寸及配合的极限间隙或极限过盈，并判断其配合性质。

Chapter 2

任务二

齿轮泵的检测

【促成目标】

① 能根据齿轮泵的工作原理分析齿轮泵的结构特点。
② 能根据齿轮泵的结构特点分析各零件的工作配合面。
③ 能根据各零件的工作配合面选择合适的形位公差项目。
④ 能根据形位公差项目选择合适的检测方法。
⑤ 能查阅相关的公差标准。

【最终目标】

齿轮泵的功用和结构，理解齿轮泵的工作原理，能对齿轮泵进行组装。在此基础上，了解齿轮泵的各零件的结构特点和性能要求，能对齿轮泵各零件的尺寸公差和形位公差进行检测。

一、工作任务

通过对本任务“二、基础知识”的学习，认真填写下面的《学习任务单》、《学习报告单一——泵体平面度测量》、《学习报告单二——泵盖平面度测量》和《学习报告单三——齿轮轴径向圆跳动测量》。

1. 拆装与认识齿轮泵

齿轮泵广泛应用在各种液压机械上，它结构简单，易于制造，价格便宜，工作可靠，维护方便，如图 2-1 所示。

（1）齿轮泵的工作原理如图 2-1（b）所示，一对相互啮合的齿轮装在泵体内，齿轮两端面靠端盖密封，齿顶靠泵体的圆弧表面密封，在齿轮的各个齿间形成了密封的工作容积。泵体有两个油口，一个是入口（吸油口），一个是出口（压油口）。

当电动机驱动主要齿轮旋转时，两齿轮转动方向如图 2-1（b）所示。这时吸油腔的齿轮逐渐分

离，由齿间所形成的密封容积逐渐增大，出现了部分真空，于是油箱中的油液就在大气压力的作用下，经过吸油管和液压泵入口进入吸油腔，随即被旋转齿轮带到压油腔，随着压油腔齿轮逐渐啮合，密封容积逐渐减小，油液被挤出，从压油腔经出口输送到压力管路中。

学习任务单

学习情境	测量泵体、泵盖平面度及齿轮轴径向圆跳动	姓名		日期	
学习任务	能对齿轮泵各零件的尺寸公差和形位公差进行检测	班级		教师	
任务目标	了解齿轮泵的功用和结构，理解齿轮泵的工作原理，能对齿轮泵进行组装				
任务要求	能根据各零件的工作配合面选择合适的形位公差项目和检测方法				
条件配备	平晶、水平仪、指示表、磁性表座、平板、心轴或V形块等				

- 根据提供的资料和老师讲解，学习完成任务必备的理论知识要点
  ① 能根据齿轮泵的工作原理分析齿轮泵的结构特点。
  ② 能根据齿轮泵的结构特点分析各零件的工作配合面。
  ③ 能根据各零件的工作配合面选择合适的形位公差项目。
  ④ 能根据形位公差项目选择合适的检测方法。
  ⑤ 能查阅相关的公差标准。

- 根据现场提供的零部件及工具，完成测量项目
  ➡ 掌握平板、心轴或V形块、指示表、磁性表座、平晶、水平仪、自准直仪、刀口尺等工具的使用方法。

- 完成任务后，填写学习报告单并上交，作为考核依据

(a) 齿轮泵外形

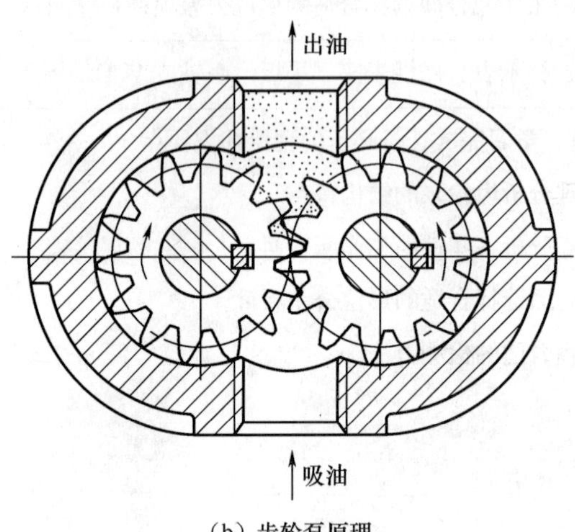

(b) 齿轮泵原理

图2-1 齿轮泵

(2) 齿轮泵的装配图如图 2-2 所示。

通过老师对齿轮泵的结构、工作原理的讲述，同学们要能对齿轮泵进行组装。在此基础上，了解齿轮泵各零件的结构特点和性能要求。由于加工系统中总是存在一定的几何误差，以及加工中出现的受力变形、热变形和振动等因素的影响，不仅会使工件产生尺寸误差，还会产生形状和位置误差（简称：形位误差）。人们在生产中对零件加工质量的要求，除尺寸公差的要求外，对零件的形状或位置要求也十分重要，特别是随着生产与科学技术的不断发展，如果对零件的加工仅局限于给出尺寸公差，显然是难以满足产品的使用要求的。为此，我们必须在零件图上给出形状或位置公差。下面给出了泵体（见图 2-3）、齿轮轴（见图 2-4）、泵盖（见图 2-5）的零件图，请同学们认真思考应该选择哪些形位公差项目标注在图样上。

(3) 泵体零件图。

(4) 齿轮轴零件图。

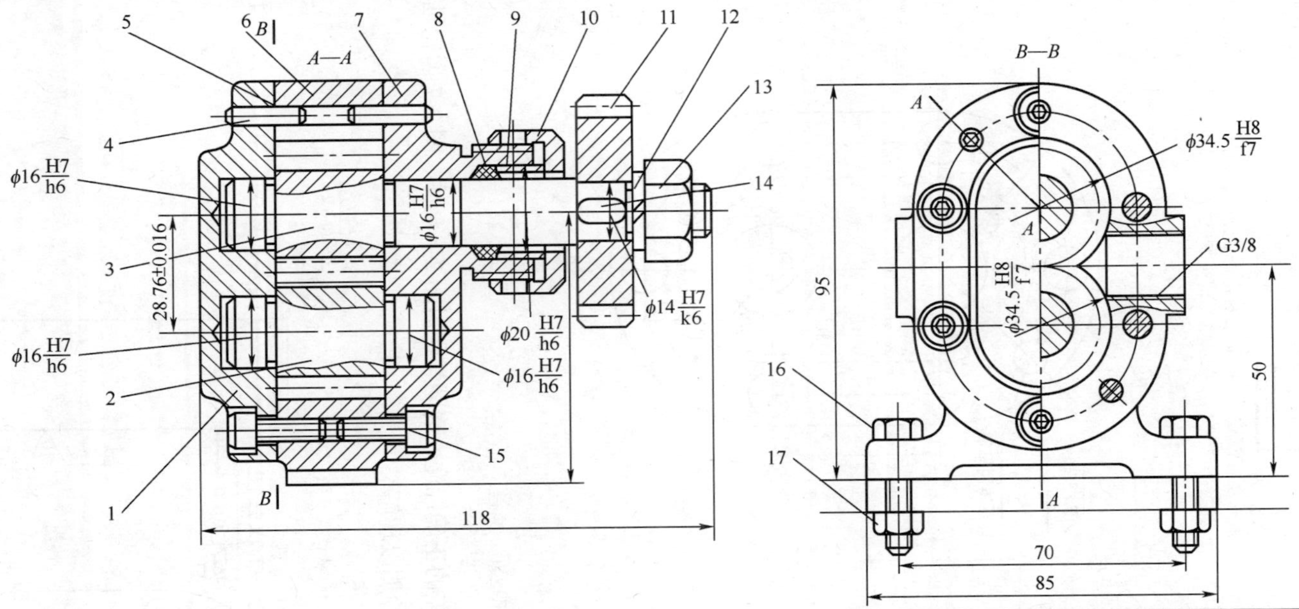

序号	名称	数量	材料	备注
17	螺母 M6	2	Q235	GB/T6170—1986
16	螺栓 M6×30	2	Q235	GB/T5782—1986
15	螺钉 M6×16	12	35	GB/T70—1985
14	键 5×10	1	45	GB/T1096—1979
13	螺母 M12×1.5	1	35	GB/T6171—1986
12	垫圈 12	1	65Mn	GB/T859—1987
11	传动齿轮	1	45	m=2.5 z=20
10	压紧螺母	1	35	
9	轴套	1	ZCuSn5PbZn5	
8	密封圈	1	橡胶	
7	右端盖	1	HT200	
6	泵体	1	HT200	
5	垫片	2	纸	δ=1
4	销 A5×18	4	45	GB/T 119—1986
3	传动齿轮轴	1	45	m=3、z=9
2	齿轮轴	1	45	m=3、z=9
1	左端盖	1	HT200	

齿轮油泵	比例	1:1	共 5 张	03
	质量		第 1 张	
制图				
设计				
审核				

技术要求

1. 齿轮安装后，用手转动齿轮时，应灵活旋转；
2. 两齿轮轮齿的啮合面占齿长的 3/4 以上。

图2-2 齿轮泵装配图

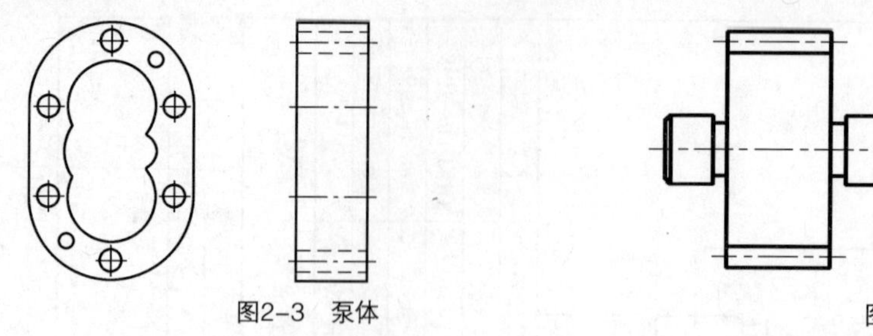

图2-3　泵体　　　　图2-4　齿轮轴零件图

（5）泵盖零件图。

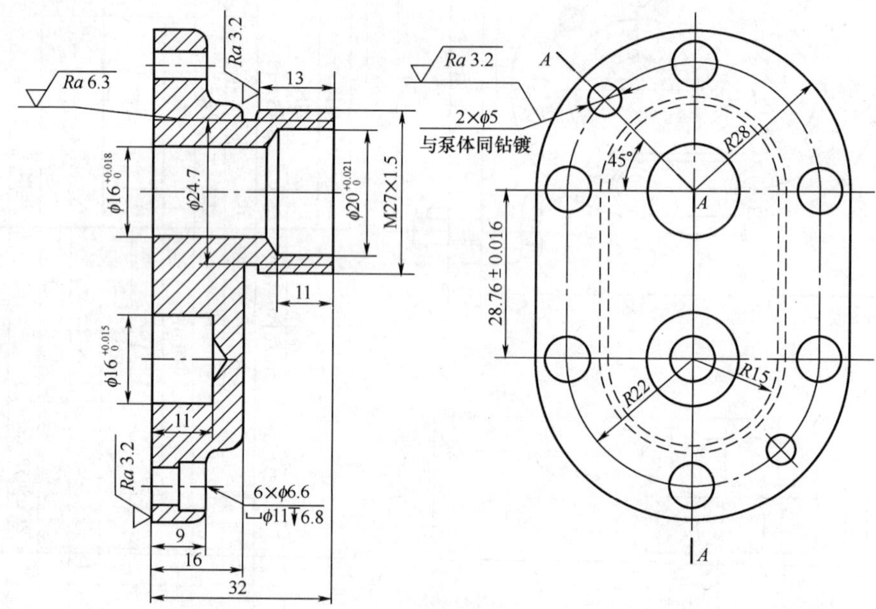

图2-5　泵盖

下面学习泵体、齿轮轴、泵盖的形位公差的正确标注，请同学们对图 2-6 泵体、图 2-7 齿轮轴、图 2-8 泵盖零件图中的形位公差进行识读，并加以理解。

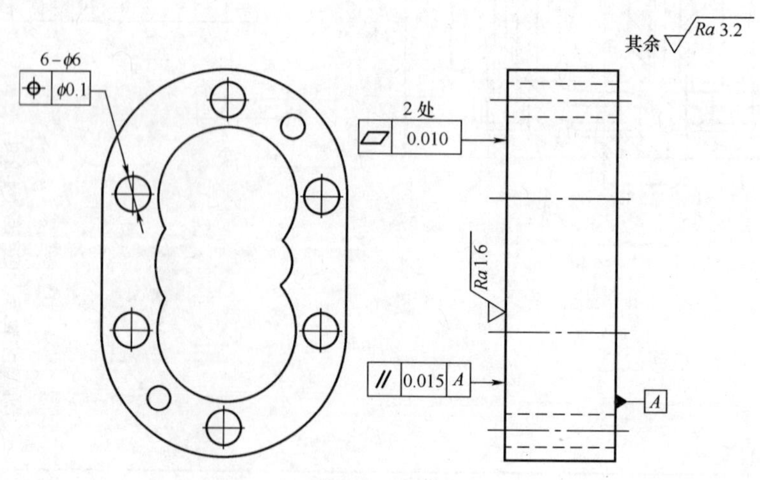

图2-6　泵体

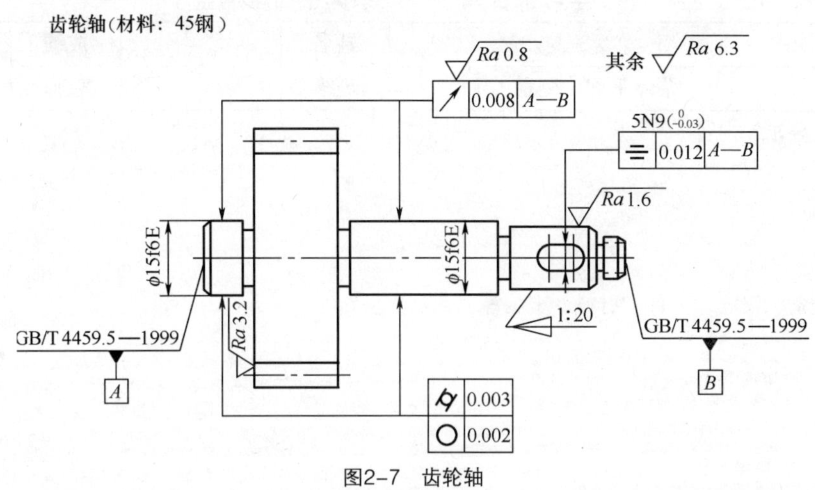

图2-7　齿轮轴

同学们不但要学会合理选择形位公差项目并进行标注，还要学会其检测方法。下面请同学们独立完成下列学习任务。

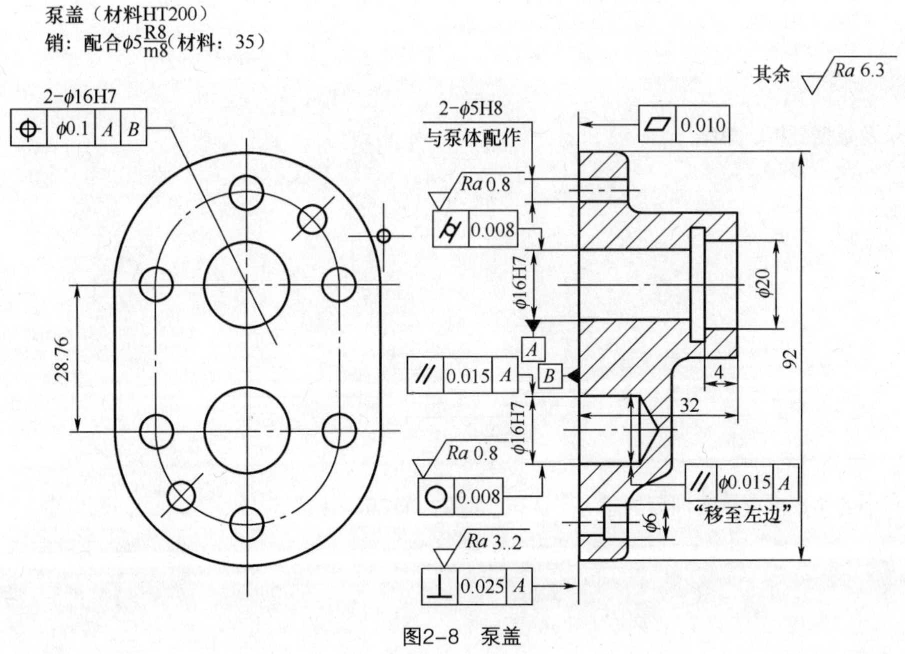

图2-8　泵盖

2. 测量齿轮泵各零件的形位误差

学习报告单一——泵体平面度测量

学习情境		姓名		成绩	
学习任务	泵体平面度测量	班级		教师	

1. 实训目的：要求和内容

2. 实训主要设备、仪器、工具、材料、工装等

3. 实训步骤（画一张测量简图）

4. 实训记录及数据分析、总结

5. 实训过程中的注意事项，实训后的思考、认识、深化、联想、建议等

学习报告单二——泵盖平面度测量

学习情境		姓名		成绩	
学习任务	泵盖平面度测量	班级		教师	

1. 实训目的：要求和内容

2. 实训主要设备、仪器、工具、材料、工装等

3. 实训步骤（画一张测量简图）

4. 实训记录及数据分析、总结

5. 实训过程中的注意事项，实训后的思考、认识、深化、联想、建议等

学习报告单三——齿轮轴径向圆跳动测量

<table>
<tr><td>学习情境</td><td></td><td>姓名</td><td></td><td>成绩</td><td></td></tr>
<tr><td>学习任务</td><td>齿轮轴径向圆跳动测量</td><td>班级</td><td></td><td>教师</td><td></td></tr>
<tr><td colspan="6">1. 实训目的：要求和内容

2. 实训主要设备、仪器、工具、材料、工装等

3. 实训步骤（画一张测量简图）

4. 实训记录及数据分析、总结

5. 实训过程中的注意事项，实训后的思考、认识、深化、联想、建议等

</td></tr>
</table>

二、基础知识

从齿轮泵的结构和工作原理，给出了形位公差的检测项目，同学们要完成任务，必须掌握形位公差的基本概念和检测方法，下面给同学们讲述其概念和检测方法。

（一）生产中常用量具、检具与量仪

1. 百分表

百分表的工作原理是通过齿条及齿轮的传动，将量杆的直线位移变成指针的角位移。百分表的外形如图 2-9 所示。

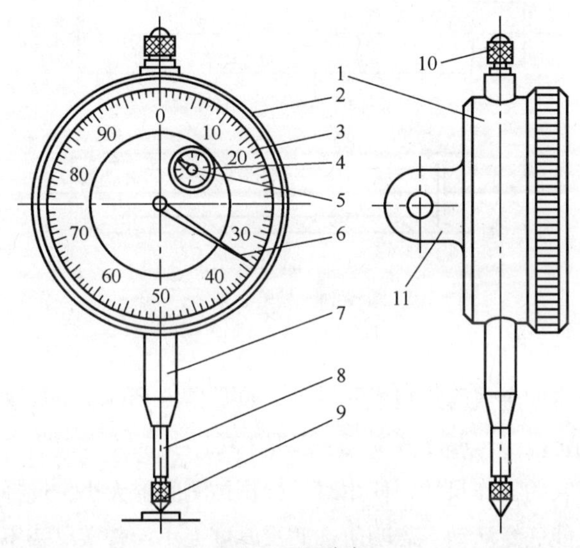

图2-9　百分表

1—表体；2—表圈；3—表盘；4—转数指示盘；5—转数指针；6—指针；7—套筒；8—测量杆；9—测量头；10—挡帽；11—耳环

百分表的表盘上刻有 100 个等分的刻度，当量杆移动 1 mm 时，大指针转一圈，此时，小指针转一格，因此，表盘上一格的分度值表示 0.01 mm。

百分表常用于在生产中检测长度尺寸、形位误差以及调整设备或装夹找正工件，或用来作为各种检测夹具及专用量仪的读数装置等。

2. 平板

如图 2-10 所示，平板是平台测量的基本工具，主要用作检测工作台。测量时，被测零件、直角尺、支架、表架及其他测量用的辅助工具和量具，一般都放在平板上，以平板表面作为检测基准。

3. 检验心轴

如图 2-11 所示，检验心轴是平台测量中用于体现孔的轴线位置的常用工具。测量时，将心轴装入被测零件的相应孔中，以心轴表面素线来体现孔对坐标尺寸及位置误差进行测量。心轴与孔的配合应紧密，以减少测量误差；但也不能配合过紧，以免损坏零件给检测过程和装拆带来不便。

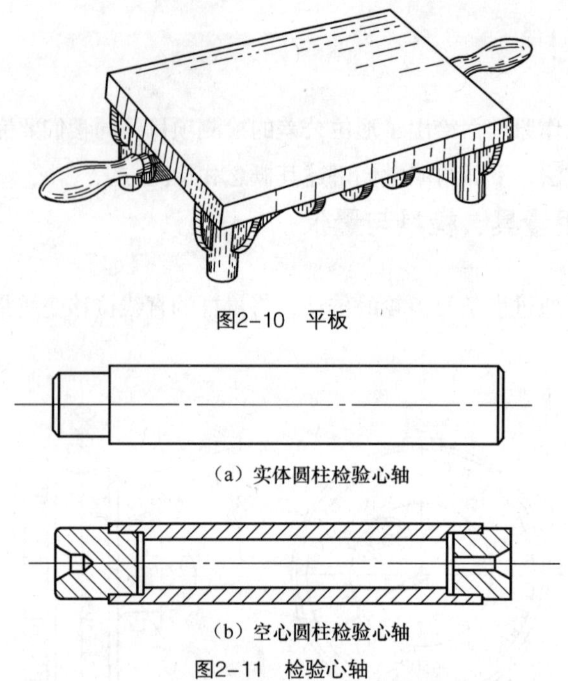

图2–10 平板

（a）实体圆柱检验心轴

（b）空心圆柱检验心轴

图2–11 检验心轴

4. 塞尺（厚薄规）

塞尺是由一组厚度不等的金属薄片组成的量具，如图 2-12 所示。塞尺主要用于测量两表面间较小间隙的尺寸大小，其测量范围（厚度范围）一般是 0.02～1 mm。

每片塞尺上都标记有它的工作尺寸，使用时，根据被测间隙大小，选择适宜厚度塞尺塞入被测间隙。若能方便地塞入且能任意活动，表明所选塞尺厚度太小；若塞尺塞不进去，表明选择厚度太大；若塞尺塞入间隙后，移动时有轻微的阻滞感觉，此时塞尺的厚度即为被测间隙的尺寸。

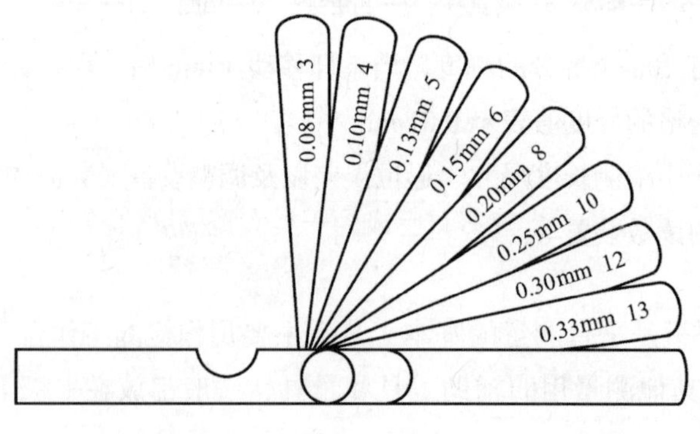

图2–12 塞尺

5. V 形块

V 形块是由两个对称且相交成 α 角的定位平面组成的一种定位元件，其结构形式有多种，图 2-13（a）所示为其中一种，主要用于支承外圆柱表面，模拟轴类零件的轴心线；还可以用作装夹零件、钳工划线等用途，如图 2-13（b）所示。

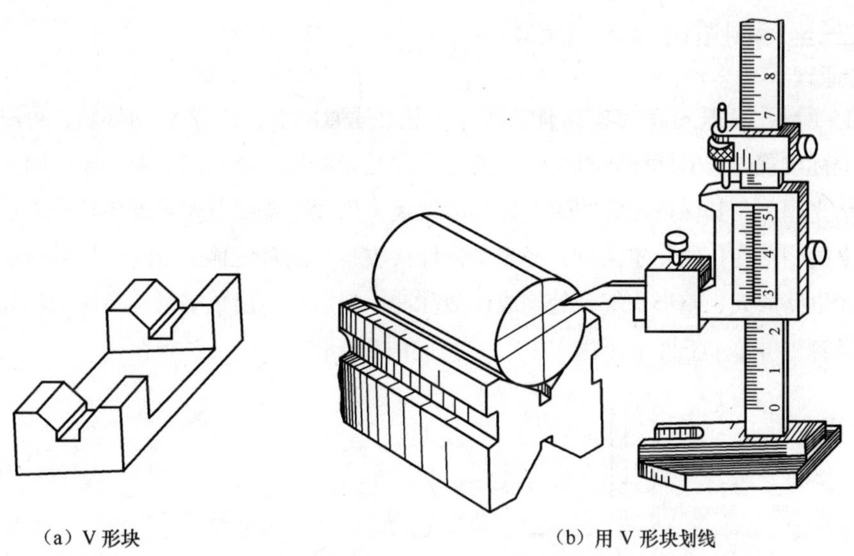

（a）V 形块　　（b）用 V 形块划线

图2-13 V形块

6. 水平仪

如图 2-14 所示，水平仪的主要部分是一个固定在水平仪框体内封闭的弧形玻璃管。玻璃管凸出的弧形管壁上刻有数条刻线，管内装有乙醚或酒精，其中留有一气泡作指示用。水平仪倾斜时，气泡便相对玻璃管移动。根据气泡移动方向和在刻线上的移动格数，可以得出被测平面的倾斜方向和角度。水平仪玻璃管上的刻度值表示被测面的斜率。例如，刻度值为 0.02/1 000 的水平仪，其气泡移动一格，相当于被测平面在 1 m 长度上两端的高度差为 0.02 mm，机床导轨的直线度误差通常用水平仪检验。

7. 三坐标测量机

三坐标测量机是一种高效率的精密测量仪器，它广泛地用于机械和仪器制造、电子工业、汽车和航空工业中，用作零件和部位的几何尺寸和相互位置的测量，例如箱体、导轨、涡轮和泵的叶片、多边形体、缸体、齿轮、凸轮和飞机形体等空间型面的测量。除此之外，它还可以划线、定中心孔、钻孔、铣削模型和样板、刻制光栅及线纹尺、光刻集成线路板等，并可对连接曲面进行扫描。由于它的测量范围大、精度高、效率快、性能好，已成为一类大型精度仪器，具有“测量中心”的称号。

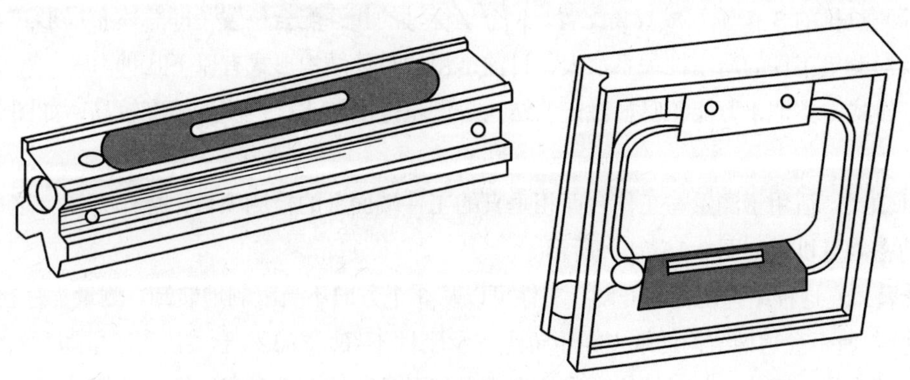

图2-14 水平仪

（二）三坐标测量机的结构及功能

1. 测量原理

如图 2-15 所示，三坐标测量机具有空间 3 个相互垂直的 X、Y、Z 运动导轨，可测出空间范围内各测点的坐标位置。三坐标测量机所采用的标准器是光栅尺。反射式金属光栅尺固定在导轨上，读数头（指示光栅）与其保持一定间隙安装在滑架上，当读数头随滑架沿着导轨作连续运动时，由于光栅所产生的明暗变化的莫尔条纹，经光电元件接收，将测量位移所得的光信号转换成周期变化的电信号，经电路放大、整形、细分处理成计数脉冲，最后显示出数字量。当探头移到空间的某个点位置时，计算机屏幕上立即显示出 X、Y、Z 方向的坐标值。

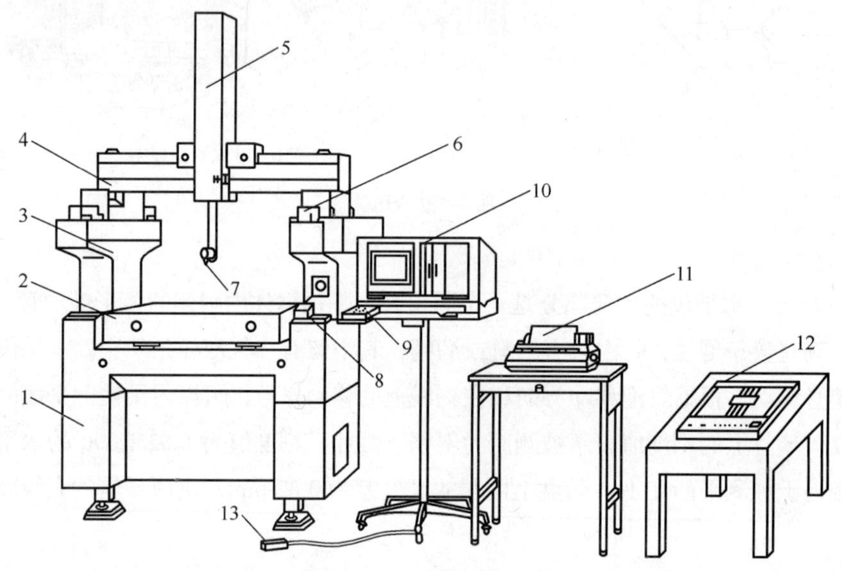

图2-15　三坐标测量机

1—底座；2—工作台；3—立柱；4,5,6—导轨；7—测头；8—驱动开关；
9—键盘；10—计算机；11—打印机；12—绘图仪；13—脚开关

任何复杂的几何表面和几何形状，只要三坐标测量机的测头能够测到，就能够借助于计算机的数据处理测出它们的几何尺寸和相互位置关系。这种测量方法具有万能性。

2. 结构形式

三坐标测量机的 3 个轴互成直角配置。3 个坐标轴的相互配合位置（即总体布局形式）与测量机的精度及对测量工件的适用性关系很大，目前常用的总体结构形式有以下几种。

（1）立轴式：类似于万能工具显微镜的结构。测量范围较小，但测量精度较高，如图 2-16（a）所示。

（2）卧轴式：适用于测量与工作台面相垂直的工件端面上的检测项目，操作方便。这种结构适宜于中型精密测量机，如图 2-16（b）所示。

（3）悬臂式：这种结构工作面开阔，工件可以从 3 个方向不受限制地装卸、测量，有利于操作，如图 2-16（c）所示。这种结构的缺点在于单点支承刚性不好，易于变形，且变形量随测量轴线在 Y 轴上的位置而变化。因此，此种结构在设计中应考虑对悬臂的下垂和弯曲进行补偿。

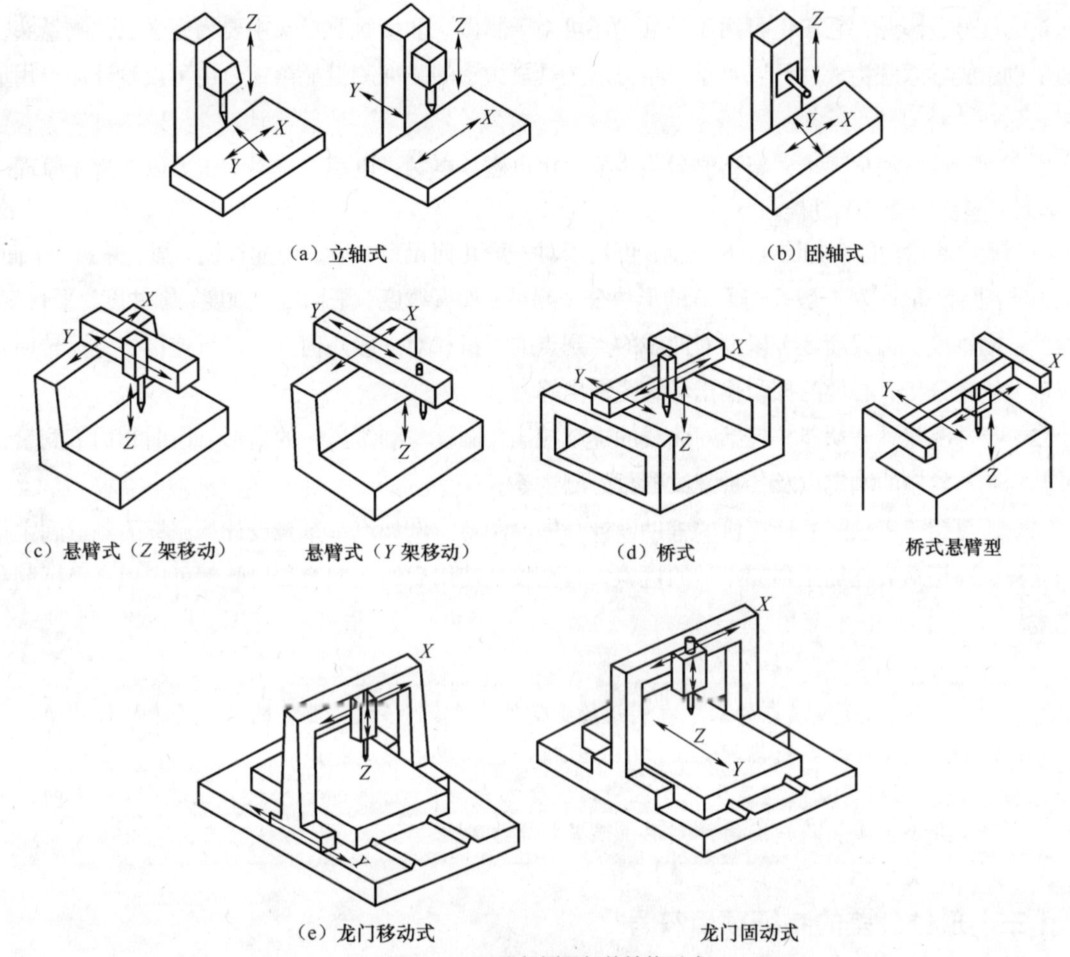

图2-16　三坐标测量机的结构形式

（4）桥式：这种结构刚性好，3 个坐标测量范围较大时也可以保证测量精度，因而适宜做大型测量机的结构，如图 2-16（d）所示。这种结构的缺点是桥框立柱限制了工件的装卸，并给测量操作带来不便。

（5）龙门式：可分为龙门移动式和龙门固定式两种，优缺点与桥式相似，如图 2-16（e）所示。龙门固定式不适宜测量重型工件，否则工作台运动时惯性太大，不易克服，因此只能作为中型测量机的结构。

3. 三坐标测量头

测量头是三坐标测量机中直接实现对工件进行测量的重要部件，它直接影响三坐标测量机测量的精度、操作的自动化程度和检测效率。

三坐标测量头可视为一种传感器，只是结构、种类、功能较一般传感器复杂得多，但其原理仍与传感器相同。按其结构原理可分为机械式、光学式和电气式 3 种；按测量方法可分为接触式和非接触式两种。接触式测量头可分为硬测头与软测头两类。硬测头多为机械测头，测量力会引起测头和被测件的变形，降低瞄准精度；而软测头测端和被测件接触后，测端可作偏移，传感器输出模拟位移量的信号，因此，它不但可用于瞄准，还可用于测微。非接触测量头主要为光学点位测量头，一般借助于光学系统构成，可以直接采用万能工具显微镜的瞄准测量显微镜，也可以设计成专用显微镜。

由于测量的自动化要求，新型测量头主要采用电磁、电触、电感、光电、压力以及激光原理。

4. 三坐标测量机的功能

（1）基本测量功能。如图 1-16 所示，可用于对一般几何元素的确定（如直线、圆、椭圆、平面、圆柱、球、圆锥等）；对一般几何元素的形位公差测量（如直线度、平面度、圆度、圆柱度、平行度、倾斜度、同轴度、位置度等）以及对曲线的点到点的测量和对一般几何元素进行连接、坐标转换、相应误差统计分析，必要的打印输出和绘图输出等。

（2）特殊测量处理功能。包括对曲线的连续扫描，圆柱与圆锥齿轮的齿形、齿向和周节测量，各种凸轮和凸轮轴的测定以及各种螺纹参数的测量等。

（3）还可用于机械产品计算机的辅助设计与辅助制造。例如汽车车身设计从泥模的测量到主模型的测量；冲模从数控加工到加工后的检验，直至投产使用后的定期磨损检验都可应用三坐标测量机完成。

- 评定形位误差的基本准则是最小条件。评定时，被测要素的理想要素的位置必须符合最小条件才能使其评定值最小而且唯一，以避免误废和误收。
- 形状误差值用最小包容区域的宽度或直径表示，掌握最小包容区域（包括定向、定位最小区域）的判别对检测形位误差非常重要。

（三）形位公差的特征项目符号

根据 GB/T 1182—2008 的规定，几何公差的项目如表 2-1 所示。

表 2-1 几何公差特征项目及符号

公差类型	特征符号	符号	有或无基准
形状公差	直线度	—	无
	平面度	▱	无
	圆度	○	无
	圆柱度	⌭	无
	线轮廓度	⌒	无
	面轮廓度	⌓	无
方向公差	平行度	//	有
	垂直度	⊥	有
	倾斜度	∠	有
	线轮廓度	⌒	有
	面轮廓度	⌓	有

续表

公差类型	特征符号	符　号	有或无基准
位置公差	位置度	⌖	有或无
	同心度（用于中心点）	◎	有
	同轴度（用于轴线）	◎	有
	对称度	⌯	有
	线轮廓度	⌒	有
	面轮廓度	⌓	有
跳动公差	园跳动	↗	有
	全跳动	⌰	有

1. 几何公差带概念

限制几何误差的空间区域称几何公差带，它有大小、形状、方向和位置 4 个要素。常用的几何公差带如图 2-17 所示。

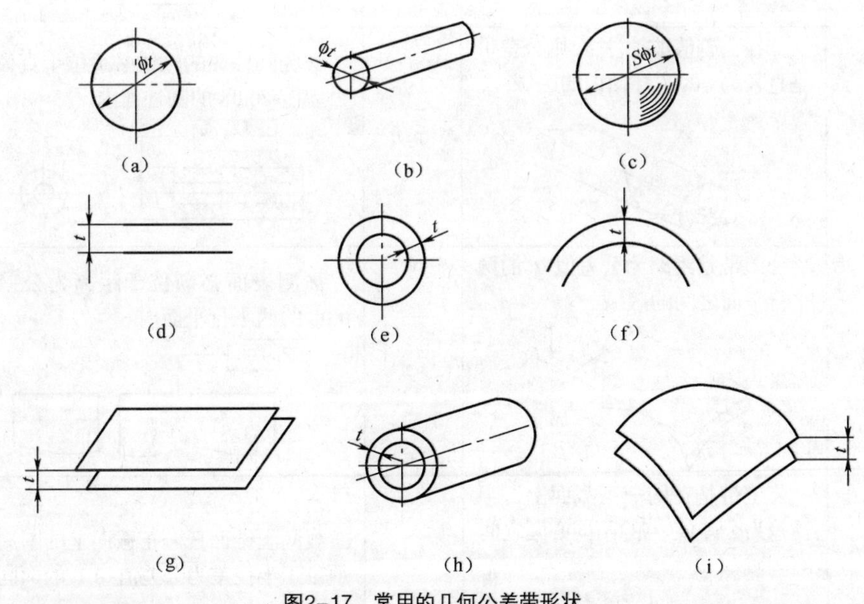

图2-17　常用的几何公差带形状

2. 形状公差

形状公差是为了限制形状误差而设置的。除有基准要求的轮廓度外，形状公差用于单一要素。形状公差项目、标注示例及公差带，如表 2-2 所示。

表 2-2 形状公差项目、标注示例及公差带

项目	序号	公差带形状和定义	公差带位置	图样标注和解释	说明
—	1	在给定平面内，公差带是距离为公差值 t 的两平行直线之间的区域	浮动	被测表面的素线必须位于平行于图样所示投影面且距离为公差值 0.1 的两平行直线内	给定平面内直线度公差
	2	在给定方向上公差带是距离为公差值 t 的两平行平面之间的区域	浮动	被测圆柱面的任一素线必须位于距离为公差值 0.1 的两平行平面内	给定方向直线度公差
	3	在给定方向上公差带是距离为公差值0.04的两平行平面之间的区域	浮动	圆柱面的任一素线，在长度方向上任意 100 mm 长度内，必须位于距离为 0.04 mm 的两平行平面内	给定方向直线度公差
	4	如在公差值前加注 ϕ，则公差带是直径为 t 的圆柱面内的区域	浮动	被测圆柱面的轴线必须位于直径为公差值 ϕ0.08 的圆柱面内	给定任意方向的直线度公差
▱	5	公差带是距离为公差值 t 的两平行平面之间的区域	浮动	被测表面必须位于距离为公差值 0.08 的两平行平面内	平面度公差
○	6	公差带是在同一正截面上，半径差为公差值 t 的两同心圆之间的区域	浮动	被测圆锥面任一正截面上的圆周必须位于半径差为公差值 0.1 的两同心圆之间	圆度公差

续表

项目	序号	公差带形状和定义	公差带位置	图样标注和解释	说明
⌭	7	公差带是半径差为公差值 t 的两同轴圆柱面之间的区域	浮动	被测圆柱面必须位于半径差为公差值 0.1 的两同轴圆柱面之间	圆柱度公差
⌒	8	公差带是包络一系列直径为公差值 t 的圆的两包络线之间的区域。诸圆的圆心位于具有理论正确几何形状的线上。 无基准要求的线轮廓度公差见图（a）；有基准要求的线轮廓度公差见图（b） $d=t$	浮动	在平行于图样所示投影面的任一截面上，被测轮廓线必须位于包络一系列直径为公差值 0.04，且圆心位于具有理论正确几何形状的线上的两包络线之间 0.04　30±0.20　R12　70 （a） 0.04 A　R　A （b）	线轮廓度公差无基准时，属于形状公差
⌓	9	公差带是包络一系列直径为公差值 t 的球的两包络面之间的区域，诸球的球心应位于具有理论正确几何形状的面上。 $S\phi t$ $d=t$ 无基准要求的面轮廓度公差见图（a）；有基准要求的面轮廓度公差见图（b）	浮动	被测轮廓面必须位于包络一系列球的两包络面之间，诸球的直径为公差值 0.02，且球心位于具有理论正确几何形状的面上的两包络面之间 0.02　SR （a）	面轮廓度公差无基准时，属于形状公差
			固定	0.1 A　SR　A （b）	有基准时，属于位置公差

3. 位置公差

位置公差是为了限制位置误差而设置的。位置公差分为定向公差、定位公差和跳动公差。

（1）定向公差。定向公差是关联实际要素对基准在方向上允许的变动全量，包括平行度、垂直度、倾斜度 3 项。

平行度——限制实际要素对基准在平行方向上变动量的一项指标。

垂直度——限制实际要素对基准在垂直方向上变动量的一项指标。

倾斜度——限制实际要素对基准在倾斜方向上变动量的一项指标。

定向公差带定义及标注示例如表 2-3 所示。

表 2-3 定向公差带定义及标注示例

项目	公差带定义	图样标注	公差带形状	公差带位置	说明
平行度	公差带是距离为公差值 t 且平行于基准线（或平面、轴线），位于给定方向上的两平行面之间的区域	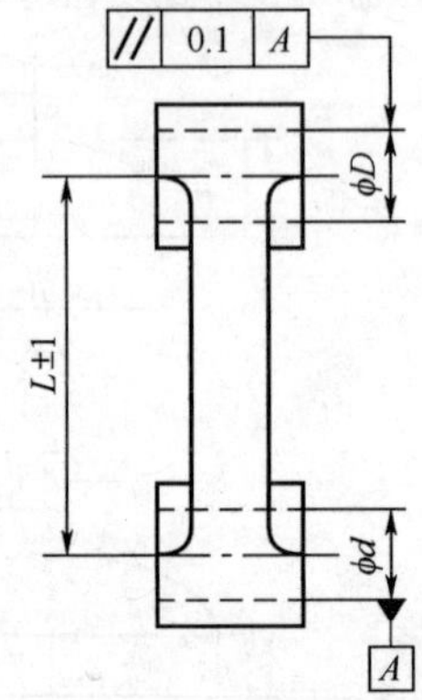	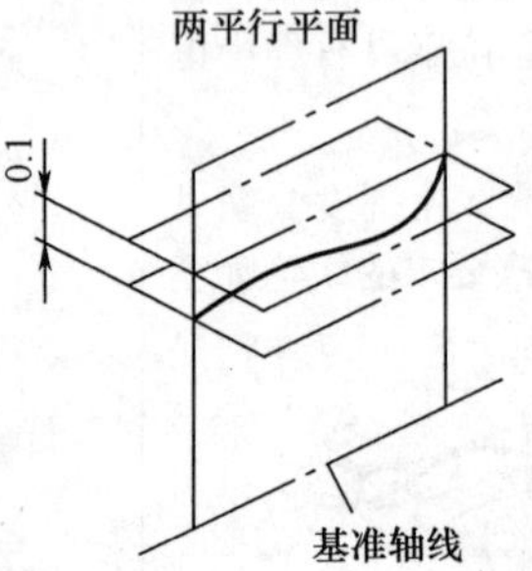 两平行平面 基准轴线	浮动 如 $L\pm t$ 改注为理论正确尺寸，则公差带位置相对基准固定	被测轴线必须位于距离为公差值 0.1 mm，且在垂直方向平行于基准轴线的两平行平面之间
平行度	公差带是两对互相垂直的距离分别为 t_1 和 t_2 且平行于基准线的两平行平面之间的区域	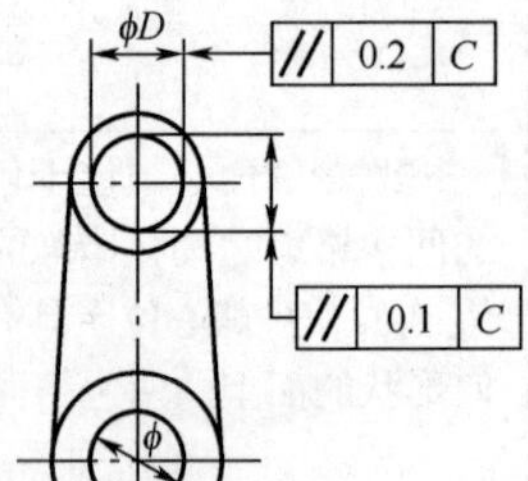	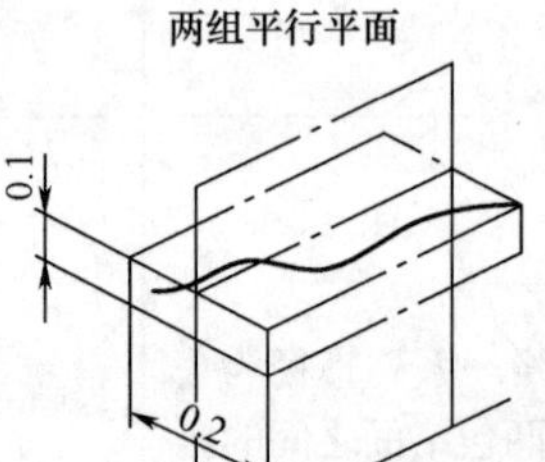 两组平行平面 基准轴线	浮动	被测轴线必须位于水平方向距离为公差值 0.2 mm，垂直方向距离为公差值 0.1 mm，且平行于基准轴线的两组平行平面内
	如在公差值前加注 ϕ，公差带是直径为公差值 t 且平行于基准线的圆柱面内的区域	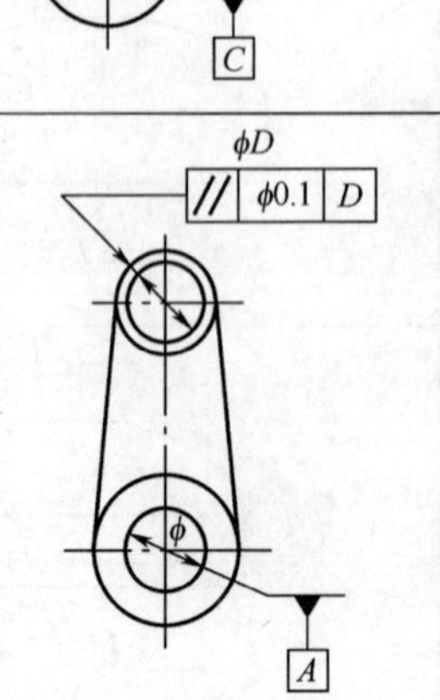	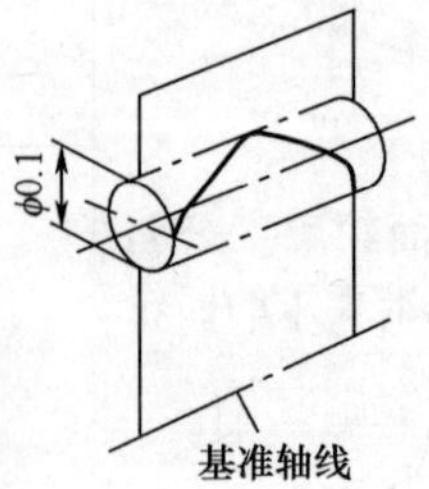 基准轴线	浮动	被测轴线必须位于直径为公差值 ϕ0.1 mm，且平行于基准轴线的圆柱面内

续表

项目	公差带定义	图样标注	公差带形状	公差带位置	说明
垂直度	公差带是距离为公差值 t，且垂直于基准平面（直线或轴线）的两平行平面（直线）之间的区域	⊥ 0.05 A；ϕd；A	两平行平面；基准轴线；0.05	浮动	被测端面必须位于距离为公差值 ϕ0.05mm，且垂直于基准轴线的两平行平面之间
	如在公差值前加注 ϕ，则公差带是直径为公差值 t 且垂直于基准面的圆柱面内的区域	ϕd；⊥ ϕ0.05 A；A	ϕ0.05；基准轴线	浮动	被测轴线必须位于直径为公差值 ϕ0.05 mm，且垂直于基准平面的圆柱面内
垂直度	公差带是互相垂直的距离分别为 t_1 和 t_2 且垂直于基准面的两对平行平面之间的区域	⊥ 0.1 A；⊥ 0.02 A；A	两组平行平面；0.1；0.2；基准轴线	浮动	被测轴线必须位于距离分别为公差值 0.2 mm 和 0.1 mm，且互相垂直于基准平面的两对平行平面之间
倾斜度	公差带是距离为公差值 t，且与基准轴线成理论正确角度的两平行平面之间的区域	ϕD；∠ 0.1 A；60°；ϕ；A	两平行平面；60°；0.1；基准轴线	浮动	被测轴线必须位于距离为公差值 0.1 mm，且与基准轴线成理论正确角度 60°的两平行平面之间

（2）定位公差。定位公差是关联实际要素对基准在位置上允许的变动全量，包括同轴度、对称度和位置度 3 项。

同轴度——限制被测轴线偏离基准轴线的一项指标。

对称度——限制被测中心要素偏离基准中心要素的一项指标。

位置度——限制被测点、线、面的实际位置对其理想位置变动量的一项指标。

定位公差带定义及标注示例如表 2-4 所示。

表 2-4 定位公差带定义及标注示例

项目	公差带定义	图样标注	公差带形状	公差带位置	说明
同轴度	公差带是直径为公差值 ϕt 的圆柱面内的区域，该圆柱面轴线与基准轴线同轴	◎ ϕ0.1 A；ϕ；ϕd；A	圆柱；ϕ0.1；基轴基线	固定	ϕd 圆柱面的轴线必须位于直径为公差值 ϕ0.1mm，且与基准轴线同轴的圆柱面内
同轴度	公差带是直径为公差值 ϕt 的圆柱面内的区域，该圆柱面的轴线与基准轴线同轴	ϕd；◎ ϕ0.1 A—B；ϕ；ϕ；A；B	圆柱；ϕ0.1；A—B 公共基准轴线	固定	大圆柱面的轴线必须位于直径为公差值 ϕ0.1 mm，且与公共基准轴线 A—B 同轴的圆柱面内。公共基准轴线为 A 与 B 两段实际轴线所共有的理想轴线
对称度	公差带是距离为公差值 t，且相对于基准中心平面对称配置的两平行平面之间区域	⌯ 0.1 A；A	两平行平面；0.1；基准中心平面	固定	被测中心平面必须位于距离为公差值 0.1mm，且相对基准中心平面对称配置的两平行平面之间

续表

项目	公差带定义	图样标注	公差带形状	公差带位置	说明
位置度	公差带是直径为公差值 t，且以理想位置为轴线的圆柱面内的区域	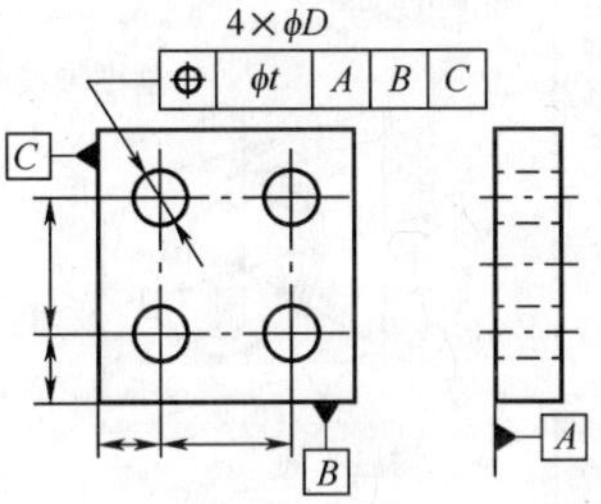 4×ϕD ϕt A B C	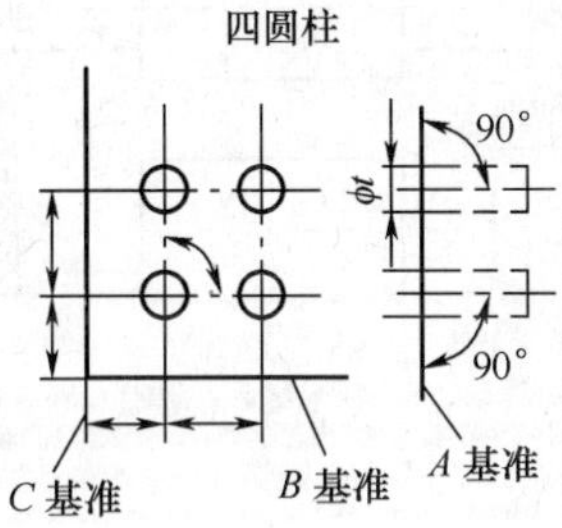 四圆柱 C 基准 B 基准 A 基准	固定	4个ϕD孔的轴线必须分别位于直径为ϕtmm，且以理想位置为轴线的4个圆柱面内，4孔为一孔组，其理想轴线形成几何图框。几何图框在零件上的位置由理论正确尺寸相对于基准A、B、C确定
位置度	公差带是直径为公差值 t，且以理想位置为轴线的圆柱面内的区域	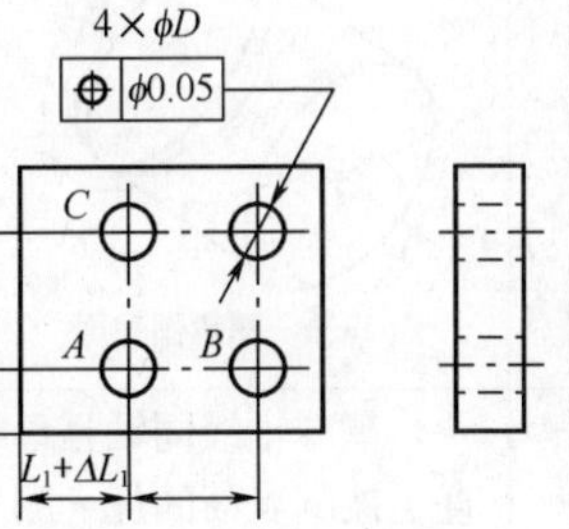 4×ϕD ϕ0.05 $L_1+\Delta L_1$	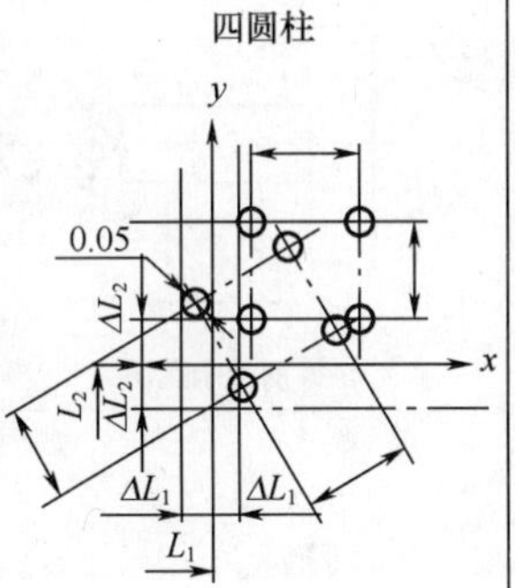 四圆柱 0.05 ΔL_1 ΔL_2 L_1 L_2	位置度公差带可随其几何图框一起在孔组定位尺寸公差带内平移、转动或倾斜	4个ϕD孔的轴线必须分别位于直径为ϕ0.05 mm，且以理想位置为轴线的4个圆柱面内。其4孔组的几何图框可在其定位尺寸（L_1和L_2）的公差带（±ΔL_1和±ΔL_2）内作上下及左右的平移、转动及倾斜

（3）跳动公差。跳动公差是关联实际要素对基准轴线回转一周或连续回转时所允许的最大跳动量。包括圆跳动和全跳动两项。当关联实际要素绕轴线回转一周时为圆跳动，绕基准轴线连续回转时为全跳动。

圆跳动——限制指定测量面内被测量要素轮廓圆的跳动的一项指标。

全跳动——限制整个被测表面跳动的一项指标。

跳动公差带定义及标注示例如表 2-5 所示。

表 2-5　　跳动公差带定义及标注示例

项目	公差带定义	图样标注	公差带形状	公差带位置	说明
圆跳动	径向圆跳动公差带是在垂直于基准轴线的任一测量平面内半径差为公差值 t，且圆心在基准轴线上的两个同心圆之间的区域		垂直于基准轴线的任一测量平面内，圆心在基准轴线上的半径差为公差值0.05 mm的两同心圆 	浮动	ϕD圆柱面绕基准轴线作无轴向移动回转时，在任一测量平面内的径向跳动量（指示表测得的最大与最小读数之差）均不得大于0.05 mm
	端面圆跳动公差带是在与基准同轴的任一半径位置测量圆柱面上距离为 t 的两圆之间的区域	 （测量示意图）	与基准轴线同轴的任一直径位置的测量圆柱面上，沿母线方向宽度为公差值0.05mm的圆柱面 	浮动	被测面绕基准线 A（基准轴线）旋转一周时，在任一测量圆柱面内轴向的跳动量均不得大于0.05 mm
	斜向圆跳动公差带是在与基准轴线同轴的任一测量圆锥面上距离为 t 的两圆之间的区域，测量方向应与被测面垂直	 （测量示意图）	与基准轴线同轴且母线垂直于被测表面的任一测量圆锥面上，沿母线方向宽度为公差值0.05 mm的圆锥面 （测量示意图）	浮动	被测面在绕基准线 A（基准轴线）旋转一周时，在任一测量圆锥面上的跳动量均不得大于0.05 mm

续表

项目	公差带定义	图样标注	公差带形状	公差带位置	说明
全跳动	径向全跳动公差带是半径差为公差值 t，且与基准轴线同轴的两圆柱面之间的区域	0.05 A—B　φ　φd　φ　B　A　（测量示意图）	半径差为公差值 0.05 mm 且与基准轴线同轴的两同轴圆柱面　基准轴线　0.05	浮动	ϕd 表面绕基准轴线作无轴向移动的连续回转，指示表平行于基准轴线方向作直线移动，在整个 ϕd 表面上的跳动量不得大于 0.05 mm
	端面全跳动公差带是距离为公差值 t，且与基准轴线垂直的两平行平面之间的区域	0.03 A　φd　A　（测量示意图）	垂直于基准轴线，距离为公差值 0.03 mm 的两平行平面　基准轴线　0.03	浮动	被测零件绕基准轴线作无轴向移动的连续回转，指示表沿垂直轴线移动，在整个端面上描摹，跳动量不得大于 0.03 mm

本次任务小结：

形位公差带是限制被测实际要素变动的区域，有大小、形状、方向和位置 4 个要素。

形位公差带的形状取决于被测要素的理想形状和设计要求。

各种形状公差带的方向和位置是浮动的，用于限制被测要素的形状误差；各种定向公差带的方向是固定的，位置是浮动的，用于限制被测要素的形状和方向误差；定位公差带的形状、方向和位置都是固定的，用于限制被测要素的形状、方向和位置误差。因此，在选用形位公差值时，应满足 $t_{形状} < t_{定向} < t_{定位}$。

三、拓展知识

1. 形位公差项目的选用

正确地选用形位公差项目，合理地确定形位公差数值，对提高产品的质量和降低成本，具有十分重要的意义。

形位公差的选用，主要包含选择和确定公差项目、公差数值、基准、公差原则以及选择正确的标注方法。

形位公差项目的具体选用，可综合考虑以下几个方面：① 零件的几何特征。② 零件的使用要求。③ 测量的方便性。④ 形位公差的综合控制功能。

2. 典型零件几何公差项目选择示例

零件的结构形状虽然千差万变，但大致可分为轴套、盘盖、叉架和箱体 4 种类型。现简要作一介绍，以供类比。

（1）轴套类零件。轴套类零件包括各种轴、丝杠、套筒等。轴类零件在机器中主要用来支承传动件（如齿轮、带轮等），实现旋转运动并传递动力。

轴套类零件大多数由位于同一轴线上数段直径不同的回转体组成，它们的轴向尺寸一般比径向尺寸大。根据结构特点，一般选择具有综合功能的形位公差项目（如圆跳动公差）控制形位误差（如圆度误差）。轴上的常见结构有轴肩、键槽等，可根据需要选用端面圆跳动来控制轴肩对基准轴线的垂直度误差，对键槽一般给出对称度公差，等等，如图 2-18 所示。

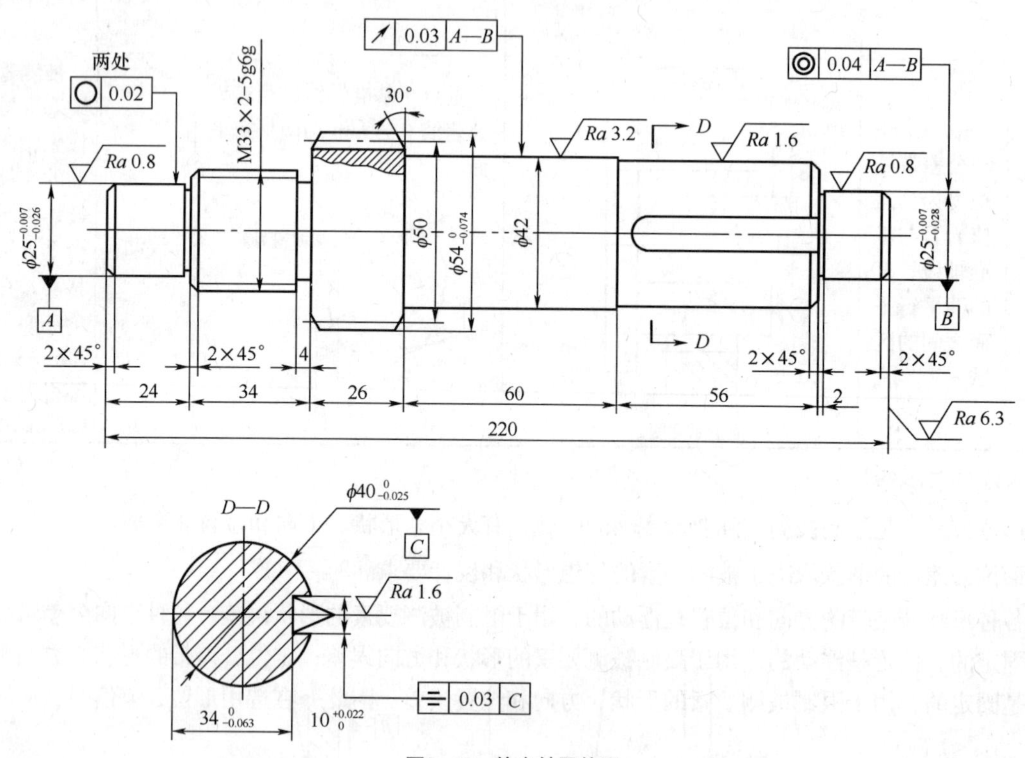

图2-18 输出轴零件图

（2）盘盖类零件。盘盖类零件包括法兰盘、端盖、各种轮子（手轮、齿轮）等，这类零件主要用于支承传动、轴向定位和密封等。

盘盖类零件的基本形状是扁平的盘状，一般由同轴不同直径的回转体组成，其厚度尺寸往往比其他尺寸小得多。根据结构特点，一般选择同轴度控制回转体各直径的同轴度误差，在有密封要求的端面上，一般须给出平面度公差，对凸缘处起连接作用的螺孔（光孔）须给出位置度公差，等等，如图 2-19 所示。

（3）叉架类零件。叉架类零件包括拨叉、连杆、摇臂、杠杆等，该类零件常起支承、连接和拨动零件的作用。

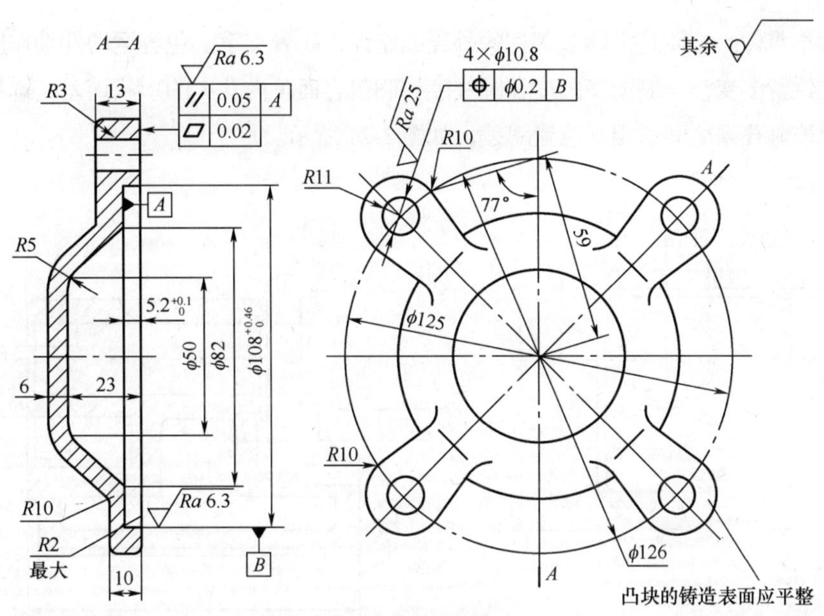

图2-19 盘盖类零件

叉架类零件的结构形式多样化，差别较大，但都是由支承部分、拨动部分和连接部分所组成的。根据结构特点，一般选用平面度控制拨叉脚两端面的形状误差，选用平行度和垂直度控制连接部分与支承部分的位置误差，如图 2-20 所示。

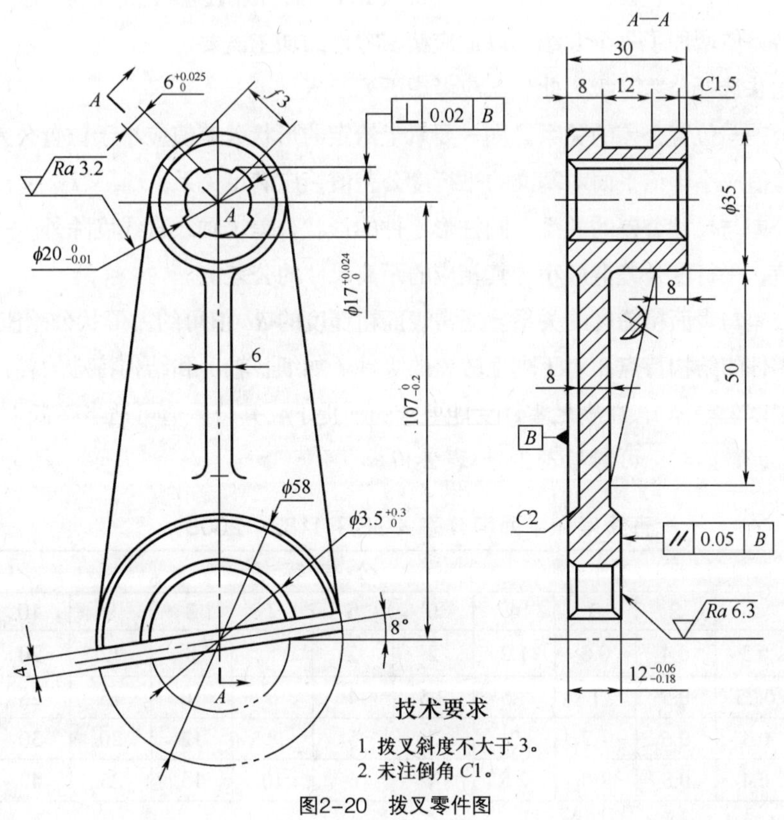

图2-20 拨叉零件图

（4）箱体类零件。箱体是机器或部件的外壳或座体，起着支承、包容运动件等作用。其结构形状复杂、加工位置多变，一般选择圆度和圆柱度控制包容面（内孔）的形状误差，选择平行度、垂直度和同轴度控制孔系之间的相互位置误差，如图 2-21 所示。

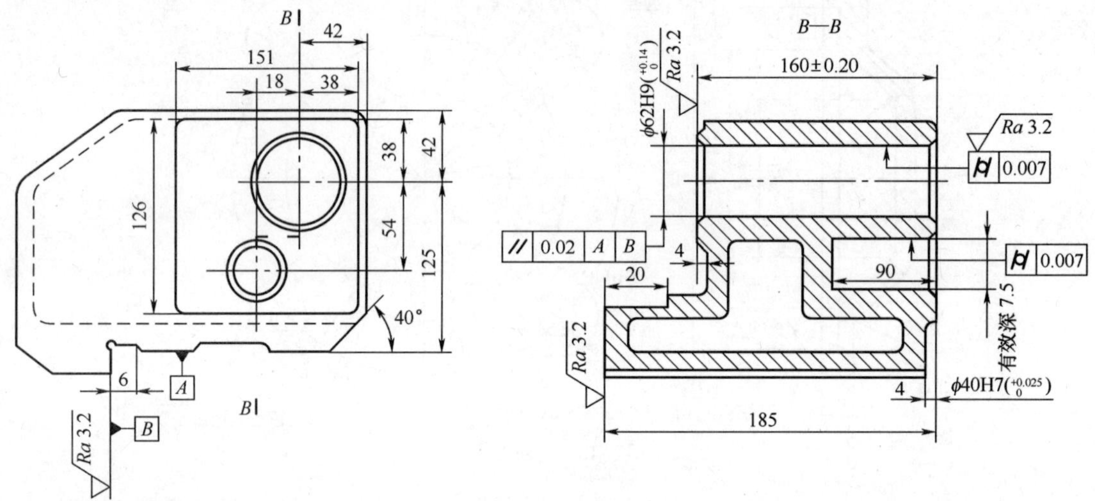

图2-21 尾座壳体

3. 形位公差值或公差等级的选择

在国家标准中，将形位公差分为 12 个等级，1 级最高，依次递减，6 级与 7 级为基本级，其中圆度、圆柱度公差值增加了一个 0 级，以适应精密零件的加工需要。

通常用类比法选择公差等级，此外还应考虑下列因素。

（1）形状公差与位置公差的关系。同一要素上给定的形状公差值应小于位置公差值。如同一平面，平面度公差值应小于该平面对基准的平行度公差值，应满足关系：$t_{形状} < t_{定向} < t_{定位}$ 。

（2）形位公差与尺寸公差的关系。圆柱形零件的形状公差（轴线直线度除外）一般情况下应小于其尺寸公差值，平行度公差值应小于其相应的距离尺寸的公差值。

（3）形位公差与表面粗糙度的关系。通常表面粗糙度的 *Ra* 值可约占形状公差值的 20%～25%。

（4）考虑零件的结构特点。对于刚性较差的零件（如细长轴）和结构特殊的要素（如跨距较大的孔、轴的同轴度公差等），在满足零件功能要求的前提下，其公差值可适当降低 1～2 级。

确定具体公差数值时，可参考表 2-6～表 2-17。

表 2-6　直线度和平面度公差（GB/T 1182—2008）

主参数 *L*（mm）	公差等级											
	1	2	3	4	5	6	7	8	9	10	11	12
≤10	0.2	0.4	0.8	1.2	2	3	5	8	12	20	30	60
10～16	0.25	0.5	1	1.5	2.5	4	6	10	15	25	40	80
16～25	0.3	0.6	1.2	2	3	5	8	12	20	30	50	100
25～40	0.4	0.8	1.5	2.5	4	6	10	15	25	40	60	120

续表

主参数 L (mm)	公差等级											
	1	2	3	4	5	6	7	8	9	10	11	12
40～63	0.5	1	2	3	5	8	12	20	30	50	80	150
63～100	0.6	1.2	2.5	4	6	10	15	25	40	60	100	200
100～160	0.8	1.5	3	5	8	12	20	30	50	80	120	250
160～250	1	2	4	6	10	15	25	40	60	100	150	300
250～400	1.2	2.5	5	8	12	20	30	50	80	120	200	400
400～630	1.5	3	6	10	15	25	40	60	100	150	250	500
630～1 000	2	4	8	12	20	30	50	80	120	200	300	600
1 000～1 600	2.5	5	10	15	25	40	60	100	150	250	400	800
1 600～2 500	3	6	12	20	30	50	80	120	200	300	500	1 000
2 500～4 000	4	8	15	25	40	60	100	150	250	400	600	1 200
4 000～6 300	5	10	20	30	50	80	120	200	300	500	800	1 500
6 300～10 000	6	12	25	40	60	100	150	250	400	600	1 000	2 000

主参数 L 图例：

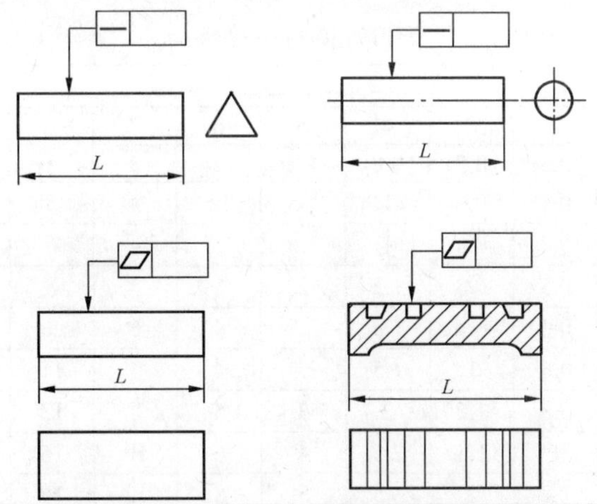

表 2-7　直线度和平面度公差等级应用举例

公差等级	应用举列
1、2	用于精密量具，测量仪器以及精度要求较高的精密机械零件，如零级样板、平尺、零级宽平尺、工具显微镜等精密测量仪器的导轨面，喷油嘴针阀体端面平面度，液压泵柱塞套端面的平面度等
3	用于零级及 1 级宽平尺工作面，1 级样板平尺的工作面，测量仪器圆弧导轨的直线度，测量仪器的测杆等
4	用于量具，测量仪器和机床的导轨，如 1 级宽平尺、零级平板，测量仪器的 V 形导轨，高精度平面磨床的 V 形导轨和滚动导轨，轴承磨床及平面磨床床身直线度等
5	用于 1 级平板，2 级宽平尺，平面磨床纵导轨、垂直导轨、立柱导轨和平面磨床的工作台，液压龙门刨床导轨面，转塔车床床身导轨面，柴油机进排气门导杆等

续表

公差等级	应用举列
6	用于1级平板，卧式车床床身导轨面，龙门刨床导轨面，滚齿机立柱导轨、床身导轨及工作台，自动车床床身导轨，平面磨床垂直导轨，卧式镗床、铣床工作台以及机床主轴箱导轨，柴油机进排气门导杆直线度，柴油机机体上部结合面等
7	用于2级平板，0.02mm游标卡尺尺身的直线度，机床主轴箱体，滚齿机床身导轨的直线度，镗床工作台，摇臂钻底座工作台，柴油机气门导杆，液压泵盖的平面度，压力机导轨及滑块
8	用于2级平板，车床溜板箱体，机床主轴箱体、机床传动箱体，自动车床底座的直线度，汽缸盖结合面、汽缸座、内燃机连杆分离面的平面度，减速机壳体的结合面
9	用于3级平板，机床溜板箱，立钻工作台，螺纹磨床的挂轮架，金相显微镜的载物台，柴油机汽缸体连杆的分离面，缸盖的结合面，阀片的平面度，空气压缩机汽缸体，柴油机缸孔环面的平面度以及辅助机构及手动机械的支承面
10	用于3级平板，自动车床床身底面的平面度，车床挂轮架的平面度，柴油机汽缸体，摩托车的曲轴箱体，汽车变速箱的壳体与汽车发动机缸盖结合面，阀片的平面度，以及液压、管件和法兰的连接面等
11、12	用于易变形的薄片零件，如离合器的摩擦片、汽车发动机缸盖的结合面等

表2-8　　圆度和圆柱度公差

主参数 d（D）/mm	公差等级												
	0	1	2	3	4	5	6	7	8	9	10	11	12
3	0.1	0.2	0.3	0.5	0.8	1.2	2	3	4	6	10	14	25
3～6	0.1	0.2	0.4	0.6	1	1.5	2.5	4	5	8	12	18	30
6～10	0.12	0.25	0.4	0.6	1	1.5	2.5	4	6	9	15	22	36
10～18	0.15	0.25	0.5	0.8	1.2	2	3	5	8	11	18	27	43
18～30	0.2	0.3	0.6	1	1.5	2.5	4	6	9	13	21	33	52
30～50	0.25	0.4	0.6	1	1.5	2.5	4	7	11	16	25	39	62
50～80	0.3	0.5	0.8	1.2	2	3	5	8	13	19	30	46	74
80～120	0.4	0.6	1	1.5	2.5	4	6	10	15	22	35	54	87
120～180	0.6	1	1.2	2	3.5	5	8	12	18	25	40	63	100
180～250	0.8	1.2	2	3	4.5	7	10	14	20	29	46	72	115
250～315	1.0	1.6	2.5	4	6	8	12	16	23	32	52	81	130
315～400	1.2	2	3	5	7	9	13	18	25	36	57	89	140
400～500	1.5	2.5	4	6	8	10	15	20	27	40	63	97	155

主参数 d（D）图例：

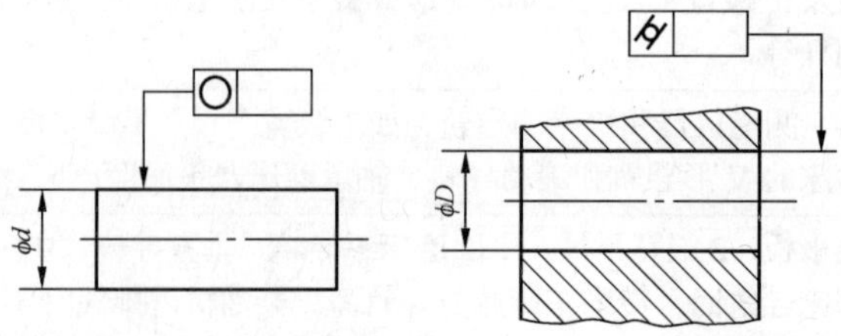

表 2-9 圆度和圆柱度公差等级应用举例

公差等级	应用举例
1	高精度量仪主轴，高精度机床主轴，滚动轴承滚珠和滚柱等
2	精密量仪主轴、外套、阀套、高压油泵柱塞及套，纺锭轴承，高速柴油机进、排气门、精密机床主轴轴颈，针阀圆柱表面，喷油泵柱塞及柱塞套
3	工具显微镜套管外圆，高精度外圆磨床轴承，磨床砂轮主轴套筒，喷油嘴针、阀体、高精度微型轴承内外圆
4	较精密机床主轴，精密机床主轴箱孔，高压阀门活塞、活塞销、阀体孔、工具显微镜顶针，高压液压泵柱塞，较高精度滚动轴承配合轴，铣削动力头箱体孔等
5	一般量仪主轴，测杆外圆，陀螺仪轴颈，一般机床主轴，较精度机床主轴及主轴箱孔，柴油机、汽油机活塞、活塞销孔，铣削动力头轴承箱座孔，高压空气压缩机十字头销、活塞，较低精度滚动轴承配合轴等
6	仪表端盖外圆，一般机床主轴及箱体孔，中等压力下液压装置工作面（包括泵、压缩机的活塞和汽缸），汽车发动机凸轮轴，纺机锭子，通用减速器轴颈，高速船用发动机曲轴，拖拉机曲轴主轴颈
7	大功率低速柴油机曲轴、活塞、活塞销、连杆、汽缸、高速柴油机箱体孔，千斤顶或压力液压缸活塞，液压传动系统的分配机构，机车传动轴，水泵及一般减速器轴颈
8	低速发动机、减速器、大功率曲柄轴轴颈，压气机连杆盖、体。拖拉机汽缸体、活塞，炼胶机冷铸轴辊，印刷机传墨辊，内燃机曲轴，柴油机机体孔、凸轮轴，拖拉机，小型船用柴油机汽缸套
9	空气压缩机缸体，液压传动筒，通用机械杠杆与拉杆用套筒销子，拖拉机活塞环、套筒孔
10	印染机导布辊、绞车、吊车、起重机滑动轴承轴颈等

表 2-10 平行度、垂直度、倾斜度的公差值

主参数 *L*、*d*（*D*）/mm	公差等级											
	1	2	3	4	5	6	7	8	9	10	11	12
≤10	0.4	0.8	1.5	3	5	8	12	20	30	50	80	120
10～16	0.5	1	2	4	6	10	15	25	40	60	100	150
16～25	0.6	1.2	2.5	5	8	12	20	30	50	80	120	200
25～40	0.8	1.5	3	6	10	15	25	40	60	100	150	250
40～63	1	2	4	8	12	20	30	50	80	120	200	300
63～100	1.2	2.5	5	10	15	25	40	60	100	150	250	400
100～160	1.5	3	6	12	20	30	50	80	120	200	300	500
160～250	2	4	8	15	25	40	60	100	150	250	400	600
250～400	2.5	5	10	20	30	50	80	120	200	300	500	800
400～630	3	6	12	25	40	60	100	150	250	400	600	1 000
630～1 000	4	8	15	30	50	80	120	200	300	500	800	1 200
1 000～1 600	5	10	20	40	60	100	150	250	400	600	1 000	1 500
1 600～2 500	6	12	25	50	80	120	200	300	500	800	1 200	2 000
2 500～4 000	8	15	30	60	100	150	250	400	600	1 000	1 500	2 500

续表

主参数 L、d（D）/mm	公差等级											
	1	2	3	4	5	6	7	8	9	10	11	12
4000～6300	10	20	40	80	120	200	300	500	800	1 200	2 000	3 000
6300～10000	12	25	50	100	150	250	400	600	1 000	1 500	2 500	4 000

主参数 L、d (D) 图例

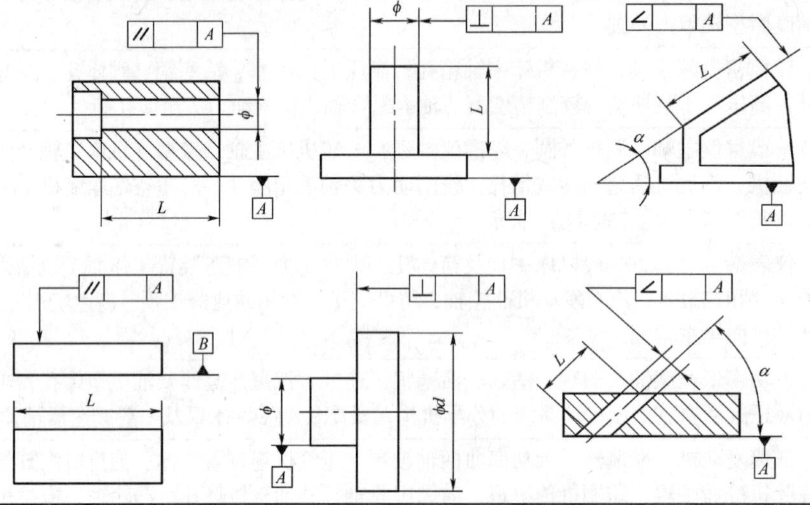

表 2-11　　平行度和垂直度公差等级应用举例

公差等级	面对面平行度应用举例	面对线、线对线平行度应用举例	垂直度应用举例
1	高精度机床，高精度测量仪器及量具等主要基准面和工作面		高精度机床，高精度测量仪器及量具等主要基准面和工作面
2、3	精密机床，精密测量仪器，量具以及夹具的基准面和工作面	精密机床上重要箱体主轴孔对基准面及对其他孔的要求	精密机床导轨，普通机床重要导轨，机床主轴轴向定位面，滚动轴承座圈端面齿轮测量仪的心轴，光学分度头心轴端面，精密刀具，量具工作面和基准面
4、5	卧式车床，测量仪器，量具的基准，面和工作面，高精度轴承座圈，端盖，挡圈的端面	机床主轴孔对基准面要求，重要轴承孔对基准面要求，床头箱体重要孔间要求，齿轮泵的端面等	普通机床导轨，精密机床重要零件，机床重要支承面，普通机床主轴偏摆，测量仪器，刀具，量具，液压传动轴瓦端面，刀量具工作面和基准面
6、7、8	一般机床零件的工作面和基准面，一般刀具、量具、夹具	机床一般轴承孔对基准面要求，主轴箱一般孔间要求，主轴花键对定心直径要求，刀具、量具、模具	普通机床导轨，精密机床重要零件，机床重要支承面，普通机床主轴偏摆，测量仪器，刀具，量具，液压传动轴瓦端面，刀量具工作面和基准面
9、10	低精度零件，重型机械滚动轴承端盖	柴油机和煤气发动机的曲轴孔，轴颈	花键轴轴肩端面，带运输机法兰盘等对端面、轴线，手动卷场机及传动装置中轴承端面，减速器壳体平面等

表 2-12　　　　　　同轴度、对称度、圆跳动和全跳动公差值

主参数 d（D）、B、L/mm	公差等级											
	1	2	3	4	5	6	7	8	9	10	11	12
≤1	0.4	0.6	1.0	1.5	2.5	4	6	10	15	25	60	60
1～3	0.4	0.6	1.0	1.5	2.5	4	6	10	20	40	60	120
3～6	0.5	0.8	1.2	2	3	5	8	12	25	50	80	150
6～10	0.6	1	1.5	2.5	4	6	10	15	30	60	100	200
10～18	0.8	1.2	2	3	5	8	12	20	40	80	120	250
18～30	1	1.5	2.5	4	6	10	15	25	50	100	150	300
30～50	1.2	2	3	5	8	12	20	30	60	120	200	400
50～120	1.5	2.5	4	6	10	15	25	40	80	150	250	500
120～250	2	3	5	8	12	20	30	50	100	200	300	600
250～500	2.5	4	6	10	15	25	40	60	120	250	400	800
500～800	3	5	8	12	20	304	50	80	150	300	500	1 000
800～1 250	4	6	10	15	25	0	60	100	200	400	600	1 200
1 250～2 000	5	8	12	20	30	50	80	120	250	500	800	1 500
2 000～3 150	6	10	15	25	40	60	100	150	300	600	1 000	2 000
3 150～5 000	8	12	20	30	50	80	120	200	400	800	1 200	2 500
5 000～8 000	10	15	25	40	60	100	150	250	500	1 000	1 500	3 000
8 000～10 000	12	20	30	50	80	120	200	300	600	1 200	2 000	4 000

主参数 d（D）、B、L 图例:

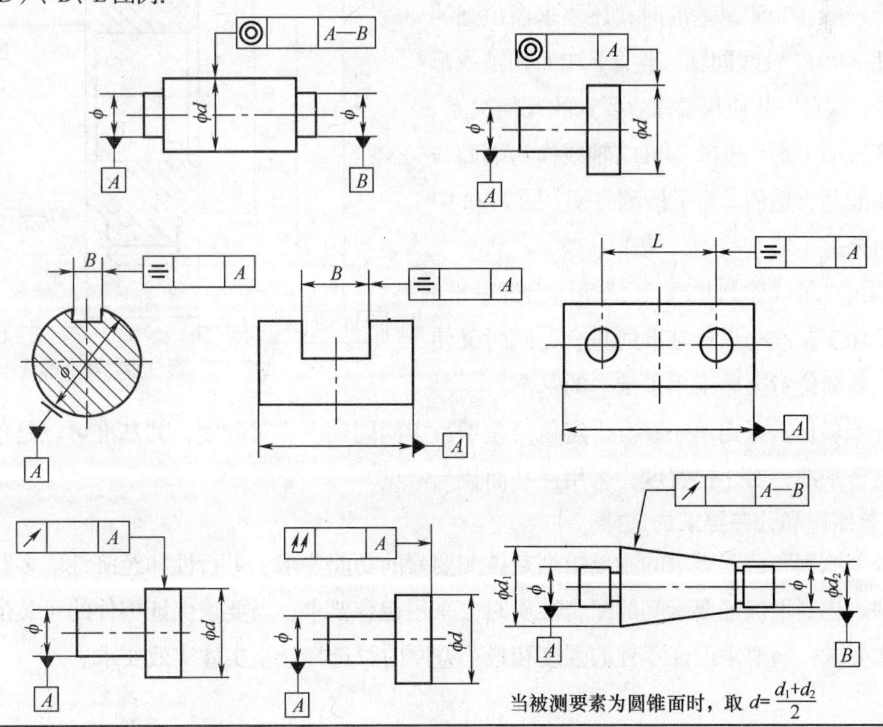

当被测要素为圆锥面时，取 $d=\frac{d_1+d_2}{2}$

表 2-13　　同轴度、对称度、跳动公差等级应用

公差等级	应用举例
5、6、7	这是应用广泛的公差等级，用于形位精度要求较高、尺寸公差等级为 IT8 及高于 IT8 的零件。5 级常用于机床轴颈、计量仪器的测量杆、汽轮机主轴，柱塞液压泵转子、高精度滚动轴承外圈、一般精度滚动轴承内圈、回转工作台端面跳动；7 级用于内燃机曲轴、凸轮轴、齿轮轴、水泵轴、汽车后轮输出轴、电动机转子、印刷机传墨轴颈、键槽
8、9	常用于形位精度要求一般、尺寸公差等级为 IT9～IT11 的零件。8 级用于拖拉机发动机分配轴轴颈、与 9 级精度以下齿轮相配的轴、水泵叶轮、离心泵体、棉花精梳机前后滚子及键槽等；9 级用于内燃机汽缸配合面、自行车中轴

表 2-14　　位置度的公差

优先数系	1	1.2	1.6	2	2.5	3	4	5	6	8
	$1\times10n$	$1.2\times10n$	$1.6\times10n$	$2\times10n$	$2.5\times10n$	$3\times10n$	$4\times10n$	$5\times10n$	$6\times10n$	$8\times10n$

注：n 为正整数

4. 基准的选择

基准要素的选择应包括几个方面，即选择基准部位、基准数量和基准顺序，并力求设计基准、加工基准、检测基准和装配基准相统一。

例如，图 2-22 所示的圆柱齿轮，它以内孔 ϕ40H7 安装在轴上，轴向定位以齿轮端面靠在轴肩上。因此，齿轮端面对 ϕ40H7 轴线有垂直度要求，且要求齿轮两端面平行，同时考虑齿轮内孔与切齿分开加工，切齿时齿轮以端面和内孔定位在机床心轴上，当齿顶圆作为测量基准时，还要求齿顶圆的轴线与内孔 ϕ40H7 轴线同轴。事实上端面和轴线都是设计基准，因此，从使用要求、要素的几何关系、基准重合等方面考虑，选择 ϕ40H7 轴线作为端面与齿顶圆的基准是合适的。为了检测方便，图 2-22 中采用了跳动公差（或全跳动公差）。

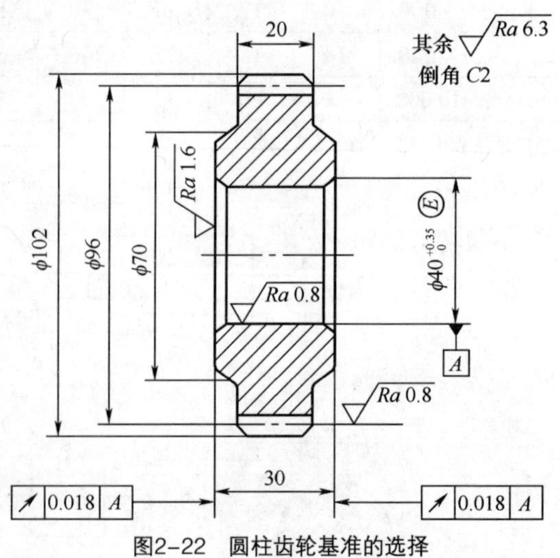

图2-22　圆柱齿轮基准的选择

选定 ϕ40H7 轴线作为基准，还满足了装配基准、检测基准、加工基准与设计基准的重合，同时又使圆柱齿轮上各项位置公差采用了统一的基准。

定向公差项目常采用单一基准。定位公差项目中的同轴度、对称度，其基准可以是单一基准，也可以是组合基准；对于位置度，采用三基面较为常见。

5. 公差原则和公差要求的选择

选择公差原则和公差要求的主要依据是被测要素的功能要求、可行性和经济性。多数情况下采用独立原则。当要求保证要素间的配合性质时，采用包容要求；当要求保证零件的可装配性时，选择最大实体要求；当要求保证零件的强度和最小壁厚时，选择最小实体实效要求。

6. 形位公差选用示例

图 2-23 所示为齿轮液压泵中的齿轮轴，两轴颈的尺寸公差按层流液体摩擦状态已选择了间隙配合 ϕ15f6，为了保证轴截面各处间隙均匀，防止磨损不一致造成泄漏，应严格控制其形状误差。根据其结构特点，首选圆度和圆柱度公差项目。由于圆柱度为综合公差，按表 2-8 类比，可考虑选用 6 级公差（查表可得 t=3μm），而圆度公差选用 5 级（查表可得 t=2μm）。

为了保证可装配性和运动精度，两轴颈的位置误差应规定同轴度公差，考虑到同轴度在生产中不便检测，可用径向圆跳动公差加以控制，按表 2-12 类比以 6 级公差较合适，查表可得圆跳动公差值 t=8μm。

考虑到既要保证齿轮的运动精度，又要保证齿轮轴与两端泵盖孔的可装配性，按公差原则的选择方法可选用包容要求，并标注符号Ⓔ。

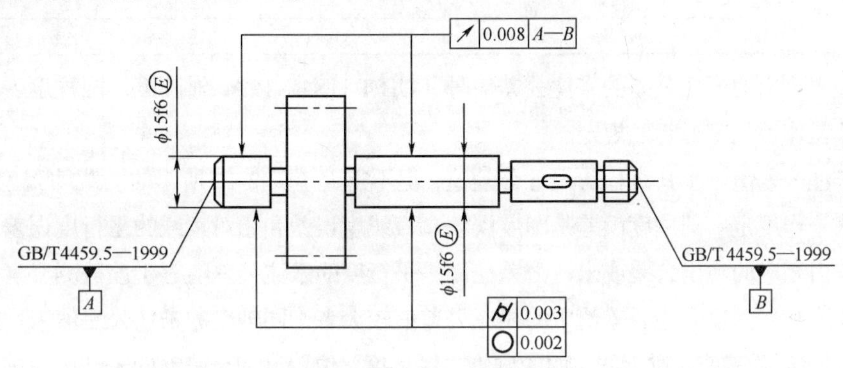

图2-23 形位公差选用

7. 未注形位公差的规定

在工程图样上有两类形位公差，一类是由于功能要求而须对某个要素提出更高的公差要求，或更低的公差要求时，才须注出形位公差；另一类是在各类工厂正常技术设备和工艺条件下，一般制造精度能够达到的公差等级，在图样上不用标注出来，在 GB/T 1184—1996 中称为“未注公差”，分为 H、K、L 三个公差等级，见表 2-15～2-18。

表 2-15 直线度和平面度未注公差值长度

公 差 等 级	直线度和平面度基本长度范围					
	≤10	10～30	30～100	100～300	300～1 000	1 000～3 000
H	0.02	0.05	0.1	0.2	0.3	0.4
K	0.05	0.1	0.2	0.4	0.6	0.8
L	0.1	0.2	0.4	0.8	1.2	1.6

表 2-16 垂直度未注公差值

公 差 等 级	垂直度基本长度范围			
	≤100	100～300	300～1 000	1 000～3 000
H	0.2	0.3	0.4	0.5
K	0.4	0.6	0.8	1
L	0.6	1	1.5	2

表 2-17 对称度未注公差值

公差等级	基本长度范围			
	≤100	100～300	300～1 000	1 000～3 000
H	0.5			
K	0.6		0.8	1
L	0.6	1	1.5	2

表 2-18 圆跳动未注公差值

公差等级	公差值
H	0.1
K	0.2
L	0.5

除了以上表列出的形位公差的未注公差值外，GB/T 1184—1996 对圆度、圆柱度、平行度和同轴度的未注公差作了文字说明性规定。

圆度的未注公差值等于其直径的尺寸公差值，但不得大于表 2-12 所示的圆跳动公差值，圆柱度的未注公差值未作规定。圆柱度误差是圆度误差、直线度误差和相对素线的平行度误差的综合，其中每一项误差由相应的注出公差或未注公差控制；平行度的未注公差值等于该被测要素的尺寸公差值，或是直线度和平面度未注公差值中的相应公差值较大者；同轴度的未注公差值未作规定，可取表 2-12 中的圆跳动公差值。对于线、面轮廓度、倾斜度、位置度和全跳动的未注公差值，均应由各要素的注出或未注形位公差、线性尺寸公差或角度公差控制。

未注公差值的图样表示方法，应在标题栏附近或技术要求、技术文件（如企业标准）中注出标准号及公差等级代号，如 GB/T 1184—K。

图样上被测要素的未注形位公差和相应的尺寸公差的关系，一般遵守独立原则。根据公差原则，各形位公差的特征项目及其相互关系确定未注公差项目、公差等级和公差值。

图样上采用形位公差的未注公差，具有图样简明、检验方便、重点明确、减少争议等优点，给设计、加工带来极大方便和效益。

四、任务小结

形位公差的选择主要包括形位公差项目、公差原则、形位公差值（公差等级）以及基准要素等 4 项内容的选择。

（1）选择形位公差项目的主要依据是零件的功能要求，同时还应考虑检测的可能性、方便性和经济性等。

（2）公差原则和公差要求选用时，应以被测要素的功能要求、可行性和经济性为主要依据。

（3）形位公差值分为注出值和未注值两类。选用时，在满足零件功能要求的前提下，尽可能选用较低的公差等级，同时还应考虑经济性和零件的结构、刚性等。

（4）选择基准要素时，应根据设计和使用要求，同时兼顾基准统一原则和零件的结构特征。

五、思考题与习题

2-1 形状和位置公差各规定了哪些项目？它们的符号是什么？

2-2 形位公差带由哪些要素组成？形位公差带的形状有哪些？

2-3 基准有哪几种？何为三基面体系？如何判定形位误差的合格性？

2-4 如果某圆柱面的径向圆跳动误差为 15 μm，其圆度误差能否大于 15 μm？

2-5 如果某平面的平面度误差为 20 μm，其垂直度误差能否小于 20 μm？

2-6 何为理论正确尺寸？其在形位公差中的作用是什么？图样上如何表示？

2-7 形位公差值的选择原则是什么？具体选择时应考虑哪些情况？

2-8 未注形位公差有何规定？图样上如何表示？

2-9 形位公差项目的选择应考虑哪些因素？试举例说明。

2-10 将下列各项形位公差要求标注在图 2-24 上。

（1）左端面的平面度公差值为 0.01 mm。

（2）右端面对左端面的平行度公差值为 0.04 mm。

（3）ϕ70H7 孔遵守包容要求，其轴线对左端面的垂直度公差值为ϕ0.02 mm。

（4）ϕ210h7 圆柱面对ϕ70H7 孔的同轴度公差值为ϕ0.03 mm。

（5）4 × ϕ20H8 孔的轴线对左端面（第一基准）和ϕ70H7 孔的轴线的位置度公差值为ϕ0.15 mm，要求均布在理论正确尺寸ϕ140 mm 的圆周上。

2-11 将下列各项形位公差要求标注在图 2-25 上。

（1）ϕd 圆锥的左端面对ϕd_1 轴线的端面圆跳动公差为 0.02 mm。

（2）ϕd 圆锥面对ϕd_1 轴线的斜向圆跳动公差为 0.02 mm。

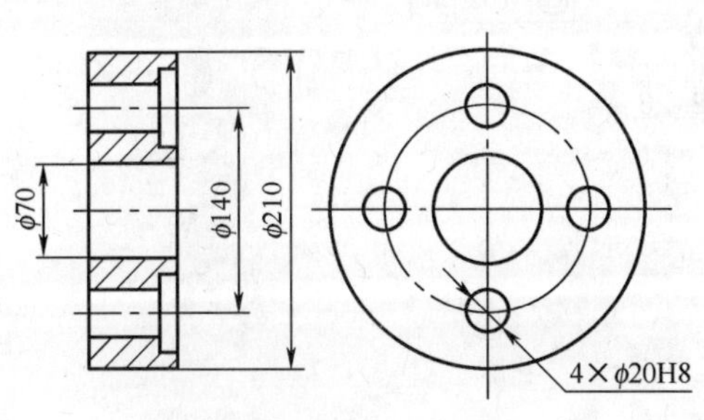

图2-24

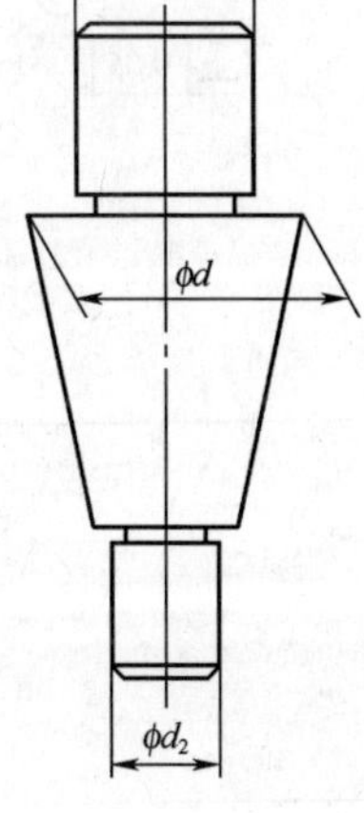

图2-25

（3）ϕd_2 圆柱面轴线对ϕd 圆锥左端面的垂直度公差值为ϕ0.015 mm。

（4）ϕd_2 圆柱面轴线对ϕd_1 圆柱面轴线的同轴度公差值为 0.03 mm。

（5）ϕd 圆锥面的任意横截面的圆度公差值为 0.006 mm。

2-12　试分别改正图 2-26（a）～（f）所示的 6 个图样上形位公差标注的错误（形位公差的项目不允许变更）。

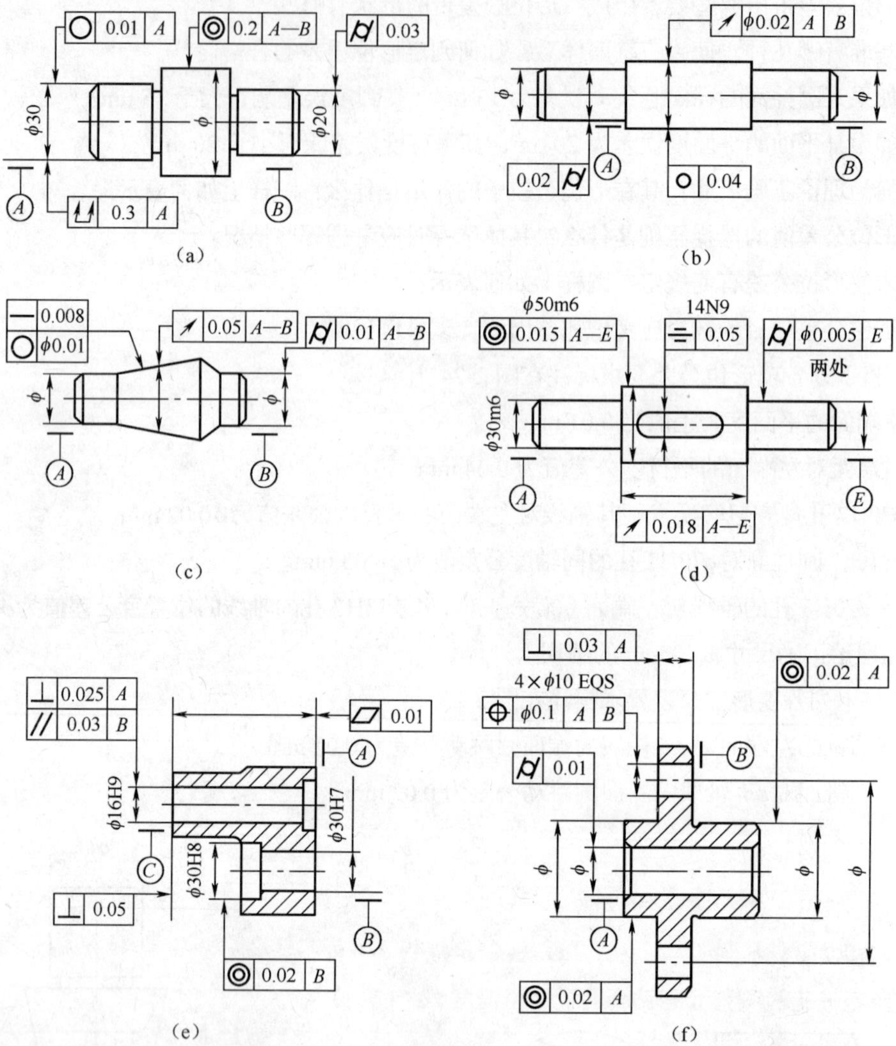

（a）　（b）

（c）　（d）

（e）　（f）

图2-26

Chapter 3

任务三

钻模夹具的安装与检测

【促成目标】

① 了解钻模夹具的构造和种类。
② 了解钻模夹具诸零件的结构、选材与应用特点。
③ 了解钻套的尺寸及公差与配合的选择方法。
④ 测量钻模夹具诸零件的形位误差。
⑤ 掌握粗糙度样块的使用方法。

【最终目标】

了解钻模夹具的结构，理解钻模夹具的工作原理，能对钻模夹具模型进行安装与测试。在此基础上，了解钻套、衬套、底座、立轴的加工工艺与选材特点，并能对所选的配合种类进行初步分析。

一、工作任务

通过对本任务“二、基础知识”的学习，认真填写下面的《学习任务单》、《学习报告单一——检测钻模板各孔轴线的平行度误差》、《学习报告单二——检测衬套的圆柱度误差和同轴度误差》和《学习报告单三——检测衬套和钻套的表面粗糙度》。

学习任务单

<table>
<tr><td>学习情境</td><td>检测钻模板各孔轴线的平行度误差
检测衬套的圆柱度误差和同轴度误差
检测衬套和钻套的表面粗糙度</td><td>姓名</td><td></td><td>日期</td><td></td></tr>
<tr><td>学习任务</td><td>理解钻模夹具的工作原理，能对钻模夹具模型进行安装与测试</td><td>班级</td><td></td><td>教师</td><td></td></tr>
<tr><td>任务目标</td><td colspan="5">了解钻套、衬套、底座、立轴的加工工艺与选材特点，并能对所选的配合种类进行分析</td></tr>
<tr><td>任务要求</td><td colspan="5">测量钻模夹具诸零件的形位误差、表面粗糙度</td></tr>
<tr><td>条件配备</td><td colspan="5">平板、心轴或V形块、指示表、磁性表座、粗糙度对比块等</td></tr>
<tr><td colspan="6">• 根据提供的资料和老师讲解，学习完成任务必备的理论知识要点
① 了解钻模夹具的构造和种类。
② 了解钻模夹具诸零件的结构、选材与应用特点。
③ 了解钻套的尺寸及公差与配合的选择方法。
④ 测量钻模夹具诸零件的形位误差。
⑤ 掌握粗糙度样块的使用方法。
• 根据现场提供的零部件及工具，完成测量项目
➡ 掌握平板、心轴或V形块、指示表、表座等工具的使用方法及表面粗糙度对比法等。

• 完成任务后，填写学习报告单并上交，作为考核依据</td></tr>
</table>

1. 认识钻模夹具

钻模结构如图 3-1 所示。

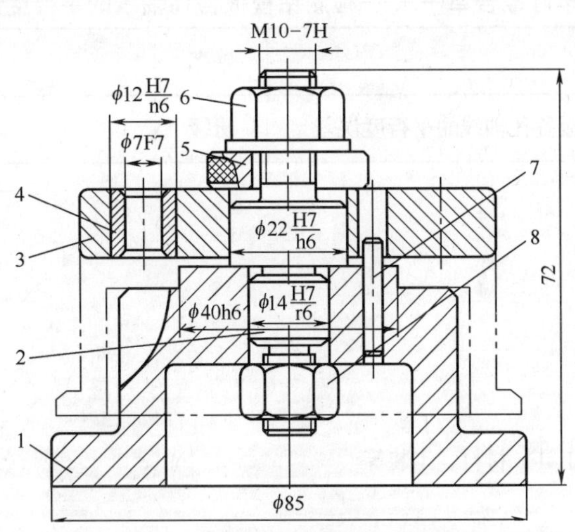

图3−1　钻模

1—底座；2—轴；3—钻模板；4—钻套；5—垫圈；6—螺母；7—圆柱销；8—螺母；

2. 选择公差等级和配合

试选择以下 4 处的公差等级和配合。

① 钻套与钻模板；

② 钻套内孔与钻头；

③ 定位轴与底座；

④ 定位轴与钻模板。

解：（1）基准制的选择。对钻头与钻套内孔的配合，因钻头属于定值刀具，可视为标准件，故与钻套内孔的配合应采用基轴制，其余 3 处无特殊要求，应优先选用基孔制。

（2）公差等级的选择。参看表 1-9，钻模夹具各元件的连接可按一般机械的常用公差等级选用，即孔用 IT7，轴用 IT6。本例中钻模板两内孔、底座内孔均按 IT7 选用，而钻套外圆和定位心轴外圆均按 IT6 选用。

（3）配合的选择。

① 钻套外圆与钻模板内孔的配合要求连接牢固，在轻微冲击负荷下不会发生松动。为了保证定位精度，采用精确定心配合 H/n 类，本例配合选为$\phi 12\dfrac{H7}{n6}$。

② 底座与钻模板靠定位心轴连接成一整体，为了保证定心精度和连接牢固（参见表 1-15 和表 1-17），两处配合分别选择了间隙定位配合$\phi 22\dfrac{H7}{h6}$和中压定心配合$\phi 14\dfrac{H7}{r6}$。

③ 钻套内孔因要引导钻头进给，既要保证一定的导向精度，又要防止间隙过小而被卡住，故选择适中间隙为宜。参见表 1-15，本例选为ϕ7F7。

通过老师对钻模夹具结构、工作原理的讲解，了解钻模夹具诸零件的结构、选材与应用特点，掌握钻模夹具的尺寸公差与配合的选择方法。请同学参考上述例题完成下列学习任务。

3. 检测钻模板各孔轴线的平行度误差

学习报告单一——检测钻模板各孔轴线的平行度误差

学习情境		姓名		成绩	
学习任务	检测钻模板各孔轴线的平行度误差	班级		教师	
1. 实训目的：要求和内容 2. 实训主要设备、仪器、工具、材料、工装等 3. 实训步骤（画一张测量简图） 4. 实训记录及数据分析、总结 5. 实训过程中的注意事项，实训后的思考、认识、深化、联想、建议等					

4. 检测衬套的圆柱度误差和同轴度误差

学习报告单二——检测衬套的圆柱度误差和同轴度误差

学习情境		姓名		成绩	
学习任务	检测衬套的圆柱度误差和同轴度误差	班级		教师	
1. 实训目的：要求和内容					
2. 实训主要设备、仪器、工具、材料、工装等					
3. 实训步骤（画一张测量简图）					
4. 实训记录及数据分析、总结					
5. 实训过程中的注意事项，实训后的思考、认识、深化、联想、建议等					

5. 检测衬套和钻套的表面粗糙度

学习报告单三——检测衬套和钻套的表面粗糙度

学习情境		姓名		成绩	
学习任务	检测衬套和钻套的表面粗糙度	班级		教师	
1. 实训目的：要求和内容					
2. 实训主要设备、仪器、工具、材料、工装等					
3. 实训步骤（画一张测量简图）					
4. 实训记录及数据分析、总结					
5. 实训过程中的注意事项，实训后的思考、认识、深化、联想、建议等					

该任务是通过钻模的结构特点了解钻套的尺寸、公差、配合的选择方法以及形位公差的检测，掌握配合面间表面粗糙度的标注和检测。下面讲述表面粗糙度的概念。

二、基础知识

任务说明：为了满足零件的互换性和机器的使用性能要求，应识记表面粗糙度的基本术语和标注方法，掌握表面粗糙度的评定参数和参数值的选择原则，了解表面粗糙度的测量方法。

基础知识：表面粗糙度的基本术语、评定参数和标注方法。

重点知识：表面粗糙度的评定参数和参数值的选择原则。

难点知识：类比法选择表面粗糙度参数值，表面粗糙度的评定参数及数值。

表面粗糙度即微观几何形状误差，是零件表面在加工后所形成的较小间距和微小峰谷的不平度。表面粗糙度是评定机器零件和产品质量的重要指标。为了适应生产的发展，有利于国际技术交流及对外贸易，我国参照 lSO 标准，制订了新国标《产品几何技术规范 表面结构 表面结构的术语、定义及参数》(GB/T 350S—2009)、《表面粗糙度参数值》(GB/T 1031—2009 》、《产品几何技术规范（GPS）技术产品文件中表面结构的》(GB/T l31—2006)。

（一）表面粗糙度对机械性能的影响

表面粗糙度对机械零件的使用性能有很大的影响，主要表现在以下几个方面。

（1）对耐磨性的影响。表面越粗糙，摩擦阻力越大。提高零件表面粗糙度，可以减少摩擦损失，提高机械的传动效率，延长机器的使用寿命。但是表面过于光滑，会不利于润滑油的存储，使机器磨损加剧。

（2）对工作精度的影响。表面粗糙的两个物体相互接触，易产生变形，影响机器的工作精度。

（3）对配合性能的影响。相对运动的两个零件由于接触表面粗糙，易产生磨损，使间隙增加，破坏原有的配合。对过盈配合，表面粗糙则会减小实际的过盈量，降低零件的联结强度；对过渡配合，麦面粗糙则可能降低定位和导向精度。

（4）对耐腐蚀性影响。粗糙的零件表面，腐蚀介质易在凹谷中堆积并渗入到金属内部，造成表面的锈蚀。

（5）对抗疲劳性影响。粗糙的表面存在较大的波谷，对应力集中敏感，从而影响零件的疲劳强度。另外，表面粗糙度对零件的外形、测量精度也有一定的影响。

（二）基本术语

（1）取样长度。取样长度 l_r 是指评定表面粗糙度所规定的一段基准线长度，如图 3-2 所示。这个长度限制和减弱了表面波纹度（波距为 1～10mm）和形状误差对表面粗糙度测量结果的影响。l_r 的取值应适中，过长，则测量结果中可能包含表面波纹度的成分；过短，则不能客观反映表面粗糙度的实际情况。一般取样长度 l_r 应包含五个以上的轮廓峰、轮廓谷。

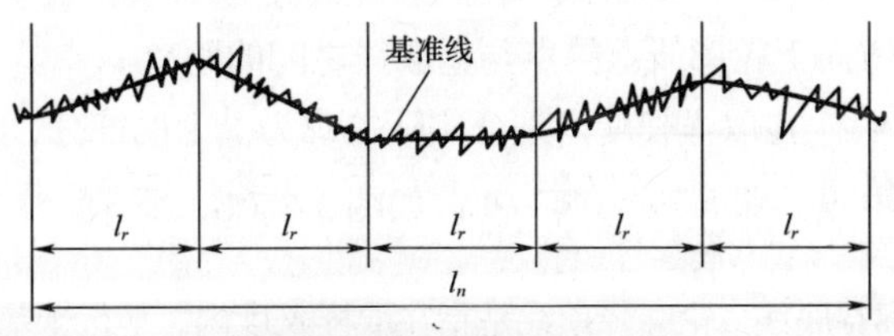

图3-2　取样长度和评定长度

（2）评定长度。评定长度 l_n 指评定轮廓表面粗糙度所必需的一段表面长度。评定长度 l_n 一般按 5 个取样长度确定，如图 3-2 所示。对于均匀性好的表面，可取 $l_n<5l_r$；对于均匀性差的表面，可取 $l_n>5l_r$。取样长度和评定长度数值如表 3-1 所示。

表 3-1　　取样长度与评定长度的选取（摘取 GB/T 1031—2009）

Ra/μm	Rz/μm	取样 l_r/mm	评定长度 l_n $l_n=5l_r$/mm
≥0.008～0.002	≥0.025～0.10	0.08	0.4
＞0.02～0.1	＞0.10～0.50	0.25	1.25
＞0.1～2.0	＞0.50～10.0	0.8.	4.0
＞2.0～10.0	＞10.0～50	2.5	12.5
＞10.0～80.0	＞50～320	8.0	40.0

（3）评定表面粗糙度的轮廓中线。可以以中线为基准线评定表面粗糙度。轮廓中线包括两种。

① 轮廓最小二乘中线。在取样长度内使轮廓上各点的轮廓偏距的平方和为最小的一条基准线称为轮廓最小二乘中线，即 $\min\left(\int_0^i Z_i^2 \mathrm{d}x\right)$，如图 3-3（a）所示。

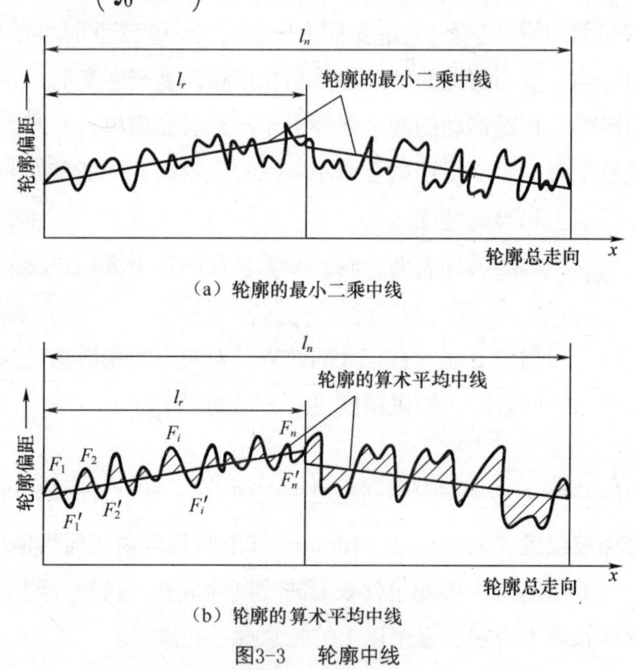

（a）轮廓的最小二乘中线

（b）轮廓的算术平均中线

图3-3　轮廓中线

轮廓偏距 Z 是指测量方向上轮廓线上的点与基准线之间的距离。

② 轮廓的算术平均中线。在取样长度内划分实际轮廓为上下两部分，且使两部分面积相等的基准线称为轮廓的算术平均中线，即 $\sum_{i=1}^{n} F_i = \sum_{i=1}^{n} F_i'$，如图 3-3（b）所示。

（4）轮廓峰顶线和轮廓谷底线。轮廓峰顶线是指在取样长度内，平行于基准线并通过轮廓最高点的线；而轮廓谷底线是指在取样长度内，平行于基准线并通过轮廓最低点的线。两种线分别如图 3-4 所示。

（5）轮廓单元、轮廓单元高度和轮廓单元宽度。轮廓单元是一个轮廓峰和其相邻的轮廓谷的组合，如图 3-5 所示。

轮廓单元高度 Z_t 是指一个轮廓单元的峰高和谷深之和，而轮廓单元与中线相交的线段长度称为

轮廓单元宽度 X_s，如图 3-5 所示。

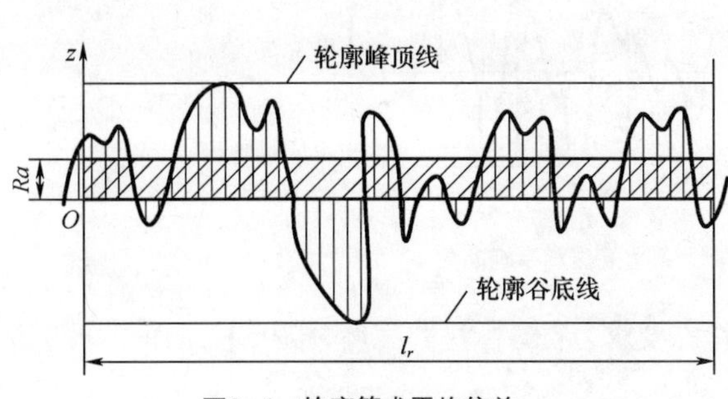

图3-4　轮廓算术平均偏差

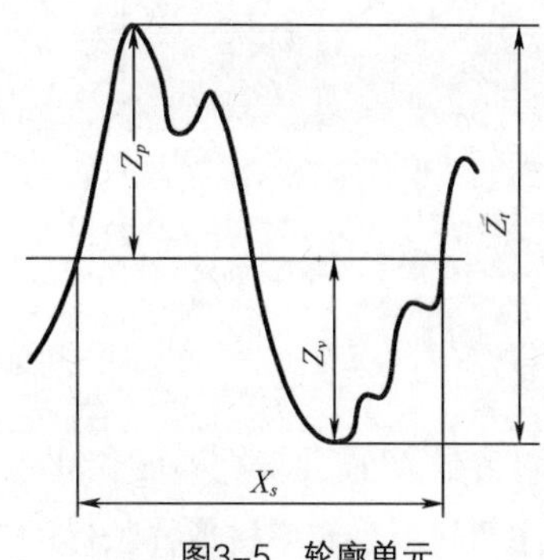

图3-5　轮廓单元

（6）轮廓峰高。轮廓最高点距中线的距离称为轮廓峰高 Z_p，如图 3-5 所示。

（7）最大轮廓谷深。轮廓最低点距中线的距离称为最大轮廓谷深 Z_v，如图 3-5 所示。

（三）评定参数

评定参数是用来定量描述零件表面微观几何形状特征的。国家标准规定了表面轮廓与高度相关参数、与间距相关参数和与形状特征相关参数。

1．与高度相关的参数—幅度参数

（1）轮廓算术平均偏差 *Ra*。在取样长度内，被测轮廓线上各点至基准线距离的算术平均值称为轮廓算术平均偏差 *Ra*，如图 3-4 所示。用公式表示为

$$Ra = \frac{1}{1}\int_0^1 |z(x)|\mathrm{d}x$$

或近似为 $Ra = \frac{1}{n}\sum_{i=1}^{m}|Z_i|$

式中：*n*——取样长度内所测点的数目；

Z——轮廓偏距（轮廓上各点至基准线的距离）；

Zi——第 *i* 点的轮廓偏距（*i*＝1，2，…，*n*）。

Ra 能客观反映表面微观几何形状的特征。*Ra* 越大，轮廓越粗糙。

（2）轮廓最大高度。在一个取样长度内，最大轮廓峰高 Z_p 和最大轮廓谷深 Z_v 之和的高度称为轮廓最大高度 *Rz*。峰顶线和谷底线分别指在取样长度内平行于基准线并通过轮廓最高点和最低点的线，如图 3-5 所示。用公式表示为

$$Rz = Z_p + Z_v$$

式中：*Z*——最大轮廓峰高；

注意：新的国家标准中，*Rz* 表示轮廓最大高度。

Z_v——最大轮廓谷深。

（3）轮廓单元平均高度。在取样长度内，轮廓单元高度 Z_t 的平均值称为轮廓单元平均高度 R_c，如图 3-6 所示。用公式表示为

$$R_c = \frac{1}{m}\sum_{i=1}^{m} Z_{ti}$$

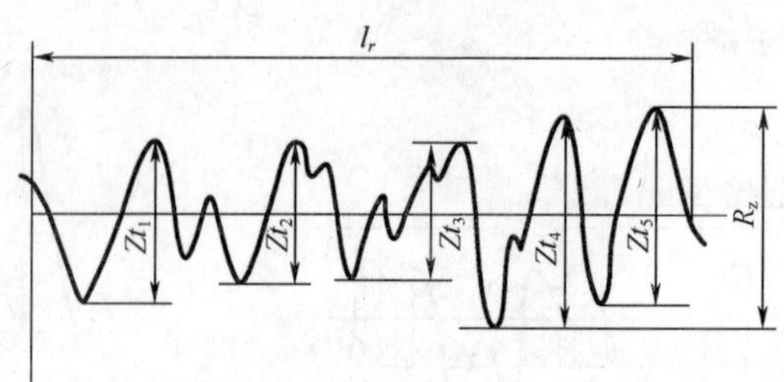

图3-6 轮廓单元最大高度和平均高度

对参数 R_c 需要辨别高度和间距。除非有特殊要求，省略标注的高度分辨率按 R_z 的 10%选取，省略标注的间距分辨率按取样长度的 1%选取。

高度和间距分辨率是指应计入被评定轮廓的轮廓峰和轮廓谷的最小高度和最小间距。轮廓峰和轮廓谷的最小高度通常用 R_z 或任一振幅参数的百分率来表示，最小间距则以取样长度的百分率给出。

2. 与间距特性相关的参数——轮廓单元的平均宽度

轮廓单元的平均宽度 R_{sm} 是指在取样长度内，轮廓单元宽度 X_s 的平均值，如图 3-7 所示。用公式表示为

$$R_{sm}=\frac{1}{m}\sum_{i=1}^{n}X_{si}$$

式中：m——取样长度内轮廓单元的个数；

X_{si}——第 i 个轮廓单元的宽度（$i=1$，2，…，m）。

3. 与形状特征有关的参数——轮廓支承长度率

轮廓支承长度率 R_{mr}（c）是在一个评定长度内，给定水平位置 c 上，轮廓实体材料长度 Ml（c）与评定长度的比率，即

$$R_{mr}(c)=\frac{Ml(c)}{l_n}$$

式中：Ml（c）——在给定水平位置 c 上轮廓的实体材料长度；

c——轮廓水平截距，即轮廓峰顶线和平行于它并与轮廓相交的截线之间的距离。

轮廓支承长度率 R_{mr}（c）与零件的实际轮廓形状有关，是反映零件表面耐磨性能的指标。对于不同的实际轮廓形状，在相同的评定长度内和相同的水平截距时，R_{mr}（c）越大，则表示零件表面凸起的实体部分越大，承载面积越大，因而接触刚度越高，耐磨性就越好。

轮廓的实体材料长度 Ml（c）是在给定水平位置 c 上用一条平行于中线的线与轮廓单元相截所获得的各段截线长度之和，如图 3-8 所示。用公式表示为

$$Ml(c)=\sum_{i=1}^{n}Ml$$

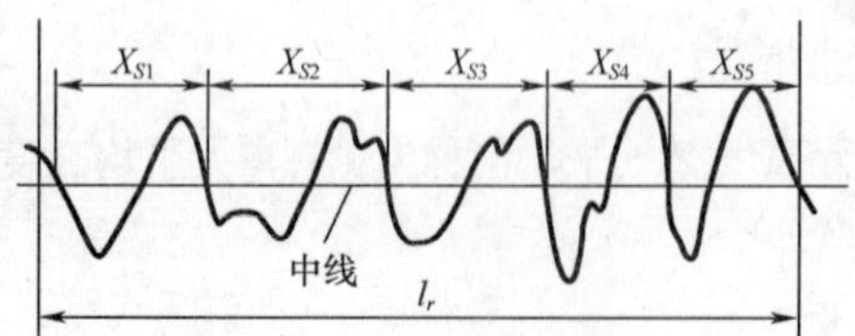

图3-7 轮廓单元宽度

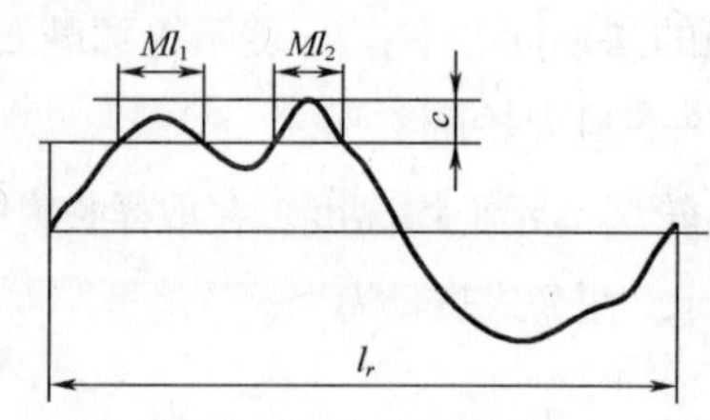

图3-8 实体材料长度

（四）评定参数的数值

评定参数的数值设计时按国家标准《表面结构轮廓法表面粗糙度参数及其数值》（GB/T 1031—2009）规定的参数值进行选择。幅度参数值见表 3-2 和表 3-3，轮廓的间距参数值见表 3-4，形状参数见表 3-5。

表 3-2　　　轮廓算术平均偏差 *Ra* 的数值（摘取 GB/T 1031——2009）

Ra	0.012	0.2	3.2	50
	0.025	0.4	6.3	100
	0.05	0.8	12.5	
	0.1	1.6	25	

表 3-3　　　轮廓算术平均偏差 *Rz* 的数值（摘取 GB/T 1031——2009）

Rz	0.025	0.4	6.3	100	1 600
	0.05	0.8	12.5	200	
	0.1	1.6	25	400	
	0.2	3.2	50	800	

表 3-4　　　轮廓单元平均宽度 R_{am} 的系列值（摘取 GB/T 1030—2009）

R_{sm}	0.006	0.1	1.6
	0.012 5	0.2	3.2
	0.025	0.4	6.3
	0.05	0.8	12.5

表 3-5　　　轮廓支承长度率 $R_{mr}(c)$ 的数值（摘取 GB/T 1030—2009）

$R_{mr}(c)$	10	30	70
	15	40	80
	20	50	90
	25	60	

选用轮廓支承长度率 R_{mr}（*c*）时，必须给出轮廓水平截距 *c* 值。*c* 值可用微米或 R_z 的百分数表示。R_z 的百分数系列有 5%、10%、20%、25%、30%、40%、50%、60%、70%、80%、90%。

（五）表面粗糙度符号及标注

图样上给定的表面特征符号是表面完工后的要求和按功能需要给出表面特征的各项要求的完整表达。国标 GB/T 131—2006 规定了零件表面特征符号及其在图样上的标注格式。

1．表面粗糙度符号

按国标规定，在图样上表示表面粗糙度的符号有 5 种，如表 3-6 所示。

表 3-6　　　　　　表面粗糙度的符号及意义

符　　号	意义及其说明
√ 基本图形符号	基本图形符号，表示表面可以用任何方法获得。当不加注粗糙度参数值或有关说明（例如表面热处理等）时，仅适用于简化代号标注

续表

符　号	意义及其说明
扩展图形符号	基本图形符号加一短划线，表示表面是用去除材料方法获得。例如：车、铣、磨钻、剪切、抛光、腐蚀、电火花加工、气割等
扩展图形符号	基本图形符号加一小圆，表示表面是用不去除材料方法获得。例如：铸、锻、冲压变形、热轧、冷轧、粉末冶金等或者用于保持原供应状况的表面（包括保持上道工序的状况）
完整图形符号	在上面 3 个符号的长边上加一横线，用于标注有关参数和说明
工件轮廓各表面的图形符号	在上述 3 个符号的长边与横线的拐角处加一小圆，表示所有表面具有相同的表面粗糙度要求

2. 表面粗糙度完整图形符号

为了明确表面粗糙度要求，除了标注表面粗糙度符号和数值外，还要求标注补充要求，如加工纹理、加工方法等，如图 3-9 所示。

（1）位置 *a*——第一个表面粗糙度要求，书写形式如下：

传输带或取样长度/评定长度值/参数代号数值

传输带是两个定义的滤波器之间的波长范围。在参数代号和数值之间应插入空格。传输带或取样长度后应有一斜线。

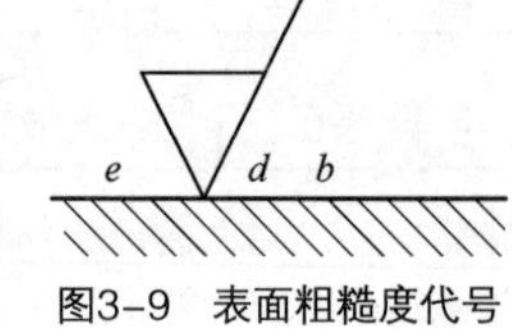

图3-9　表面粗糙度代号

（2）位置 *b*——第二个表面粗糙度要求，书写形式同位置 a。

（3）位置 *c*——加工方法（车、铣、磨、涂镀等）。

（4）位置 *d*——表面加工纹理和方向，其标注符号、解释和示例如表 3-7 所示。

（5）位置 *e*——加工余量，单位 mm。

表 3-7　　加工纹理方向符号（摘取 GB/T 131—2006）

符　号	说　明	示　例
=	纹理平行于视图所在的投影面	= 纹理方向
⊥	纹理垂直于视图所在的投影面	⊥ 纹理方向

续表

符　号	说　　明	示　　例
X	纹理呈两斜向交叉且与视图所在的投影面相交	
M	纹理呈多方向	
C	纹理呈近似同心圆且圆心与表面中心相关	
R	纹理呈近似放射状且与表面圆心相关	
P	纹理呈微粒、凸起，无方向	

3. 表面粗糙度的标注示例

表面粗糙度在标注过程中，要注意以下几种情况。

（1）评定长度可以采用长度值和取样长度个数两种方法表示。采用长度值表示时，标注在参数代号前，用斜线分隔。当采用取样长度个数表示时，标注在参数代号后，为默认值（5 个取样长度）时，可以不标注；如不等于默认长度，则必须在参数代号后标注取样长度的个数，作为评定长度。

（2）参数数值有“16%规则”和“最大规则”，默认为“16%规则”。“16%规则”在数值前不标注符号，表示所有实测值中允许测量值超过规定数值的 16%；最大规则在数值前标注 max，表示不允许任何测量值超过规定数值。

（3）“16%规则”中如同一参数具有双向极限要求，在不引起歧义的情况下，可以在参数代号前加 U、L。

（4）表面加工纹理是指表面微观结构的主要方向，由所采用的加工方法或其他因素形成，必要时才规定加工纹理。常用的加工纹理方向如表 3-7 所示。

表面粗糙度标注示例如表 3-8 所示。

表 3-8　　　　表面粗糙度标注示例

示　例	含　义
	表示不允许去除材料，单向上限值，默认传输带，*R* 轮廓最大高度为 0.4 μm，评定长度为 5 个取样长度（默认）。“16%规则”（默认）
	表示去除材料，单向上限值，默认传输带，*R* 轮廓最大高度为最大值 0.2 μm，评定长度为 5 个取样长度（默认），“最大规则”（默认）

续表

示　例	含　义
$\sqrt{0.008\text{–}0.8/R_a\ 3.2}$	表示去除材料，单向上限值，传输带 0.008 mm，取样长度 0.8 mm，*R* 轮廓算术平均偏差 3.2 μm，评定长度为 5 个取样长度（默认），“16%规则”（默认）
$\sqrt{0.8/R_a3\ 3.2}$	表示去除材料，单向上限值，传输带默认（CB/T 6062），取样长度 0.8 μm，*R* 轮廓算术平均偏差 3.2 μm，评定长度为 3 个取样长度，“16%规则”（默认）
铣 U 0.008–4/R_a max 50 3 C L 0.008–4/R_a 6.3	表示去除材料，又向报限值，传输带 0.008 mm，取样长度 4 mm，*R* 轮廓上限算术平均偏差 50 μm，评定长度为 5 个取样长度（默认），“最大规划”；*R* 轮廓下限：算术平均偏差 6.3 μm，评定长度为 5 个取样长度（默认），“16%规则”（默认） 加工方法：铣削；加工余量：3 mm

4. 表面粗糙度在图样上的标注

表面粗糙度对每个表面一般只标注一次，应尽可能标注在相应的尺寸及其公差的同一视图。表面粗糙度的注写和读取方向与尺寸的注写和读取方向一致。

表面粗糙度可标注在轮廓线上，符号应从材料外指向并接触表面。必要时表面粗糙度符号也可用带箭头或黑点的指引线引出标注，如图 3-10 所示。

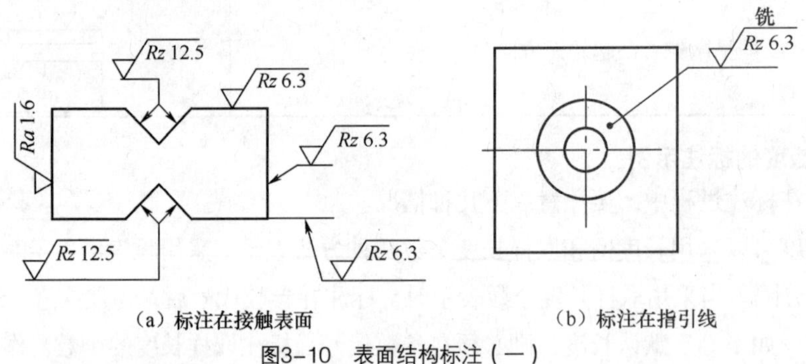

（a）标注在接触表面　　（b）标注在指引线

图3–10　表面结构标注（一）

在不引起误解的情况下，表面粗糙度可标注在给定的尺寸线上或几何公差框格的上方，如图 3-11 所示。

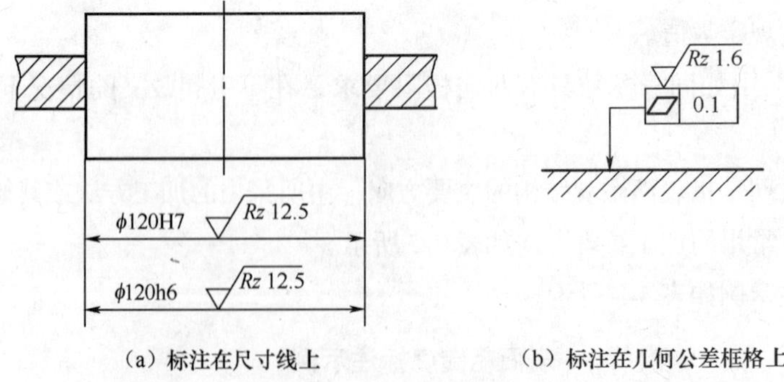

（a）标注在尺寸线上　　（b）标注在几何公差框格上

图3–11　表面结构标注（二）

（六）表面粗糙度参数值的选择

选择零件表面粗糙度参数时，应充分合理地反映表面微观几何形状的真实情况。在满足功能要求的前提下顾及经济性，使参数尽可能取大值。

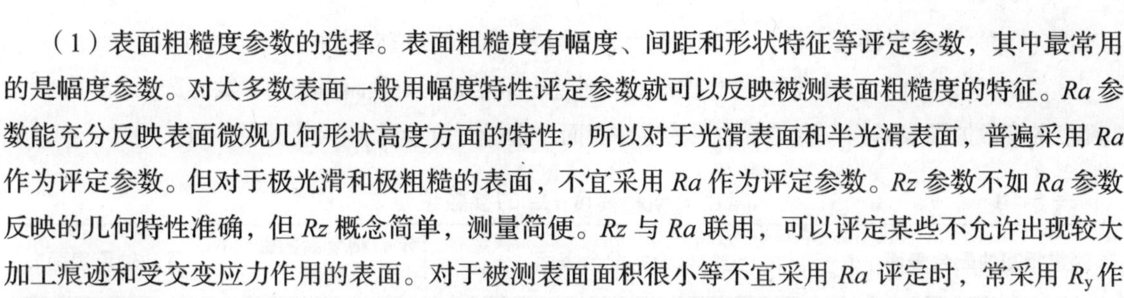

（1）表面粗糙度参数的选择。表面粗糙度有幅度、间距和形状特征等评定参数，其中最常用的是幅度参数。对大多数表面一般用幅度特性评定参数就可以反映被测表面粗糙度的特征。*Ra* 参数能充分反映表面微观几何形状高度方面的特性，所以对于光滑表面和半光滑表面，普遍采用 *Ra* 作为评定参数。但对于极光滑和极粗糙的表面，不宜采用 *Ra* 作为评定参数。*Rz* 参数不如 *Ra* 参数反映的几何特性准确，但 *Rz* 概念简单，测量简便。*Rz* 与 *Ra* 联用，可以评定某些不允许出现较大加工痕迹和受交变应力作用的表面。对于被测表面面积很小等不宜采用 *Ra* 评定时，常采用 R_y 作为评定参数。

轮廓单元的平均宽度 R_{sm}、轮廓支承长度率 $R_{mr}(c)$ 作为附加参数，在幅度参数不能满足表面功能要求时才选用。例如，对密封性要求高的表面，可选用轮廓单元的平均宽度 R_{sm}；对耐磨性要求高的表面，可选用轮廓支承长度率 $R_{mr}(c)$。

（2）表面粗糙度参数值的确定。表面粗糙度参数值选择对产品的使用性能、质量和制造成本有很大影响。一般选择表面粗糙度时既要考虑零件的功能要求，又要考虑其制造成本。在满足功能要求的前提下，尽量选用较大的表面粗糙度参数值。

在实际应用中，由于表面粗糙度和零件的功能关系复杂，难以全面精确地按零件表面功能要求确定其参数允许值，因此常用类比法确定。一般选择原则如下。

① 同一零件上，工作表面的粗糙度参数值小于非工作表面的参数值。

② 摩擦表面参数值比非摩擦表面要小；滚动摩擦表面的参数小；运动速度高、单位压力大的摩擦表面应比运动速度低、单位压力小的摩擦表面参数值要小。

③ 受循环载荷的表面和易引起应力集中的部位（如圆角、沟槽等）的粗糙度参数值要小。

④ 配合性质要求较高的配合表面，要求配合稳定可靠，粗糙度值也应选得小些。在间隙配合中，间隙越小，参数值应越小；在过盈配合中，为了保证联结强度，也应规定较小的粗糙度参数值。

⑤ 配合性质相同时，零件尺寸越小，参数值应越小；同一公差等级，小尺寸比大尺寸、轴比孔的表面粗糙度参数值要小。

⑥ 表面粗糙度参数值应与尺寸公差及形状公差相协调，表 3-9 列出了表面粗糙度参数值与尺寸公差及形状公差的对应关系。一般说来，尺寸公差、形状公差小时，表面粗糙度参数值也小。但在有些场合，尺寸公差要求很低而表面粗糙度参数值却要求很大，例如机器、仪器上的手柄，手轮表面等。

表 3-9　　表面粗糙度参数值与尺寸公差、形状公差的关系

形状公差 *t* 占尺寸公差 *T* 百分比 *t/T*	表面粗糙度参数值占尺寸公差的百分比	
	Ra/T	*Rz/T*
≈60	≤5	≤20
≈40	≤2.5	≤10
≈25	≤1.2	≤5

⑦ 防腐性、密封性要求高，外表美观等表面的表面粗糙度值应较小。

⑧ 若有关标准已对表面粗糙度作出规定，则应按标准规定的表面粗糙度参数值选用。常用表面粗糙度的参数值及表面粗糙度与所适用的零件表面，选择时可参考表 3-10 及表 3-11。

表 3-10 常用表面粗糙度 *Ra* 的参数值

<table>
<tr><th colspan="4">经常拆卸的配合表面</th><th colspan="6">过盈配合的配合表面</th><th colspan="3">定心精度高的配合表面</th><th colspan="3">滑动轴承表面</th></tr>
<tr><th rowspan="3">公差等级</th><th rowspan="3">表面</th><th colspan="2">公称尺寸/mm</th><th colspan="2" rowspan="3">公差等级</th><th rowspan="3">表面</th><th colspan="3">公称尺寸/mm</th><th rowspan="3">径向跳动</th><th rowspan="2">轴</th><th rowspan="2">孔</th><th rowspan="3">公差等级</th><th rowspan="3">表面</th><th rowspan="3">Ra</th></tr>
<tr><th>≤50</th><th>>50～500</th><th>≤50</th><th>>50～120</th><th>>120～500</th></tr>
<tr><th colspan="2">Ra</th><th colspan="3">Ra</th><th colspan="2">Ra</th></tr>
<tr><td rowspan="2">5</td><td>轴</td><td>0.2</td><td>0.4</td><td rowspan="6">装配按机械压入</td><td rowspan="2">5</td><td>轴</td><td>0.1～0.2</td><td>0.4</td><td>0.4</td><td>2.5</td><td>0.05</td><td>0.1</td><td rowspan="2">6～9</td><td>轴</td><td>0.4～0.8</td></tr>
<tr><td>孔</td><td>04</td><td>0.8</td><td>孔</td><td>0.2～0.4</td><td>0.8</td><td>0.8</td><td>4</td><td>0.1</td><td>0.2</td><td>孔</td><td>0.8～1.6</td></tr>
<tr><td rowspan="2">6</td><td>轴</td><td>0.4</td><td>0.8</td><td rowspan="2">6、7</td><td>轴</td><td>0.4</td><td>0.8</td><td>1.6</td><td>6</td><td>0.1</td><td>0.2</td><td rowspan="2">10～12</td><td>轴</td><td>0.8～3.2</td></tr>
<tr><td>孔</td><td>0.4～0.8</td><td>0.8～1.6</td><td>孔</td><td>0.8</td><td>1.6</td><td>1.6</td><td>10</td><td>0.2</td><td>0.4</td><td>孔</td><td>1.6～3.2</td></tr>
<tr><td rowspan="2">7</td><td>轴</td><td>0.4～0.8</td><td>0.8～1.6</td><td rowspan="2">8</td><td>轴</td><td>0.8</td><td>0.8～1.6</td><td>1.6～3.2</td><td>16</td><td>0.4</td><td>0.8</td><td rowspan="2">流体润滑</td><td>轴</td><td>0.1～0.4</td></tr>
<tr><td>孔</td><td>0.8</td><td>1.6</td><td>孔</td><td>1.6</td><td>1.6～3.2</td><td>1.6～3.2</td><td>20</td><td>0.8</td><td>1.6</td><td>孔</td><td>0.2～0.8</td></tr>
<tr><td rowspan="2">8</td><td>轴</td><td>0.8</td><td>1.6</td><td colspan="2" rowspan="2">热套法</td><td>轴</td><td colspan="3">1.6</td><td colspan="6" rowspan="2"></td></tr>
<tr><td>孔</td><td>0.8～1.6</td><td>1.6～3.2</td><td>孔</td><td colspan="3">1.6～3.2</td></tr>
</table>

表 3-11 表面粗糙度应用举例

Ra/μm	应 用 举 例
0.008	量块的工作表面，高精度测量仪器的测量面，光学测量仪器中的金属镜面，高精度仪器摩擦机构的支撑面
0.012	仪器的测量表面，量仪中高精度间隙配合零件的工作表面，尺寸超过 100 mm 的量块工作表面等
0.025	特别精密的滚动轴承套圆滚道、滚珠及滚珠表面，量仪中中等精度间隙配合零件的工作表面，柴油发动机高压油泵中柱塞和柱塞套的配合表面，保证高度气密的结合表面等
0.1	工作时承受较大反复应力的重要零件表面，保证零件的疲劳强度、防蚀性及在活动接头工作中耐久性的一些东西，精密机器主轴箱与套筒配合的孔，活塞销的表面，液压传动用孔的表面，阀的工作面，汽缸内表面，保证精确定心的锥体表面，仪器中承受摩擦的表面，如导轨、槽面等

续表

Ra/μm	应 用 举 例
0.2	要求能长期保持所规定的配合持久性的精度为 IT6.、IT5 的孔，6 级精度齿轮工作面，蜗杆齿面（6～7 级），与 D 级精度滚动轴承配合的孔和轴颈表面，要求保证定心及配合特性的表面，滑动轴承和凸轮的工作表面，发动机气门头圆锥面，与橡胶油封相配的轴表面等
0.4	不要求保证定心及配合特性的活动支撑面，高精度的活动接头表面、支承垫圈等
0.8	要求保证定心及配合特性的表面，锥销与圆柱销的表面，与 G 级和 E 级精度滚动轴承相配合的孔和轴颈表面，中速转动的轴颈，过盈配合的精度为 IT7 的孔，间隙配合的精度为 IT8 的孔，花键轴上定心表面，滑动导轨面
1.6	要求有定心及配合特性的固定支承、衬套、轴承和定位销的压入孔表面，不要求定心及配合特性的活动支承面、活动关节及花键结合面，8 级齿轮的齿面，齿条齿面，传动螺纹工作面，低速传动的轴，楔形键及键槽上下面，轴承盖凸肩表面（对中心用），端盖内侧滑块及导向面，三角皮带轮槽表面，电镀前金属表面等
3.2	半精加工表面。外壳、箱体、盖面、套筒、衬套、支架和其他零件连接而不形成配合的表面，不要紧固的螺纹表面，非传动用的梯形螺纹、锯齿形螺纹表面，燕尾槽的表面，需要发蓝的表面，需要滚花的预加工表面，低速下工作的滑动轴承和轴的摩擦表面，张紧链轮、导向滚轮壳孔与轴的配合表面，止推滑动轴承及中间片的工作表面，滑块及导向面（速度 20～50 m/min），收割机械切割器的摩擦片、动刀片、压刀片的摩擦表面，脱粒机隔板工作表面等
6.3	半精加工表面。用于不重要零件的非配合表面，如支柱、轴、支架、外壳、衬套、盖等的断面，螺栓、螺钉、双头螺栓和螺母的自由表面；不要求定心及配合特性的表面，如螺栓孔、螺钉孔和铆钉等表面，飞轮、皮带轮、离合器、联轴节、凸轮、偏心轮的侧面，平键及键槽上下表面，楔键侧面，花键非定心面，齿轮顶圆表面，所有轴和孔的退刀槽，不重要的连接配合表面，犁铧、犁侧板、深耕铲等零件的摩擦工件表面，插秧爪面等
12.5	多用于粗加工的非配合表面，如轴端面、倒角、钻孔、齿轮及皮带轮的侧面，键槽非工作表面，垫圈的接触面，不重要的安装支承面，螺钉、铆钉孔表面等

（七）表面粗糙度的检测

1. 比较法

比较法是指将被测表面与已知高度特征参数值的粗糙度样板相比较，从而判断表面粗糙度的一种检测方法。

比较法简单易行，适于在车间使用。缺点是评定结果的可靠性很大程度上取决于检测人员的经验。比较法仅适用于评定表面粗糙度要求不高的工件。比较时，可用肉眼观察、手动触摸，也可借助显微镜、放大镜。所用粗糙度样板的材料、形状及加工方法应尽可能与被测表面一致。

2. 光切法

光切法是指利用光切原理来测量表面粗糙度的一种方法。常用的测量仪器是光切显微镜，又称双管显微镜，如图 3-12 所示。

光切法的基本原理：光切显微镜由两个镜管组成，右端为投射照明管，左端为观察管，如图 3-13 所示。两个镜管轴线夹角成 90°。照明管中光源 1 发出的光线经过聚光镜 2、光阑 3 及物镜 4 后，形成一束平行光带。这束平行光带以 45°的倾角投射到被测表面。光带在粗糙不平的波峰 S_1 和波谷 S_2 处产生反射。S_1 和 S_2 经观察管的物镜 4 后分别成像于分划板 5 的 S_1'和谷 S_2'。若被测表面微观不平度为 h，轮廓波峰 S_1 与波谷 S_2 在 45°截面上的距离为 h_1，S_1'与 S_2'之间的距离 h_1'是 h_1 经物镜后的放大像。若测得 h_1'，便可求出表面微观不平度 h：

$$h = h_1' \cos 45° = \frac{h_1}{K} \cos 45°$$

式中：K——物镜的放大倍数。

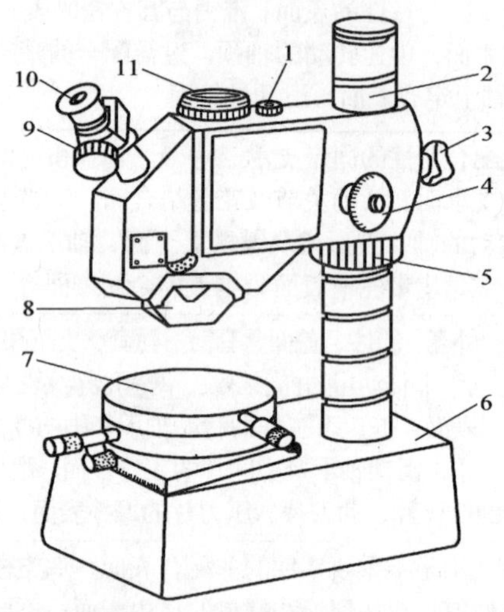

图 3-12　光切显微镜

1—光源；2—立柱；3—锁紧螺钉；4—微调手柄；5—精调螺母；6—底座；7—工作台；8—物镜组；9—测微鼓轮；10—目镜；11—照相机插座

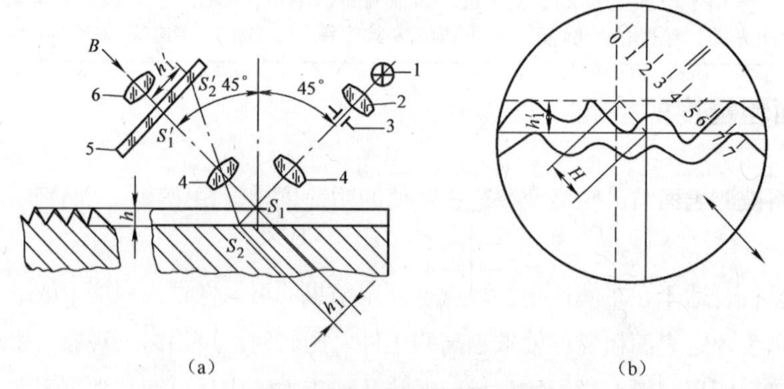

图3-13　光切显微镜测量原理

光切显微镜主要用于测定 Rz 和 R_y，测量范围一般为 0.8～100μm。

3. 干涉法

干涉法是指利用光学干涉原理来测量表面粗糙度的一种方法。常用仪器是干涉显微镜，其外形如图 3-14 所示。

干涉法的原理是：如图 3-15 所示，光源 1 发出的光线经聚光镜 2 和反光镜 3 转向，通过光阑 4、

5、聚光镜 6 投射到分光镜 7 上，通过分光镜 7 的半透半反膜后分成两束。一束光透过分光镜 7，经补偿镜 8、物镜 9 射至被测表面 P_2，再由 P_2 反射经原光路返回，再经分光镜 7 反射向目镜 14。另一束光经分光镜 7 反射，经滤光片 17、物镜 10 射至参考镜 P_1，再由 P_1 反射回来，透过分光镜射向目镜 14。两束光在目镜 14 的焦平面上相遇叠加。由于被测表面粗糙不平，所以这两路光束相遇后形成与其相应的起伏不平的干涉条纹，如图 3-16 所示。

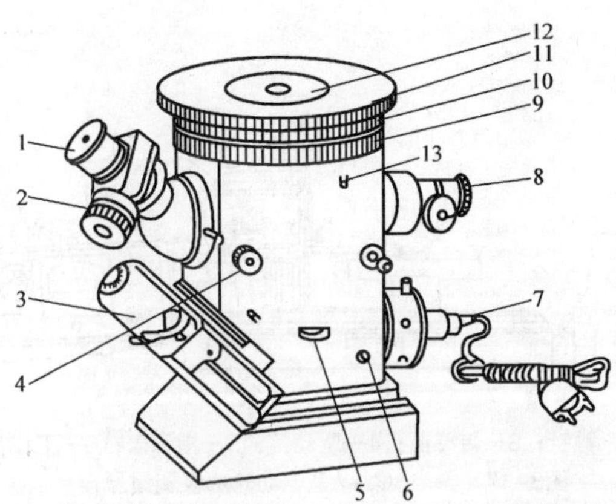

1—目镜；2—测微鼓轮；3—照相机；4、5、8、13（显示微镜背面）—手轮；6—手柄；7—光源；9、10、11—滚花轮；12—工作台

图3-14　6JA型干涉显微镜外形

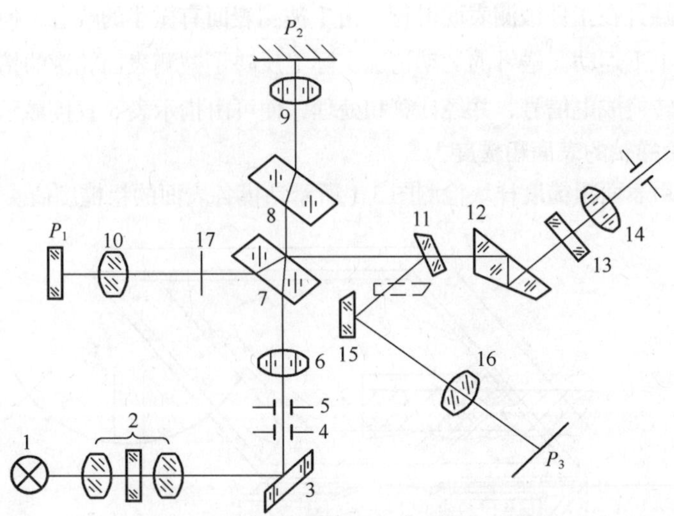

1—光源；2—聚光镜；3—、11、15反光镜；4、5—光阑；6—聚光镜；7—分光镜上；8—补偿镜；9、10、16—物镜；12—折射镜；13—聚光镜；14—目镜；17—滤光片

图3-15　6JA型干涉显微镜光学系统图

图3-16　干涉条纹

干涉法主要用于测量表面粗糙度的 Rz 和 R_y 值，其测量范围通常为 0.05～0.8μm。干涉法不适于测量非规则表面（如磨、研磨等）的 S_m。

4. 针描法

针描法是利用仪器的测针与被测表面相接触，并使测针沿被测表面轻轻滑动来测量表面粗糙度的一种方法，又称轮廓法。电动轮廓仪就是针描法测定表面粗糙度的常用仪器，国产 BCJ-2 型电动轮廓仪外形如图 3-17 所示。

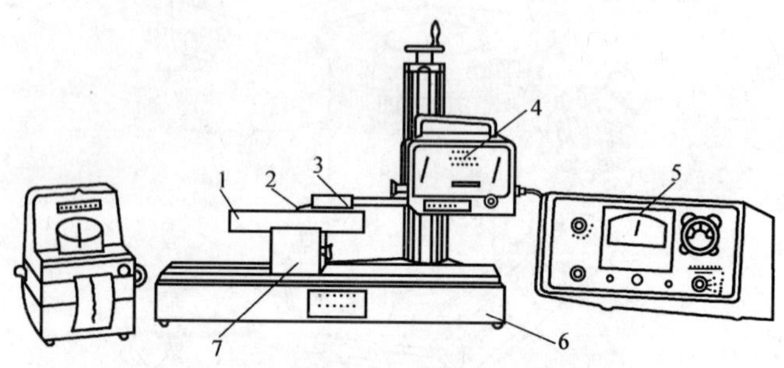

1—被测工件；2—触针；3—传感器；4—驱动箱；5—指示表；6—工作台；7—定位块

图3-17 国产BCJ-2型电动轮廓仪测量原理

将被测工件 1 放在工作台 6 的定位块 7 上，调整工件（或驱动箱 4）的倾斜度，使工件被测表面平行于传感器 3 的滑行方向。调整传感器及触针 2 的高度，使触针与被测表面适当接触。启动电动机，使传感器带动触针在工件被测表面滑行。由于被测表面有微小的峰谷，使触针在滑行的同时还沿轮廓的垂直方向上下运动。触针的运动情况实际上反映了被测表面轮廓的情况。将触针运动的微小变化通过传感器转换成电信号，并经计算和处理，便可由指示表 5 直接显示出 Ra 的大小。

5. 比较法测量阶梯轴的表面粗糙度

（1）工作任务。用表面粗糙度样块检测图 3-1 所示钻模各表面的粗糙度值。

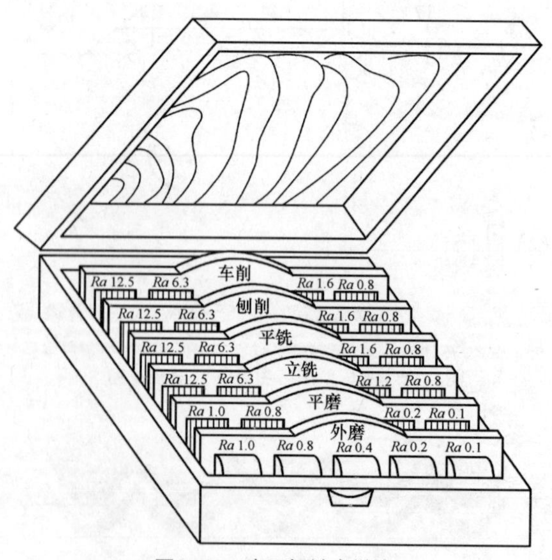

图3-18 表面粗糙度样块

（2）比较法测表面粗糙度。比较法是将被测零件表面与表面粗糙度样块直接进行比较，通过人的视觉或触觉判断被测表面粗糙度的一种检测方法，图 3-18 是粗糙度样块的外形图。视觉比较是用人眼反复比较被测零件表面与粗糙度样板表面的加工痕迹、反光强弱、色彩差异，以帮助确定被测表面粗糙度。

零件表面的粗糙度大小，必要时也可借助放大镜观察。触觉比较用触摸或者用手指划过被测零件表面与粗糙度样板表面，通过感觉比较被测零件表面与粗糙度样板表面在波峰高度和间距上的差异，从而判断被测表面粗糙度的大小。

比较法简单易行，适合车间生产检验。缺点是评定的可靠性很大程度上取决于检验人员的经验，仅适用于评定表面粗糙度要求不高的工件。当零件批量较大时，也可以从成批零件中挑选几个样品，经检定后作为表面粗糙度样块使用。

（3）工作计划。在检测实训过程中，各小组协同制定检测计划，共同解决检测过程中遇到的困难，要相互监督计划的执行与完成情况，并交叉互检，以提高检测结果的准确性。实训过程中，应如实填写表 3-12 所示的表面粗糙度样块检测轴套的粗糙度工作计划及执行情况表。

表 3-12　　表面粗糙度样块检测轴套的粗糙度工作计划及执行情况表

序　号	内　容	所用时间	要　求	完成/实施情况记录或个人体会，总结
1	研讨任务		看懂图纸，分析被测表面的粗糙度要求	
2	计划和决策		制定详细的检测计划	
3	实施检查		根据计划，按顺序检测各表面粗糙度值，做好记录，填写测试报告	
4	结果检查		检查本组组员的计划执行情况和检测结果，并交叉互检	
5	评估		对自己所做工作反思，提出改进措施，谈谈自己的心得体会	

（4）检测实施。

① 填写借用工件和计量器具的申请表。

② 领取工件和粗糙度样块。

③ 观察工件和粗糙度样块上是否有防锈油，如果有则进行清洗。

④ 检查所使用的表面粗糙度样块和被测零件两者的材料，表面加工纹理方向应尽量一致（这样可以减少检测误差，提高判断准确性）。

⑤ 用观察、触摸的方法仔细交替感受、比较粗糙度样块和工件，最后确定被测工件的粗糙度值。

⑥ 每个表面在多个位置比较，取最大值作为最后结果。

（5）比较法测量轴套表面粗糙度的检查要点。

① 被测表面的加工方法与粗糙度样块的加工方法是否一致？

② 被测工件的材料与粗糙度样块的材料是否一致？

③ 与同组成员之间的互检结果如何？

三、拓展知识

1．钻模夹具的构造和种类

（1）固定模板式钻模。图 3-19 所示为在壳体上钻孔用的固定模板式钻模。工件以凸缘端面外圆为基准在定位件 4 上定位，并用凸缘上的小孔套在菱形销 1 上定角向位置，拧螺母 3 通过开口垫圈 2 夹紧工件。装有钻套的钻模板以 4 个螺钉和两个销子固定在夹具体上，由于所需加工的是一个台阶孔，要用几把刀具来加工，所以钻套就必须是可以快速更换的。此钻模刚性较好，但钻套底面离工件加工面较远，刀具容易引偏。

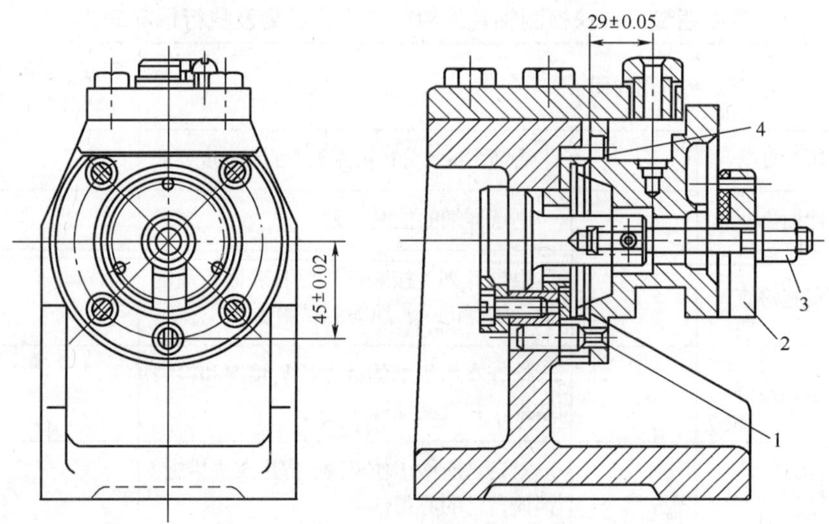

图3-19 固定模板式钻模

1—菱形销；2—开口垫圈；3—螺母；4—定位件

这类钻模在使用过程中，夹具和工件在机床上的位置固定不动。用于在立轴式钻床上加工较大的单孔或在摇臂钻床上加工平行孔系。如果要在立轴钻床上使用固定式钻模加工平行孔系，则要在机床主轴上安装多轴传动头。

在立轴钻床上安装钻模时，一般应先将装在主轴上的定尺寸刀具（精度要求高时用心轴）伸入钻套中，以确定钻模的位置，然后将它紧固。这种加工方式的钻孔精度比较高。

（2）覆盖式钻模。

① 覆式钻模。覆式钻模的特点是可将钻模板“覆”在工件上或装于工件中，定位件与钻套均装

在钻模上，这时工件通常都是直接放置在机床工作台上，而钻模就利用本身定位件在工件上的定位基准面上定位。

覆式钻模的结构简单，有时甚至可以没有夹紧装置（见图 3-20）。此外，由于定位件与钻套直接联接在一起，精度较高。应用于大型工件时，则能免去笨重的夹具体和工件的装卸，从而节省材料和减轻工人的劳动强度。然而应用这种钻模的工件必须有两个平面或端面，一个用来安装钻模，另一个用来将工件放在机床工作台上。如果工件不能直接放在机床上时，则可增加一个垫块或支座。

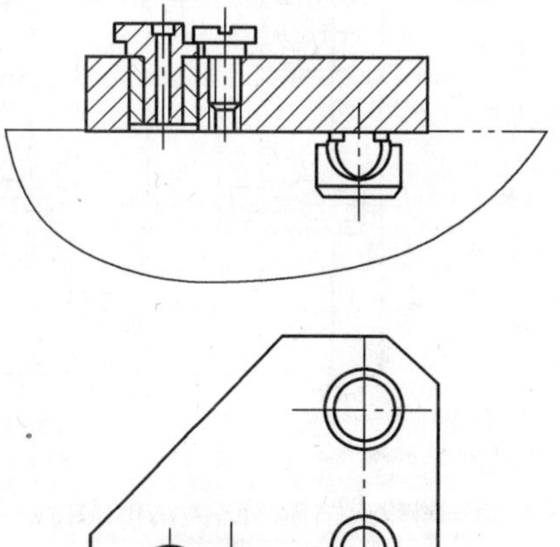

图3-20　无夹具装置的覆式钻模

② 盖式钻模。盖式钻模的钻模板是个活动的盖板，它可和钻模夹具本体用定位销相组合或用铰链连接。

图 3-21 所示是模板可卸的盖式钻模。工件以外圆面和端面在本体 1 的定位面上定位。钻模板借衬套 9 准确地套在心轴 11 上。圆柱销 3 限制着钻模板对本体 1 的角向位置，使各钻套对准本体上的让刀孔。螺母 8 通过转动垫圈 6 将钻模板同工件一起紧压在本体上。钻模上均匀分布着八个固定钻套和两个快换钻套。为了更可靠地保证被加工孔之间的位置精度，常常还采用插销 4 插入第一个刚加工好的孔中。

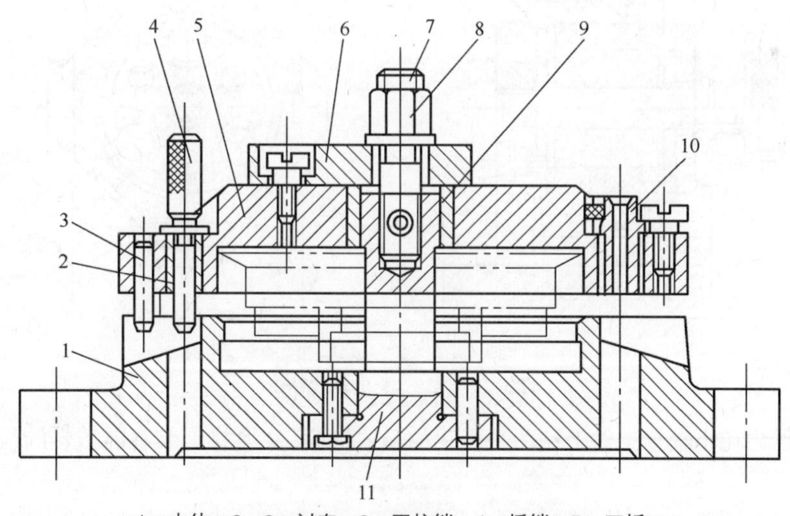

1—本体；2、9—衬套；3—圆柱销；4—插销；5—压板；
6—垫圈；7—螺栓；8—螺母；10—钻套；11—心轴

图3-21　模板可卸的盖式钻模

图 3-22 所示是用铰链连接模板的盖式钻模。当工件以底平面和两孔作基准在夹具定位平面及两个销子上定好位后，用两个螺旋压板将工件夹紧，然后再盖上钻模板，用螺钉将钻模板固定起来，就可以加工工件上部的两个孔（工件另外两个侧向孔需要把钻模倒置后再进行加工）。

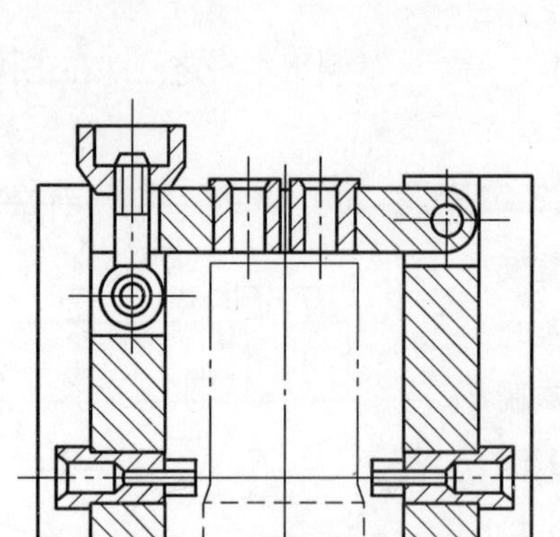
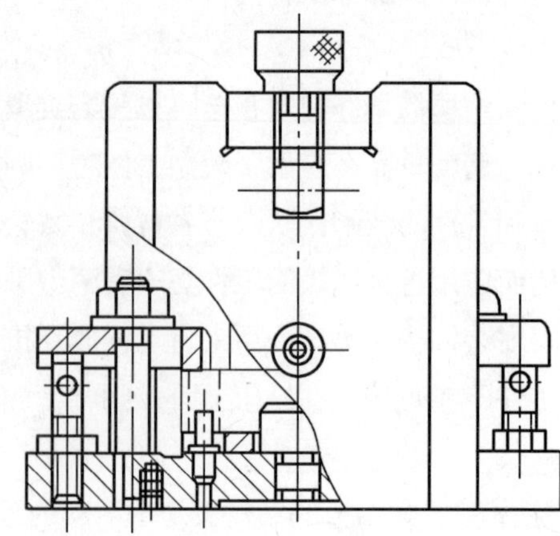

图3-22 模板用铰链连接的盖式钻模

③ 翻转式钻模。这类钻模的特点是整个夹具可以和工件一起翻转，用以加工不同方向的孔。根据其构造特点和翻转方式，可分为箱式、半箱式和支柱式等。箱式和半箱式钻模的钻套多是直接装在夹具体上，整个夹具呈封闭形。只在一面或两面敞开的叫箱式钻模，外形是三面敞开的叫半箱式钻模。

图 3-23 所示为在套筒上钻孔用的箱式钻模。工件在夹具内孔及定位板 2 的端面上定位，用螺母 5 通过开口垫圈 4 夹紧。整个钻模呈正方形。为了能钻出 8 个径向孔，另设有 V 形垫块 6。

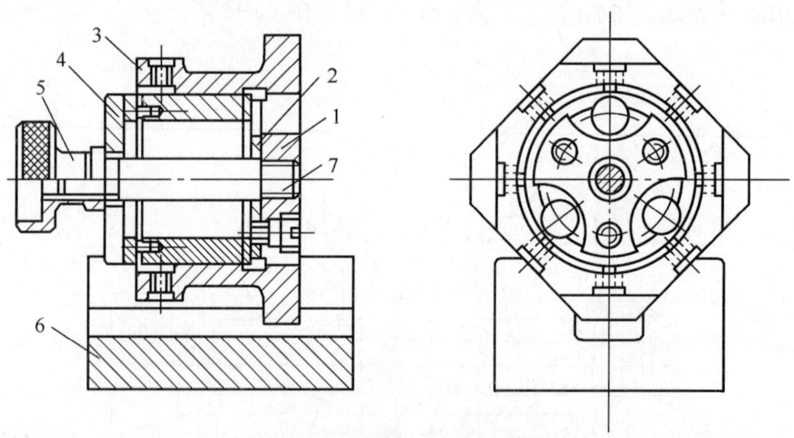

图3-23 钻8个孔的箱式钻模

图 3-24 所示为在小轴套工件上钻两个孔用的箱式钻模，夹紧螺钉装在能拔转的板上以便于装卸工件。

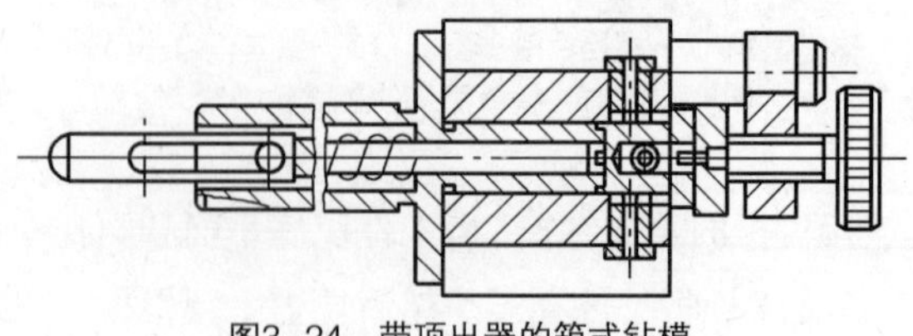

图3-24 带顶出器的箱式钻模

由上述可知，箱式钻模适用于在轴类和套筒类工件上钻一列或数列径向孔，可代替分度钻模。这类钻模在设计时应注意清除切屑以使装卸工件方便。如钻孔时孔口往往有毛刺而妨碍工件取出，常在钻套下面的定位面上开出毛刺槽（见图 3-23）。有时为了取出工件方便，可在适当位置开出卸工件的缺口或设置顶出器（见图 3-25）。

图 3-25 所示为支柱式钻模。工件以 3 个垂直的平面为基准在定位件 2 和钻模板底面上定位，用钩形压板 4 夹紧。该钻具上有 4 个支柱脚将钻模板撑起，所以称作支柱式钻模。支柱脚采用 4 个而不是 3 个，这是为了便于发现支脚下面是否沾有切屑等污物，以保证钻套处于正确位置（防止歪斜时折断钻头）。

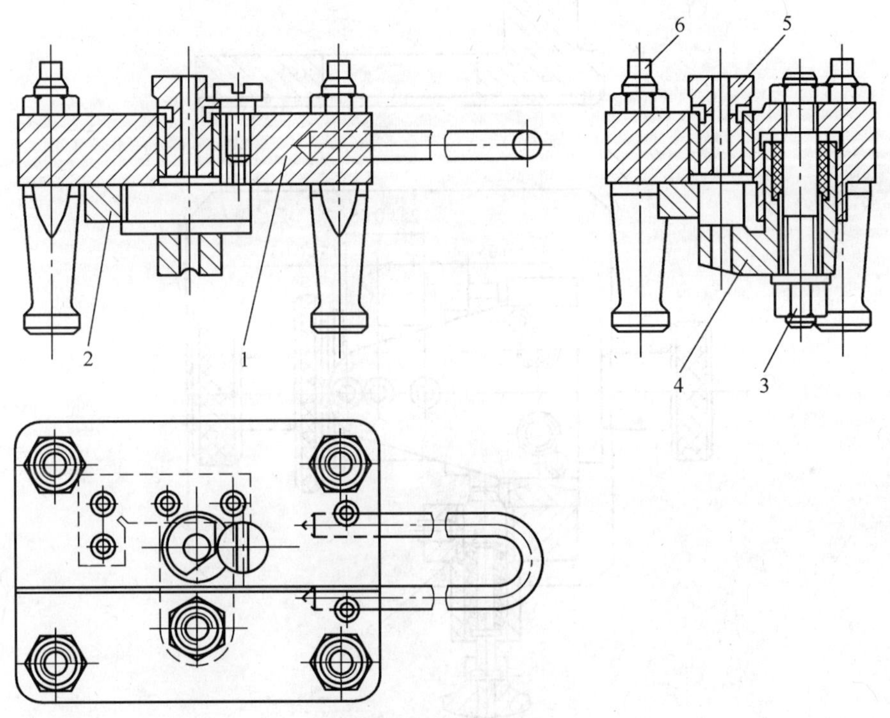

图3-25 支柱式钻模

④ 回转式钻模。回转式钻模用来加工沿圆周分布的许多孔（或许多径向孔）。加工这些孔时，其工位的获得有两种办法，一种是利用分度装置使工件变更工位（钻套不动）；另一种是每一个孔都使用一个单独的钻套，依靠这些钻套来决定刀具对工件的位置。

图 3-26 所示为带分度装置的回转式钻模，用于加工工件上 3 圈径向孔。工件以孔和端面为基准在定位轴 3 和分度盘端面上定位，用螺母 4 夹紧。当钻完一个工位上的孔后，松开螺母 1 并拉出分度销 5 后就可进行分度。分度完成后要用螺母 1 再将分度盘锁紧，以便对另一工位的孔进行加工。

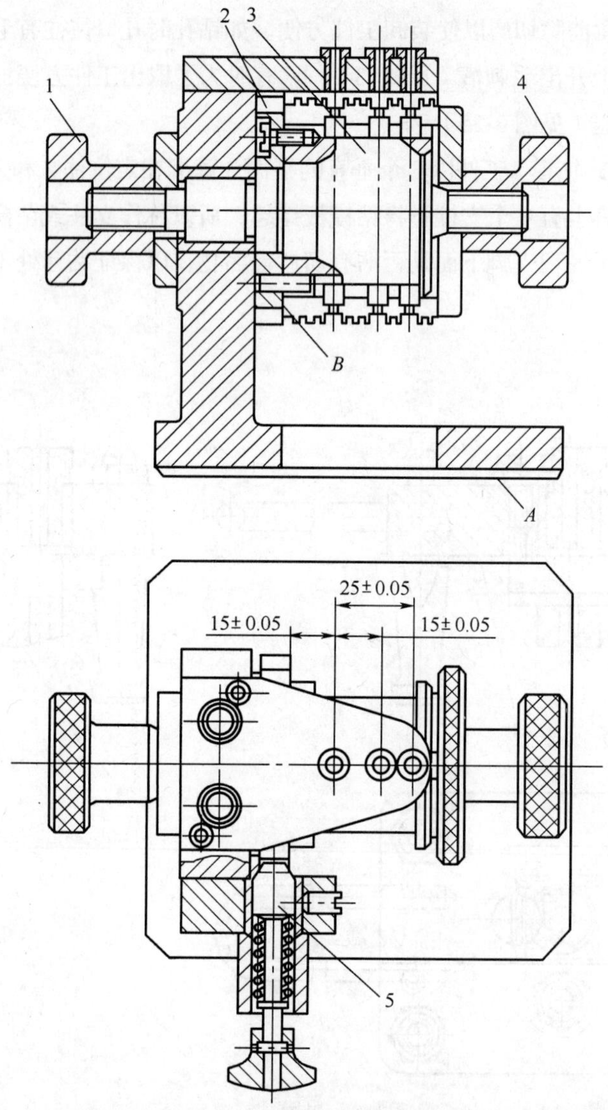

1—螺母；2—定位环；3—定位销； 4—螺母；5—分度销

图3-26　带分度装置的回转式钻模

图 3-27 所示是按钻套变更工位的回转式钻模，用于加工锥面上的 60 个孔。工件是以外圆、端面及一个小孔为基准面在定位环 2、支承钉 1（8 个支承钉组成的平面）和菱形销 3 上定位。钻模板 4 上有两圈钻套，其数目与被加工孔数相同，其分布和被加工孔的位置一致。工件定位夹紧后，将钻模板放在转盘 7 上，用转盘 7 上的一个圆柱销和一个菱形销定位（图中未画出），然后用螺钉（件 5、6）紧固。

⑤ 滑柱式钻模。滑柱式钻模的结构已通用化和规格化了，所以可简化设计工作，加之这种钻模不必使用单独的夹紧装置，操作迅速，所以在生产中使用较广。

图 3-28 为手动的滑柱式钻模，它用来钻、扩、铰工件上的 ϕ20H8 孔。工件以外圆端面、底

面及后侧面分别放在定位圆锥 9 和两个可调定位支承钉 2 及圆柱销 3 上定位，这些定位元件都安装在底座 1 上，然后手柄通过齿轮齿条机构，使滑柱带动钻模下降，两个压柱 4 就把工件夹紧。压柱装在压柱体 5 的孔中，压柱体与钻模板用内六角螺钉连接，内腔填充塑料液，并用螺塞 6 封住，以达到两个压柱的压力平衡。刀具依次从钻模板上衬套 8 的快换钻套 7 中通过，就可以钻、扩、铰孔。1—9 各元件是专门设计制造的，钻模板也须作相应的加工，其他件为滑柱钻模通用结构。当加工小孔时，可采用双滑柱的型式，只用一根滑柱导向，另一根带齿条的滑柱用于传动，以简化钻模结构。

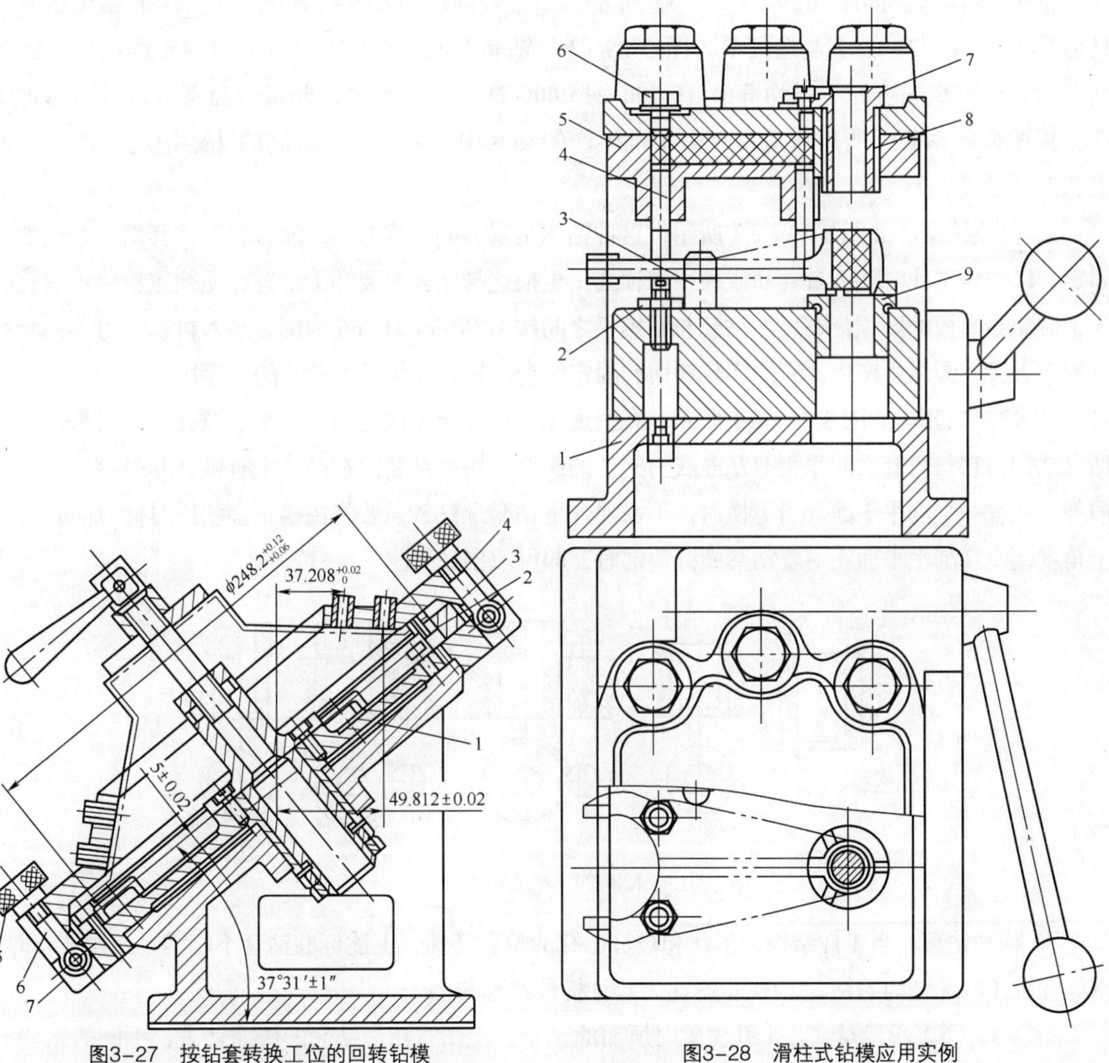

图3-27　按钻套转换工位的回转钻模

图3-28　滑柱式钻模应用实例

在使用这类钻模时，值得特别注意的是滑柱的配合间隙（常用的配合是 H7/g6、H7/f6）会对所钻孔的垂直度及其位置尺寸精度有所影响，在设计时应该适当给予控制，应在保证滑柱能滑动自如条件下尽可能地减小滑柱与导向孔的配合间隙。

2. 钻模的结构和设计

（1）钻模的结构。钻套是钻床夹具所特有的元件。钻套用来引导钻头、扩孔钻、镗刀等孔加工刀具，加强刀具刚性，并保证所加工的孔和工件其他表面准确的相对位置。用钻套比不用钻套可以平均减少孔径误差 50%。因此，钻套的选用和设计是否正确，不仅影响工件质量，而且也影响生产率。钻套的结构、尺寸已标准化，可参阅国标《机床夹具零件及部件》中的 GB 2262—80～GB 2265—80。

钻套按其结构和使用特点可分为以下 4 种类型。

① 固定钻套。如图 3-29（a）、（b）所示，钻套外圆以 H7/r6 或 H7/n6 配合压入钻模板或夹具体孔中。图 3-29（a）制造简单，图 3-29（b）钻套端面可用作刀具进刀时的定程挡块。固定钻套磨损到一定限度时（平均寿命 10 000～15 000 次）必须更换，即将钻套压出，重新修正座孔，再配换新钻套，所以它适用于中小批生产的夹具中，它能保证较高的孔距精度，特别是加工孔距小的孔。

② 可换钻套。如图 3-29（c）所示，这种钻套是以 H6/g5 或 H7/g6 配合装入衬套内，并用螺钉固定，以防止工作时随刀具转动或被切屑顶出，更换这种钻套时要卸下螺钉，无须重新修正座孔，为了避免钻模板的磨损，在可换钻套与钻模板之间按 H7/r6 或 H7/n6 的配合装入衬套。可换钻套可以用于大批或大量生产中，它的实际功用和固定钻套一样，仅供单纯钻孔的工序用。

③ 快换钻套。如图 3-29（d）所示，在一道工序中需要依次进行钻、扩、镗孔时，可采用快换钻套结构，它与衬套之间采用 H7/g6 或 H6/g5 的配合。快换钻套除在凸缘上有供钻套螺钉压紧的台肩外，还有一个削平平面。当更换时，不需要拧下钻套螺钉，只要将快换钻套朝逆时针方向转过一个角度，使其削平平面正对着钻套螺钉头部时，即可取出钻套。

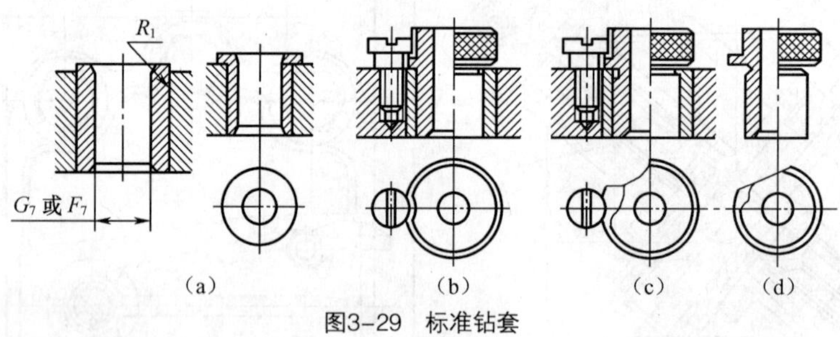

图3-29　标准钻套

④ 特种钻套。当工件结构、形状和被加工孔的位置特殊，上述标准钻套不能满足使用要求时，则需要设计特殊结构的钻套，图 3-30 即为几种特种钻套的例子。

图 3-30（a）所示是在几个孔位置时所用的钻套，上图将相邻钻套的侧面切去，下图的钻套上有 8 个孔，钻模凸肩上有一槽，用销子嵌入槽中以定其角向位置。图 3-30（b）为在工件的圆面及斜面上钻孔的钻套。图 3-30（c）则是在工件凹腔内钻孔用的钻套，装卸工件时钻套可以提起，为了减少摩擦，此钻套上部分孔径加大，以减小与刀具接触长度。图 3-30（d）所示钻套用于加工间断孔，中间钻套可防止刀具引偏。

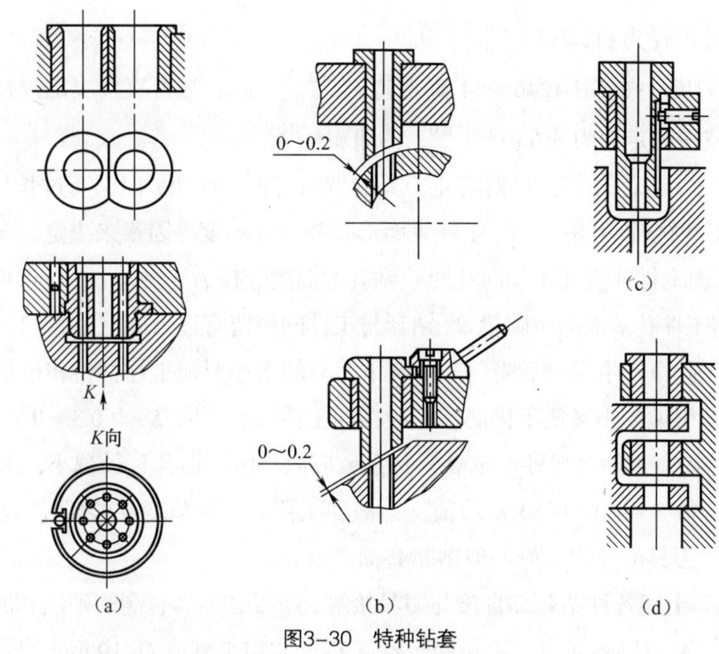

图3-30　特种钻套

（2）钻套的设计。无论哪种钻套，设计时需要确定钻套的内径、高度（与刀具接触的长度）以及钻套底面至加工孔顶面的距离，如图 3-31 所示。

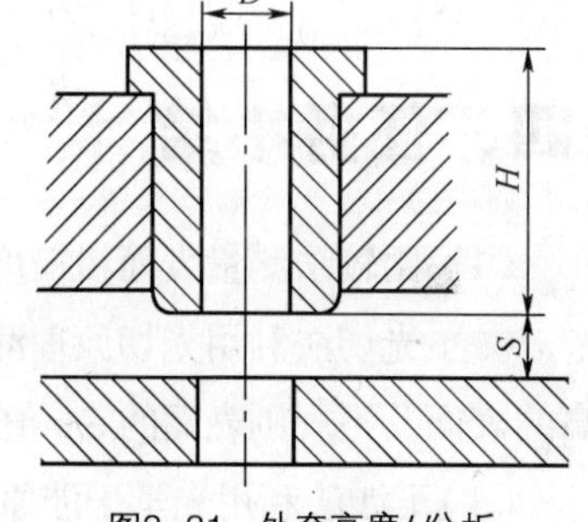

图3-31　外套高度H分析

① 钻套的尺寸及公差与配合的选择。

a. 钻套内径的基本尺寸 D,应等于所引导刀具的最大极限尺寸。

b. 因为钻头、扩孔钻、铰刀都是标准的定尺寸刀具，所以钻套内径与刀具间的配合应按基轴制选定。

c. 钻套内径与刀具之间，应保证一定的配合间隙，以防止刀具使用时发生卡住或咬死，一般根据所用刀具和工件的加工精度要求选取钻套孔的公差。对钻孔和扩孔宜选用 F7；对粗铰孔宜选用 G7；对精铰孔常用 G6。如果钻套引导的不是刀具的切削部分，而是刀具的导柱部分，其配合也可按基孔制的相应配合选取，如 H7/f7、H7/g6、H6/g5 等。

d. 当采用标准铰刀加工 H7（或 H9）孔时，则不必按刀具最大极限尺寸计算。可直接按被加工孔的基本尺寸选取 F7（或 E7）作为钻套孔的基本尺寸与公差，以改善导向精度。

e. 由于标准钻头的最大极限尺寸都是被加工孔的基本尺寸，故用标准钻头时的钻套孔，就只需要按加工孔的基本尺寸取公差为 F7 即可。

例：今加工ϕ16H7 孔，采用钻、扩、铰 3 个工步。先用ϕ15 标准麻花钻钻孔，再用ϕ16 一号扩孔钻扩孔，最后用标准铰刀ϕ16H7 铰孔。试确定各工步所用快换外套内径的尺寸公差。

解：ϕ15 麻花钻的最大极限尺寸即为ϕ15mm，常取规定公差为 F7，故钻孔时用的引导孔内径为$\phi 15\mathrm{F7}\left(\begin{smallmatrix}+0.034\\+0.016\end{smallmatrix}\right)$。

ϕ16 一号扩孔钻尺寸按 GB 1141—84 查得为$\phi 16^{+0.25}_{-0.21}$ mm，即扩孔钻的最大极限尺寸是ϕ15.79mm，

故扩孔时用的引导孔内径为$\phi15.79F7^{+0.034}_{+0.016}$。

$\phi16H7$ 标准铰刀尺寸按 GB 4246—84 查得为$\phi16^{+0.015}_{-0.008}$ mm，故可直接决定铰孔时引导孔内径尺寸为$\phi16F7^{+0.034}_{+0.016}$，或按规定取为$\phi16.015G^{+0.017}_{+0.006}$，即$\phi16^{+0.032}_{+0.021}$ mm。

② 钻套的高度 6。钻套的高度 H 对防止刀具的偏斜有很大作用，但钻套过长其磨损严重。这就要根据孔距精度、工件材料、孔的深度、工件表面形状和刀具刚度等因素来决定。一般常按 H =（1～3）D 选用。若在斜面上钻孔或加工切向孔时，钻套的高度宜按 H =（4～6）D 选取。

③ 钻套底面到工件孔端面的空隙值 S。钻套与工件间应留有适当的空隙 S，其作用是便于排屑，同时也可防止被加工孔口产生毛刺后阻碍工件卸下。S 的大小要视工件材料和被加工孔的位置精度要求而定，其原则是引偏要小又便于排屑。一般在加工铸铁时可取 S =（0.3～0.7）D，加工钢时可取；S =（0.7～1.5）D。工件材料硬度越高，其系数应取小值；钻孔直径越小，系数应取大值。当在斜面上钻孔时，宜按 S =（0～0.2）D 取值。当被加工孔的位置精度要求高时，也可以不留空隙，使 S =0。这样一来，刀具的导引良好，但钻套磨损严重。

④ 钻套的材料。上述各种钻套都直接与刀具接触，所以必须具有高的硬度和耐磨性。钻套的材料一般用 T10A、T12A、CrMn 或 20 钢渗碳淬火，CrMn 常用来制造 D<10 mm 的钻套，而大直径的钻套（D > 25 mm），常采用 20 钢渗碳淬火。钻套在经过热处理后，要求硬度在 60 HRC 以上。由于钻套孔及内外圆的同轴度要求都很高，所以在热处理后，需要进行轮磨或研磨。

四、任务小结

（1）比较法测量表面粗糙度简单易行，但评定结果取决于检测人员的经验。

（2）光切法利用光切原理测量表面粗糙度，主要用于测定 Rz 和 Ry，不适于测量粗糙度要求较高的表面及不规则表面的 Sm 值。

（3）干涉法利用光学干涉原理测量表面粗糙度，干涉法主要用于测量表面粗糙度的 Rz 和 Ry 值，不适于测量非规则表面。

（4）针触法是利用仪器的测针与被测表面相接触，并使测针沿被测表面轻轻滑动来测量表面粗糙度的，它的最大优点是能够直接读出表面粗糙度 Ra 的数值，但测量范围为 0.01~5μm。

测量方向和安装位置，对测量结果的影响非常明显，如果处理不当，会导致测量不准，因此，测量方向一定要垂直于加工纹理的方向；检测位置是否正确，则要从上下、左右不同的方向观察，防止倾斜和损坏测头。

五、思考题与练习

3-1　表面粗糙度影响零件的哪些使用性能？

3-2　取样长度和评定长度有什么区别？

3-3　Ra、Rz、Ry 各个高度评定参数的定义如何？

3-4　S_M和 S 有什么区别?

3-5　最大值与上限值有什么区别?

3-6　最小值与下限值有什么区别?

3-7　标注表面粗糙度代号应注意哪些问题?

3-8　检测表面粗糙度参数的方法有哪些?

3-9　在一般情况下，ϕ40H7 与ϕ6H7 两孔相比，$\phi 40\dfrac{H6}{f5}$ 与$\phi 40\dfrac{H6}{s5}$ 中的两根轴相比，何者应选用较小的粗糙度允许值?

3-10　将下列表面粗糙度的要求标注在图 3-32 上：

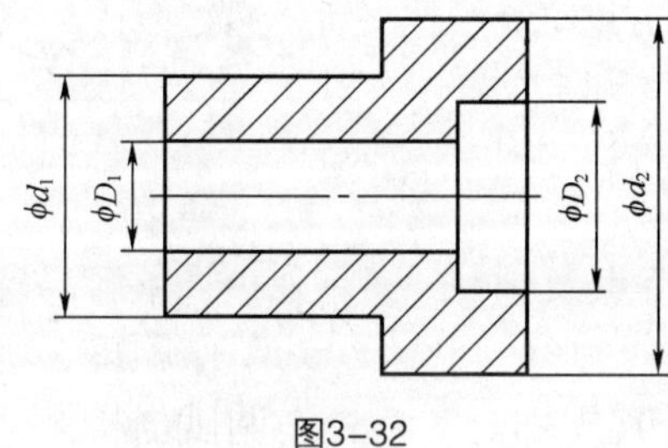

图3-32

① ϕD_1孔的表面粗糙度参数 Ra 的最大值为 3.2μm;

② ϕD_2孔的表面粗糙度参数 Ra 的上、下限值应在 3.2～6.3μm;

③ 凸缘右端面采用铣削加工，表面粗糙度参数 Rz 的上限值为 12.5μm，加工纹理呈近似放射形;

④ ϕd_1 和ϕd_2 圆柱面表面粗糙度参数 Ry 的最大值为 25 μm;

⑤ 其余表面的表面粗糙度参数 Ra 的最大值为 12.5μm。

任务四

锥齿轮减速器的检测

【促成目标】

① 了解减速器的种类、结构特点及适用范围。
② 了解齿轮（组）装配工艺及其规程。
③ 了解滚齿和插齿加工及可能出现的加工误差。
④ 会使用齿厚游标尺测量分度圆弦齿厚。
⑤ 会使用公法线千分尺测量齿轮的公法线长度并正确读数。

【最终目标】

了解减速器的结构，理解减速器的工作原理，能对减速器模型进行装配、调试与检测。在此基础上，了解齿轮公差精度等级以及检验实施规范，并对齿轮装配工艺有所了解。

一、工作任务

通过对本任务“二、基础知识”的学习，认真填写下面的《学习任务单》、《学习报告单一——齿厚游标尺测量分度圆弦齿厚》和《学习报告单二——公法线千分尺测量齿轮的公法线长度》。

1. 认识锥齿轮减速器

（1）结构特点。锥齿轮减速器如图 4-1 所示。电动机与减速器输入轴（齿轮轴）采用联轴器连接，圆锥齿轮副为正交直齿圆锥齿轮副，轴向力由受径向力较小的轴承承受，调整端盖与套杯间的一组垫片即可调整轴承的轴向游隙，故结构简单。轴承工作时承受定向负荷的作用，内圈与轴颈一起转动，外圈相对于负荷静止。

（2）主要参数。

① 电动机转速 n=1 440r/min，功率为 45kW；

② 齿轮副的轴交角为 90°，大小齿轮的齿数分别为 75 和 25，它们的大端模数为 4mm，法向齿形角为 20°，小批量生产；

学习任务单

学习情境	测量齿轮的分度圆弦齿厚和公法线长度	姓名		日期	
学习任务	了解减速器的结构，理解减速器的工作原理，能对减速器模型进行装配、调试与检测	班级		教师	
任务目标	能对减速器模型进行装配、调试与检测，会使用齿厚游标尺测量分度圆弦齿厚以及使用公法线千分尺测量齿轮的公法线长度				
任务要求	能根据不同的检测项目选择合适的检测方法和测量器具				
条件配备	齿厚游标尺、公法线千分尺等				

- 根据提供的资料和老师讲解，学习完成任务必备的理论知识要点

  ① 了解减速器的种类、结构特点及适用范围。

  ② 了解齿轮（组）装配工艺及其规程。

  ③ 了解滚齿和插齿加工及可能出现的加工误差。

  ④ 会使用齿厚游标尺测量分度圆弦齿厚。

  ⑤ 会使用公法线千分尺测量齿轮的公法线长度。

- 根据现场提供的零部件及工具，完成测量项目

  ➡ 掌握齿厚游标尺、公法线千分尺等工具的使用方法。

- 完成任务后，填写《学习报告单一——齿厚游标尺测量分度圆弦齿厚》和《学习报告单二——公法线千分尺测量齿轮的公法线长度》，上交并作为考核依据

③ 输入轴和输出轴上的轴承分别选用 7 310E 和 7 311E 圆锥滚子轴承各一对，前者内径为 50 mm，外径为 110 mm，额定动负荷 C 为 122 000 N；后者内径为 55 mm，外径为 120 mm，C 为 145 000 N，由计算式可求得它们的当量动负荷 P 分别为 1 406 N 和 1 505 N；

④ 小齿轮主要尺寸如下：分度圆直径 d=100 mm，分锥角 δ=18°26′，齿顶圆直径 d_a=107.589mm，外锥距 R=158.114 mm，顶锥角 $\delta_a=19°52'$，根锥角 $\delta_f=16°42'$，齿宽 B≈50mm，中点分度圆直径 d_m=84.19mm，安装距理论尺寸 A=162.704 mm；

⑤ 齿轮的材料为合金渗碳钢，箱体（箱座与箱盖）的材料为铸铁，其工作温度分别为 600℃和 400℃。

2. 选择减速器中 4 处的公差等级和配合

（1）联轴器 1 和输入端轴颈 2。

（2）带轮 8 和输出端轴颈。

（3）小锥齿轮 10 和轴颈。

（4）套杯 4 外径和箱体 6 座孔。

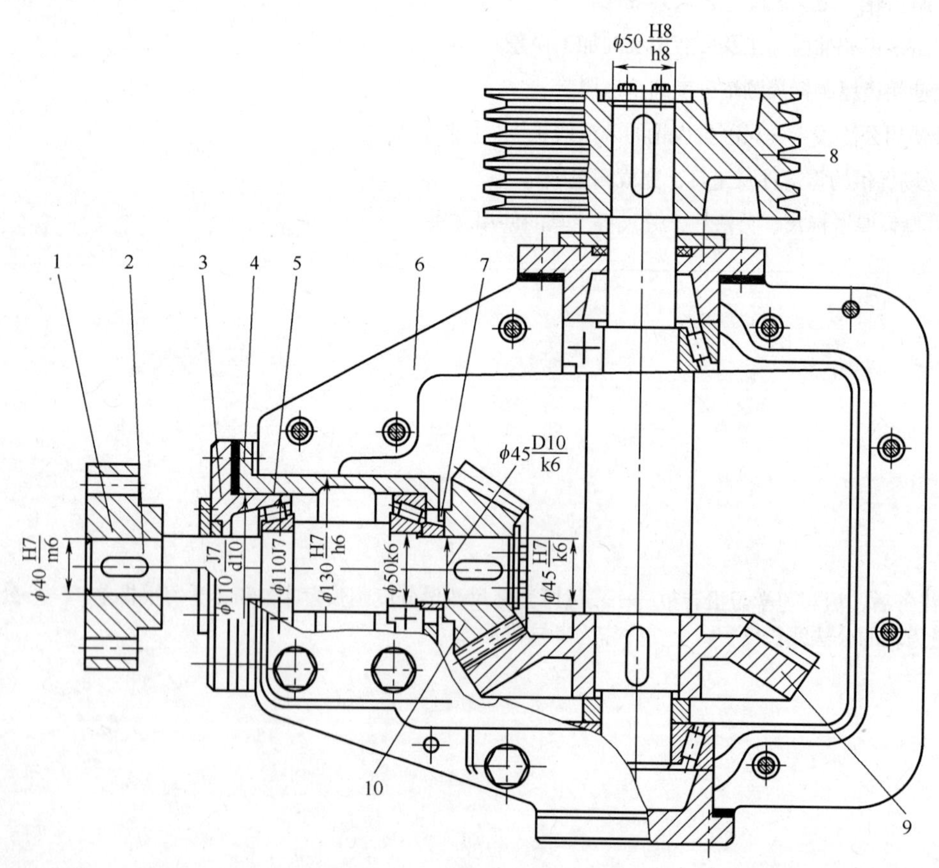

图4-1 锥齿轮减速器

1—联轴器；2—输入端轴颈；3—轴承盖；4—套杯；5—轴承T310；6—箱体；7—隔套；8—带轮；9、10—锥齿轮

3. 测量齿轮分度圆弦齿厚和公法线长度

学习报告单一 ——齿厚游标尺测量分度圆弦齿厚

学习情境		姓名		成 绩	
学习任务	齿厚游标尺测量分度圆弦齿厚	班级		教师	
1. 实训目的：要求和内容 2. 实训主要设备、仪器、工具、材料、工装等 3. 实训步骤（画一张测量简图） 4. 实训记录及数据分析、总结 5. 实训过程中的注意事项，实训后的思考、认识、深化、联想、建议等					

学习报告单二——公法线千分尺测量齿轮的公法线长度

学习情境		姓名		成绩	
学习任务	公法线千分尺测量齿轮的公法线长度	班级		教师	

1. 实训目的：要求和内容

2. 实训主要设备、仪器、工具、材料、工装等

3. 实训步骤（画一张测量简图）

4. 实训记录及数据分析、总结

5. 实训过程中的注意事项，实训后的思考、认识、深化、联想、建议等

二、基础知识

本任务主要通过对减速器结构和工作原理的了解，能对减速器模型进行装配。调试与检测，并能用相应的量具对齿轮误差进行合理的检测。为此必须对齿轮的检测量具、齿轮的装配工艺规程以

及齿轮的互换性要求有所了解，下面介绍其相关内容。

（一）齿厚游标卡尺的使用和识读

1. 使用目的

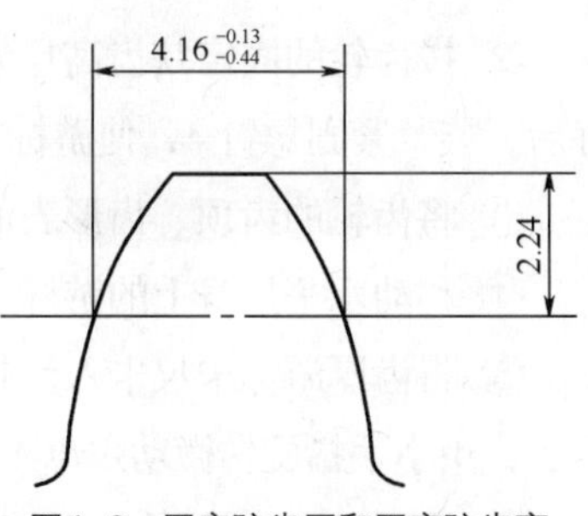

图4-2 固定弦齿厚和固定弦齿高

使用齿厚游标卡尺，可测量齿轮的固定弦$\overline{s_c}=1.5708m\cos^2\alpha$齿厚或分度圆弦齿厚。在齿轮加工过程中，能以此评定工件的齿厚尺寸是否达到图样规定的要求。

在齿轮图样上，固定弦齿厚$\overline{s_c}$和固定弦齿高$\overline{h_c}$的标注形式如图 4-2 所示。图示齿轮的$\overline{h_c}=2.24\text{mm}$，$\overline{s_c}=4.16\text{mm}$。

直齿、斜齿圆柱齿轮的$\overline{s_c}$和$\overline{h_c}$，可按下式计算：

$$\overline{s_c}=1.5708\text{m}\cos^2\alpha$$

$$\overline{h_c}=(1-0.392699\sin 2\alpha)m$$

通常，齿轮的齿形角$\alpha=20°$，所以

$$\overline{s_c}=1.38705\text{ m}$$

$$\overline{h_c}=0.74757m$$

式中：$\overline{s_c}$——齿轮的固定弦齿厚（mm）；

$\overline{h_c}$——齿轮的固定弦齿高（mm）；

m——齿轮的模数（mm）。

2. 识读

齿厚游标卡尺的外形，如图 4-3 所示，它由两个相互垂直的游标卡尺组成。

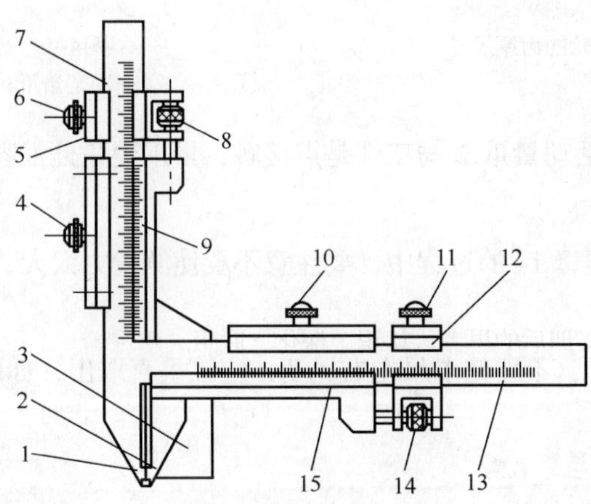

图4-3 齿厚游标卡尺

1—固定量爪；2—活动量爪；3—尺舌；4、6、10、11—紧固螺钉；5、12—微动装置；7—垂直尺身；8、14—微动螺母；9、15—游标；13—水平尺身

由图可见，在垂直尺身 7 与水平尺身 13 上，各带有游标 9 与 15，5 与 12 为微动装置。两个游标的刻度值均为 0.02 mm。因此，它的结构与识读方法，都与 0.02mm 的游标卡尺相似。

3. 使用方法

使用齿厚游标卡尺测量齿轮的固定弦齿厚时，一般按下列顺序进行。

① 使用前，先检查齿厚游标卡尺的零位，以及卡尺各部分的作用是否灵活准确。

② 按齿轮的固定弦齿高尺寸，调整卡尺的垂直游标。调整方法与 0.02mm 游标卡尺相同，调整好后，旋紧紧固螺钉 4，使游标 9 不再移动。

③ 将齿轮的齿顶、齿形表面擦拭干净。

④ 移动水平尺身上的游标 15，使它的零线大致对准固定弦齿厚尺寸；然后，旋紧紧固螺钉 11。

⑤ 将齿厚游标卡尺卡入齿轮齿形。此时，应使固定量爪 1、尺舌 3 紧贴齿轮的齿形及齿顶表面；然后，用小手指旋转微动螺母 14，使活动量爪 2 也紧贴齿轮齿形的另一侧，如图 4-4 所示。

⑥ 取下齿厚游标卡尺，并读出水平游标卡尺上的刻度值，这一刻度值就是齿轮的固定弦齿厚尺寸。

4. 注意事项

（1）测量时，应该注意尺舌 3 是否已紧贴齿轮的齿顶圆，否则将会直接影响测量的准确性。一般紧贴程度用光缝检查。图 4-5 所示是不正确的测量方法，此时，齿顶圆处将透光。

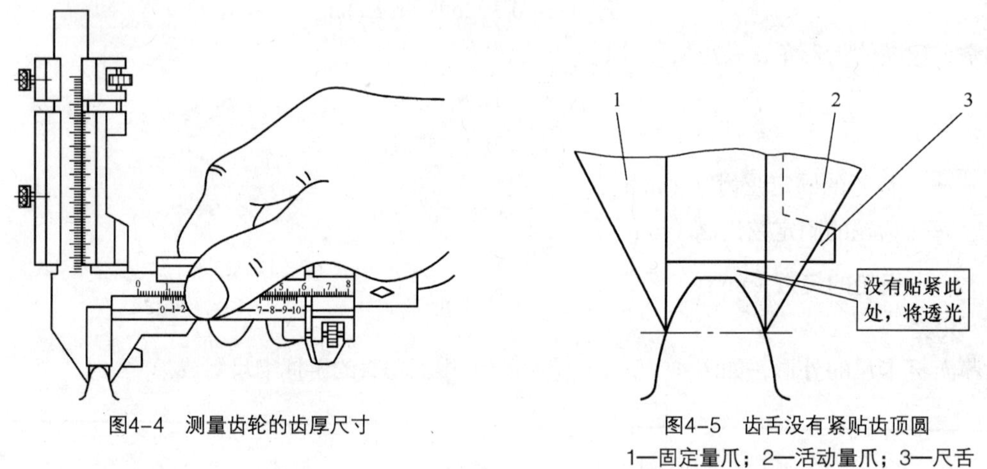

图4-4　测量齿轮的齿厚尺寸

图4-5　齿舌没有紧贴齿顶圆
1—固定量爪；2—活动量爪；3—尺舌

（2）因为固定量爪 1、活动量爪 2 与工件是点接触，量爪尖角处很容易磨损，所以使用卡尺时应注意下列事项。

① 测量时在转动微动螺母 14 的过程中，要注意不要使测量力太大，以防量爪尖角在工件齿面上划出痕迹。

② 从齿面上取下卡尺时，不要使卡尺左右晃动，应该垂直取出，如图 4-6 所示。

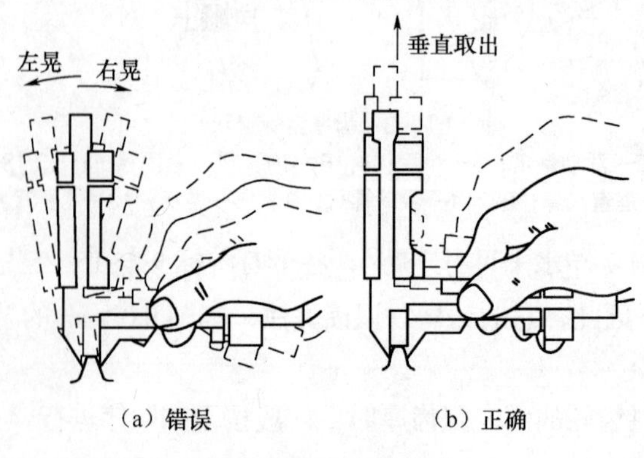

（a）错误　　（b）正确

图4-6　取下卡尺的方法

③ 用齿厚游标卡尺测量齿轮单位齿厚尺寸时，测量结果将受到工件齿顶圆直径误差的影响。为了使测量结果正确，应把齿顶圆直径误差计算在固定弦齿高之内，即按下式计算：

$$\overline{h_c}' = \overline{h_c} - \frac{\Delta d_a}{2}$$

式中：$\overline{h_c}'$ ——垂直游标卡尺的实际调整值（mm）;

$\overline{h_c}$ ——齿轮固定弦齿高尺寸的计算值（mm）;

Δd_a ——齿轮齿顶圆直径的制造误差值（mm），$\Delta d_a = d_a - d_a'$；

d_a ——齿轮齿顶圆直径的公称值（mm）;

d_a' ——齿轮齿顶圆直径的实测值（mm）。

例如，有一直齿圆柱齿轮，模数 m=3mm，齿形角 α=20°，图样上标注的齿顶圆直径 $d_a = 156\text{mm}$。测量固定弦齿厚前，测得的齿顶圆直径 $d_a' = 155.8\text{mm}$，试求齿厚游标卡尺的调整量。

齿轮的固定弦齿厚 $\overline{s_c}$ 和固定弦齿高 $\overline{h_c}$，按下式计算：

$$\overline{s_c} = 1.38705m = 1.38705 \times 3 = 4.16\text{mm}$$

$$\overline{h_c} = 0.74757m = 0.74757 \times 3 = 2.24\text{mm}$$

④ 测量时，固定量爪 1 与活动量爪 2 应按垂直方向与齿轮轮齿接触，如图 4-7 所示。否则，将会造成测量结果不正确。

⑤ 测量一个齿轮，须在每隔 120° 的位置上，隔测一个齿；然后取其偏差最大的一个读数，作为这个齿轮的齿厚实际尺寸。

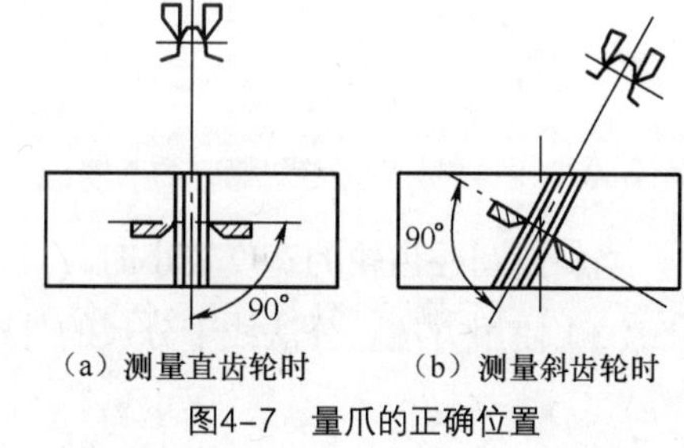

图4-7　量爪的正确位置

最后说明一点，用齿厚游标卡尺测量齿轮的齿厚尺寸，测量精度较低。通常都用测量齿轮的公法线长度来替代，只有在无法测量公法线长度时（例如对于窄斜齿轮、直齿锥齿轮等），才采用这一方法。

5. 保养

（1）在使用过程中，应保护量爪的测量面，不要使它过早磨损。例如，不要用齿厚游标卡尺测量表面粗糙的零件（如铸件表面、粗加工后的表面等），不要使齿厚游标卡尺的量爪尖角在工件齿面上划出痕迹等。

（2）在使用过程中，应防止齿原游标卡尺跌落或磕碰。例如，在使用时，不要将卡尺与其他零杂工具堆放在一起，以防磕碰；放置时，应放在专用木盒里，以防跌落，造成卡尺变形，丧失精度。

（3）应保持尺面清洁，刻度线条清晰。例如，在下班或不使用的时候，应将卡尺擦拭干净，并放置在木盒里；放置处应保持干燥清洁，防潮防锈防磁化。

（二）公法线千分尺的使用和保养

1. 使用

（1）使用目的。使用公法线千分尺测量齿轮的公法线长度是齿轮测量的重要手段之一。同时，也能用来测量齿轮的公法线长度的变动量，并以此评定齿轮的精度等级。

通常，齿轮的公法线长度尺寸及上下偏差，在图样右上方的参数表中都有明确标注。例如标注：卡入 5 齿，公法线长度尺寸为 $41.534_{-0.286}^{-0.001}$。它表示测量该齿轮的公法线长度时，应卡入 5 齿，公法线的平均长度应在 41.248～41.443mm，如图 4-8 所示。

（2）使用条件。前已叙述，在一般的情况下，齿轮的齿厚尺寸都采用公法线千分尺进行测量。但是，对于斜齿圆柱齿轮，若齿轮宽度较小时，就不能采用这一方法，如图 4-9 所示，为此，斜齿轮的宽度 b 应为

$$b \geqslant w\sin\beta + (3 \sim 5)$$

式中：b——斜齿圆柱齿轮的宽度（mm）；

w——公法线长度尺寸（mm）；

β——斜齿圆柱齿轮的螺旋角。

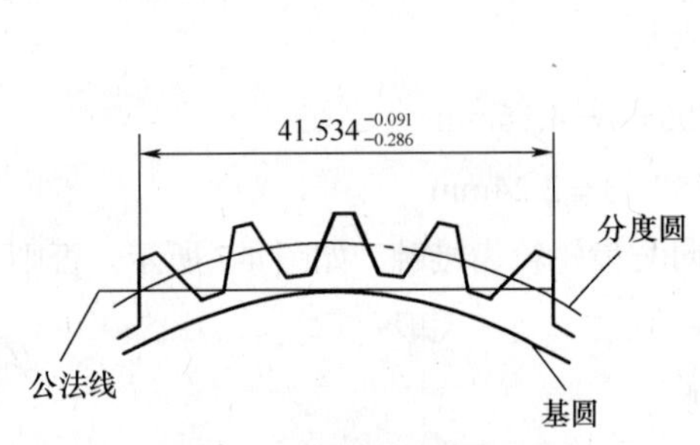

图4-8 齿轮的公法线长度

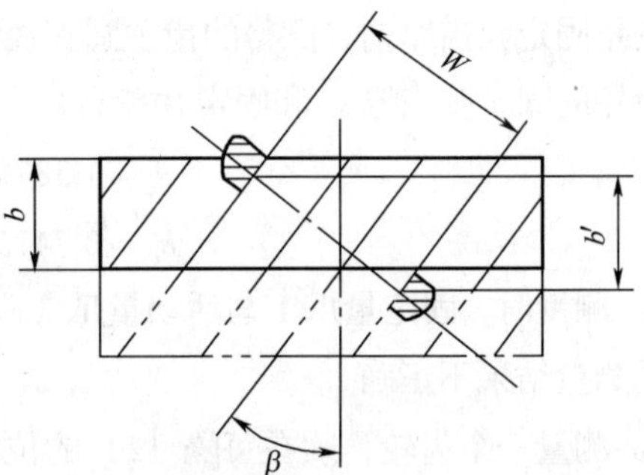

图4-9 测量斜齿圆柱齿轮公法线的条件

当斜齿圆柱齿轮的宽度较小时，只能采用齿厚游标卡尺测量该齿轮的齿厚尺寸。

（3）使用方法。公法线千分尺的外形，如图 4-10 所示。

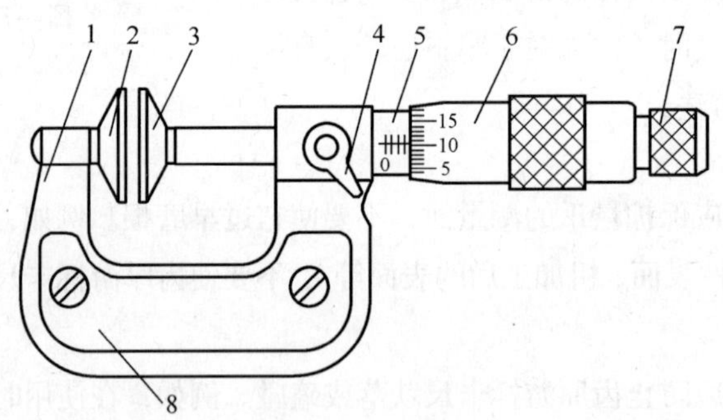

图4-10 公法线千分尺

1—尺架；2—固定测砧；3—活动测砧；4—锁紧装置；
5—固定套管；6—微分筒；7—测力装置；8—隔热装置

图 4-10 中，1 为尺架，尺架内侧的左端是固定测砧 2，右端是活动测砧 3。测量时，两测砧测量面应卡在齿轮 k 个齿的左右齿形之间。

尺架 1 外侧的右端与固定套管 5 相连，它的表面有刻度。微分筒 6 可以转动，它的左侧锥面上也带有刻度。测量时，应转动测力装置 7 使它旋转，此时，活动测砧 3 即能前进或后退。

测量时，当活动测砧 3 与工件齿形相接触后，若再转动测力装置 7，由于内部棘轮装置间的打滑，就会发出咔咔声。这一现象表明测砧与工件间的测量力已足够，应停止转动，并按刻度读数。公法线千分尺上的锁紧装置 4 被锁紧后，活动测砧 3 就固定不动，微分筒 6 也无法转动。图 4-11 所示为测量齿轮公法线长度时的手势。

2．识读

（1）识读方法。公法线千分尺的测量范围有 0～25mm，25～50mm，50～75mm，75～100 mm，100～125mm 等，量程均为 25 mm，应按被测齿轮的公法线长度尺寸选用。

公法线千分尺的识读方法与普通千分尺相似，可分为三步读数，如图 4-12 所示。

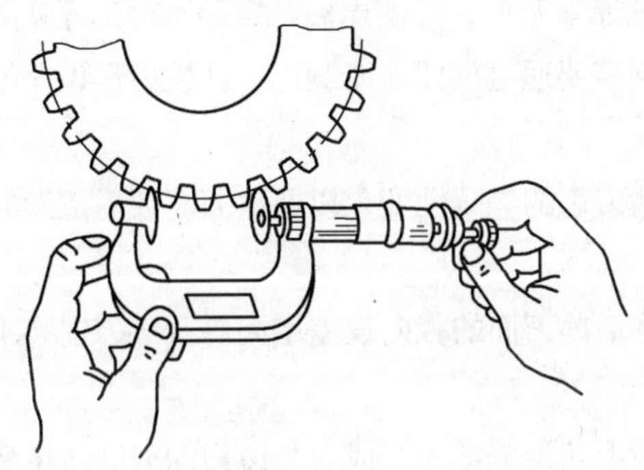
图4-11　测量齿轮公法线长度时的手势

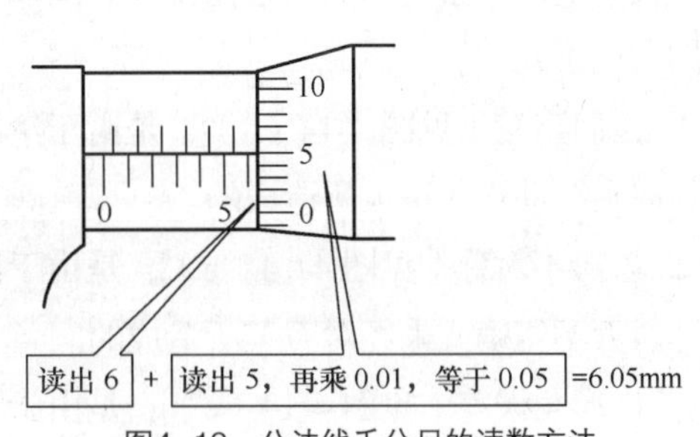

图4-12　公法线千分尺的读数方法

① 看微分筒的边缘在固定套管多少尺寸的后面，并读出这一尺寸值。例如，在图 4-12 中，应读出 6 mm。

② 看微分筒上的哪一格与固定套管上的基准线对齐，并读出这一数值，再乘以 0.01。例如，在图 4-12 中，应读出 5，乘以 0.01 后则为 5 × 0.01=0.05mm。

③ 把两个读数值加起来，作为最后读数。例如，在图 4-12 中，公法线千分尺的测量值为 6+0.05=6.05mm。

（2）识读示例。按照上述方法，识读图 4-13 所列举的示例。

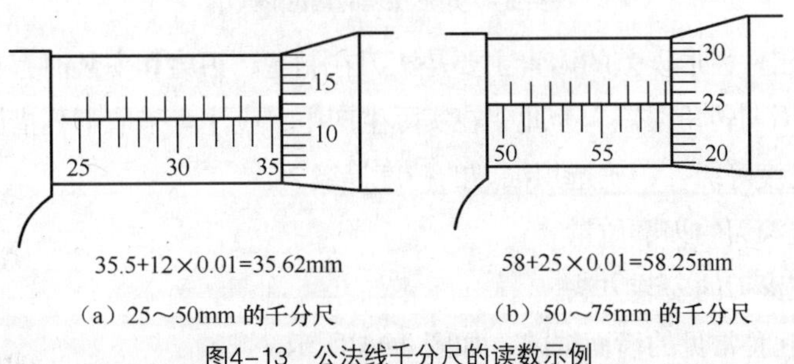

（a）25～50mm 的千分尺　（b）50～75mm 的千分尺

图4-13　公法线千分尺的读数示例

如图 4-13（a）所示，读数应为 35.5+12 × 0.01=35.62 mm。

如图 4-13（b）所示，读数应为 58+25 × 0.01=58.25 mm。

3．注意事项及保养

（1）公法线千分尺的测量面应保持清洁，使用前应注意校准零线。对于 0～25mm 的公法线千分尺，校准零线时，可使两测砧测量面互相接触，然后检查活动套管上的零线是否与基准线对齐；对于 25～50mm 以上的公法线千分尺，可利用量具盒内的标准样棒进行校准。

（2）测量时，可先直接转动微分筒。当测砧测量面接近工件时，改用测力装置，到内部发出咔咔声后，停止转动并读数。

（3）测量时，公法线千分尺要放正，并注意温度影响。

（三）滚齿和插齿加工的质量分析

1. 滚齿加工的质量分析

滚齿加工后，经常出现的加工弊病，主要有以下几种。

（1）齿形误差。几种常见的齿形误差，如图 4-14 所示。其中，齿面出棱、齿形不对称等缺陷通常能直接用肉眼观察到。而齿形角误差、周期误差等则需要通过仪器才能测出。产生齿形误差的主要原因有以下几点。

① 齿面出棱［见图 4-14（a）］，是由于滚刀刃磨后刀齿的等分性变差以及滚刀安装后滚刀的轴向或径向圆跳动误差增大所造成的。

② 齿形不对称［见图 4-14（b）］，是由于滚刀刃磨后前刀面的径向误差增大以及滚刀安装不对中（即对刀不正确或未经对刀）所造成的。

③ 齿形角误差［见图 4-14（c）］，是由于滚刀的齿形角误差增大，或者是滚刀的刃磨质量变差所造成的。此外，滚刀倾斜角调整得不正确，也会产生齿形角误差。

④ 周期性误差［见图 4-14（d）］，是由于滚刀安装后滚刀的轴向或径向圆跳动误差增大以及分齿交换齿轮安装偏心或者齿面有磕碰伤痕所造成的。此外，滚齿机分度蜗杆的轴向或径向圆跳动误差增大，也会产生这一误差。

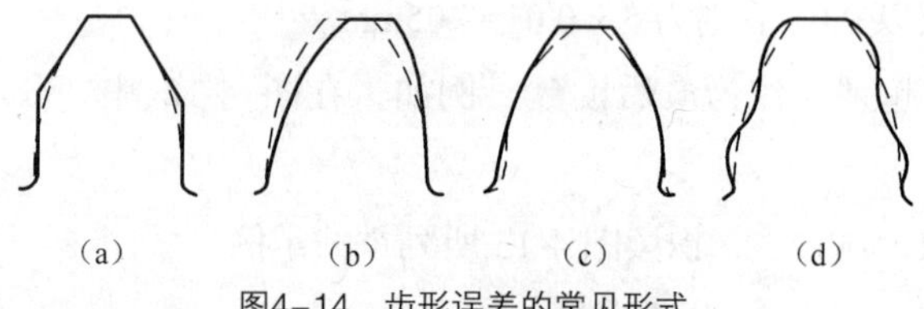

图4-14　齿形误差的常见形式

综上所述，影响工件齿形误差的因素主要是滚刀在制造、刃磨和安装时存在误差，其次是机床工作台回转中存在小周期转角误差。为此，在实际生产中，应注意采取下列措施。

① 根据工件的精度等级，正确选用滚刀的精度等级。

② 应该十分重视滚刀的刃磨质量。

③ 必须正确掌握滚刀的安装方法。

（2）齿面缺陷。几种常见的齿面缺陷，如图 4-15 所示。

滚齿加工后工件齿面粗糙且伴随发生图 4-15 所示的齿面缺陷时，操作者都能用肉眼直接观察到。产生齿面缺陷的主要原因有：

① 撕裂［见图 4-15（a）］，是由于滚刀用钝或黏附积屑瘤，切削用量选用不合理，或者是切削液效能不高所造成的。此外，工件材质不均匀、热处理方法不当也极易引发这一缺陷。

② 啃齿［见图 4-15（b）］，是由于机床在运转过程中的突然因素所造成的。例如，立柱三角导轨与滑板的配合太松，造成滚刀进给突然变化；或者是配合太紧，造成滑板爬行。此外，机床液压系统的油液不清洁，油路不畅通，使油压不能保持稳定，也会造成这一缺陷。

③ 振纹［见图 4-15（c）］，是由于机床在运转过程中的振动现象所造成的。例如，滚刀或工件的装夹刚度差；切削用量选用太大；工件上顶针处有松动，或者是上托架处的配合间隙大等。此外，机床内部某传动环节的间隙大，也会造成这一缺陷。

④ 鱼鳞［见图 4-15（d）］。这一缺陷在滚削经调质处理的钢件齿坯时，若滚刀刃口不锋利，很容易产生。因此，克服这一缺陷的主要途径是改进齿坯的预先热处理方法，与滚齿加工的操作方法关系较小。

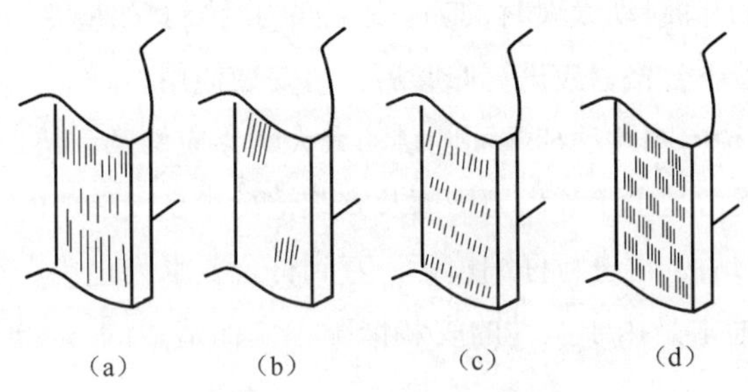

图4-15　齿面缺陷的常见形式

（3）径向误差大。例如工件的齿圈径向跳动误差大，且伴随发生齿距累积误差超差。

产生这一缺陷的原因，主要是由于工件的实际回转中心与工件基准孔（或轴）的中心不重合，即存在偏心（这一偏心称为几何偏心）所造成的。

根据上述原因，在实际生产中，除必须控制齿坯精度外，还必须确保工件及夹具的安装精度，平时应注意夹具的保养。

此外，若机床分度蜗轮的安装存在偏心（这一偏心称为运动偏心），或者是机床分齿传动链的传动误差大，也会造成工件的齿距累积误差超差。这一因素在机床合格的条件下可不予考虑。

（4）齿向误差。工件的齿向误差将直接影响齿面的接触精度，因为工件在吃宽方向的接触精度，主要由齿向精度来保证。

产生齿向误差的原因，主要是由于立柱导轨相对于工件回转轴线存在平行度或歪斜度所造成的。这两者之间，前者涉及机床精度，后者是由于操作不当引起的。在机床合格的条件下，在安装工件及夹具时，若心轴安装歪斜，工件基准端面不平或者圆跳动误差大，垫圈两端面平行度误差大，都会造成这一误差。为此，要求操作者必须掌握正确的钢件安装方法。此外，在滚削斜齿圆柱齿轮时，差动交换齿轮的计算误差大，也会造成工件的齿向误差。

2. 插齿加工的质量分析

（1）公法线长度的变动量超差。通常是由于插齿刀的安装情况不良而引起的。例如，插齿刀安装时的几何偏心太大，或者是刀轴中心线的倾斜度太大等。此时，应仔细检查插齿刀的安装情况，并重新调整和安装插齿刀。

（2）齿距偏差超差。通常是由于精插时的余量过大而造成的。此时，应增加粗插的次数，使精插时的余量较少。

（3）齿距累积误差超差。通常是由于插齿心轴、工件和插齿刀的安装情况不良而造成的。例如，插齿心轴安装时的几何偏心太大，工件安装时的径向圆跳动和端面圆跳动太大，插齿刀安装时的径向圆跳动和端面圆跳动太大等。这一误差可采用下列方法进行解决。

① 当插齿心轴安装时的几何偏心太大时，应拆下插齿心轴，检查插齿心轴的精度，重新安装并进行校正。

② 当工件安装时的径向圆跳动太大时，应检查工件定位内孔和插齿心轴的配合间隙，不能太松。

③ 当工件安装时的端面圆跳动太大时，应检查工件的两端面和垫圈的两端面是否平行，端面上不得有切屑或污物黏着。若不合格，应进行修磨后，再安装使用。

④ 当插齿刀安装时的径向圆跳动和端面圆跳动太大时，应修磨刀垫后，再安装使用。

（4）齿形误差超差。通常是由于插齿刀刃磨及安装情况不良而造成的。此时，应重新修磨插齿刀的前刀面，并装上插齿刀后，再进行仔细校正，直到符合要求为止。

（5）齿向误差超差。通常是由于工件的安装情况不良而造成的。此时，应仔细校正工件的安装精度。

（6）表面粗糙度超差。通常是由于插齿刀的刃磨质量不良、进给量太大、工件安装不牢靠而引起插削振动、切削液太脏或切削液喷嘴位置不正确等原因而造成的。这一误差可采用下列方法进行解决。

① 如果插齿刀的刃磨质量不良，应重新修磨插齿刀的前刀面，并进行严格检查。

② 如果进给量太大，应重新选择适当的进给量，并调整径向进给交换齿轮。

③ 如果工件安装不牢靠，应改进工件的安装形式，提高工件的安装刚度。

④ 如果切削液太脏，应及时调换切削液。

⑤ 如果切削液的喷嘴位置不正确，应注意调整切削液喷嘴的位置，使切削液能够均匀地喷射在插削区域内，流量应充足。

（四）锥齿轮轴组件的装配工艺规程

（1）装配工序及装配工步的划分。通常将整台机器或部件的装配工作分成装配工序和装配工步顺序进行。由一个工人或一组工人在不更换设备或地点的情况下完成的装配工作，叫做装配工序。用同一工具，不改变工作方法，并在固定的位置上连续完成的装配工作，叫做装配工步。在一个装配工序中可包括一个或几个装配工步。部件装配和总装配工序都是由若干个装配工序组成的。

（2）装配工艺规程。装配工艺规程是规定产品或零部件装配工艺过程和操作方法等的工艺文件。执行工艺规程能使生产有条理地进行，能合理使用劳动力和工艺设备，降低成本，能提高劳动生产率。

① 装配单元。为了便于组织装配流水线，使装配工作有秩序地进行，装配时，将产品分

解成独立装配的组件或分组件。编制装配工艺规程时，为了便于分析研究，要将产品划分成若干个装配单元。装配单元是装配中可以进行独立装配的部件。任何一个产品都能分解成若干个装配单元。

② 装配基准件。最先进入装配的零件称为装配基准件。它可以是一个零件，也可以是最低一级的装配单元。

（3）装配单元系统图。表示产品装配单元的划分及其装配顺序的图称为装配单元系统图。图 4-16 所示为圆锥齿轮组件的装配图，它的装配顺序可按图 4-17 所示顺序来进行，而图 4-18 则为其装配单元系统图。

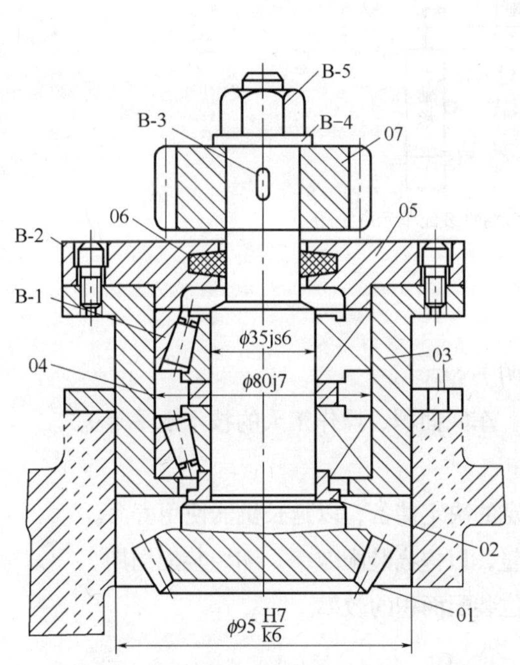

图4-16 锥齿轮轴组件装配图

01—锥齿轮轴；02—衬垫；03—轴承套；04—隔圈；05—轴承盖；06—毛毡圈；07—圆柱齿轮；

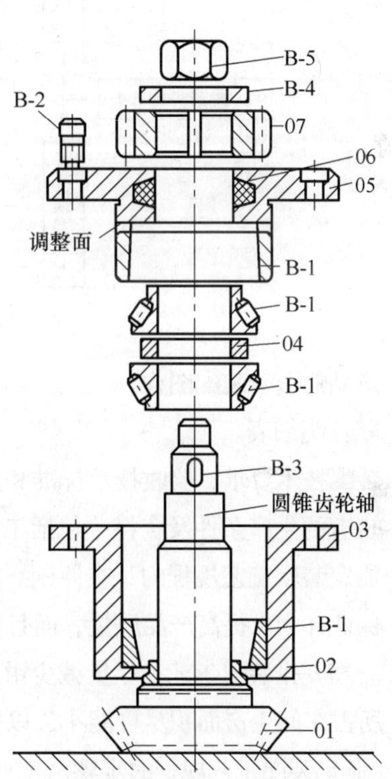

图4-17 锥齿轮轴组件装配顺序

B-1—轴承；B-2—螺钉； B-3—键；B-4—垫圈；B-5—螺母

绘制装配单元系统图时，先画一条横线，在横线左端画出代表基准件的长方格，在横线右端画出代表产品的长方格，然后按装配顺序从左到右将代表直接装到产品上的零件或组件的长方格从水平线引出，零件画在横线上面，组件画在横线下面。用同样方法可把每一组件及分组件的系统图展开并画出。长方格内要注明零件或组件名称、编号和件数（见图 4-18）。

（4）装配工艺规程的制定

① 制定装配工艺应具备的原始条件。

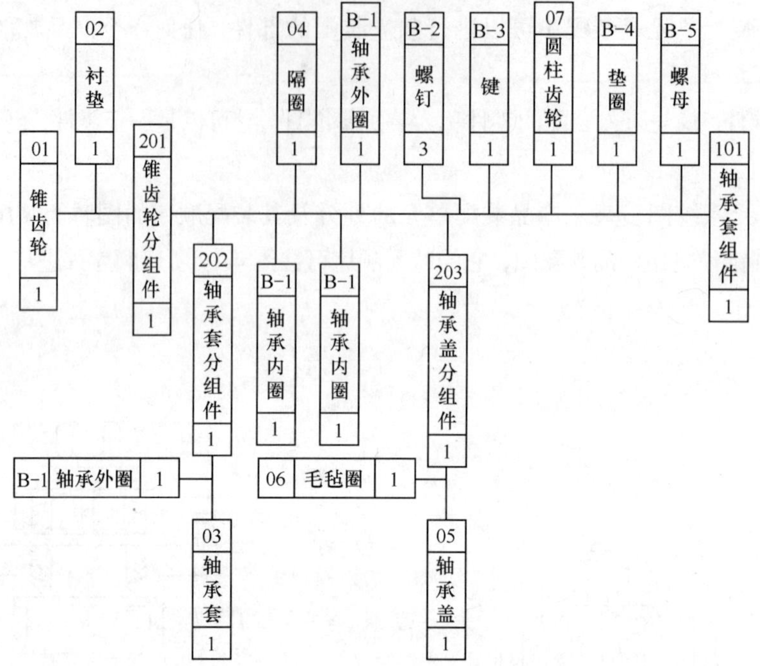

图4-18 锥齿轮轴组件装配单元系统图

a. 产品的全套装配图样。

b. 零件明细表。

c. 装配技术要求、验收技术标准和产品说明书。

d. 现有的生产条件及资料（包括工艺装备、车间面积、操作工人的技术水平等）。

② 制定装配工艺规程的基本原则。

a. 保证并力求提高产品质量，而且要有一定的决定储备，以延长机器使用寿命。

b. 合理安排装配工艺，尽量减少钳工工作量，以提高装配效率，缩短装配周期。

c. 所占车间生产面积尽可能小，以提高单位装配面积的效率。

（5）制定装配工艺规程的步骤。

a. 研究产品的装配图及验收技术标准。

b. 确定产品或部件的装配方法。

c. 分解产品为装配单元，规定合理的装配顺序。

d. 确定装配工序内容、装配规范及工夹具。

e. 编制装配工艺系统图。装配工艺系统图是在装配单元系统图上加注必要的工艺说明（如焊接、配钻、攻丝、铰孔及检验等），较全面地反映装配单元的划分、装配顺序及方法。

f. 确定工艺的时间定额。

g. 编制装配工艺卡。

（6）锥齿轮轴组件装配工艺规程训练项目见表 4-1。

表 4-1　　锥齿轮轴组件装配工艺规程

装配目标：通过本实践操作后，应能够： 1．学会编制产品的装配工艺规程 2．学会圆锥滚子轴承的装配方法 备注：		工具与量具： • 压力机　• 开口扳手 • 塞尺　• 内六角扳手 • 塑料锤
操作步骤	标准操作	解 释
工作准备	熟悉任务	图纸和零件清单
		装配任务
	初检	检查文件和零件的完备情况
	选择工、量具	见工、量具列表
	整理工作场地	选择工作场地
		备齐工具和材料
	清洗	用清洁布清洗零件
装配衬垫（02）	定位	将衬垫套装在锥齿轮轴上
装配毛毡圈（06）	定位	将已剪好的毛毡圈塞入轴承盖槽内
装配轴承外圈（B-1）	润滑	在配合面上涂上润滑油
	压入	以轴承套为基准，将轴承外圈压入孔内至底面
装配轴承套（03）	定位	以锥齿轮轴组件为基准，将轴承套分组件套装在轴上
装配轴承内圈（B-1）	润滑	在配合面上涂上润滑油
	压入	将轴承内圈压装在轴上，并紧贴衬垫（02）
装配隔圈（04）	定位	将隔圈（04）装在轴上
装配轴承内圈（B-1）	润滑	在配合面上涂上润滑油
	压入	将另一轴承内圈压装在轴上，直至与隔圈接触
装配轴承外圈（B-1）	润滑	在轴承外圈涂油
	压入	将轴承外圈压至轴承套内
装配轴承盖（05）	定位	将轴承盖放置在轴承套上
	紧固	用手拧紧 3 个螺钉（B-2）
	调整	调整端面的高度，使轴承间隙符合要求
	固定	用内六角扳手拧紧 3 个螺钉（B-2）
装配圆柱齿轮（07）	压入	将键（B～3）压入锥齿轮轴键槽内
	压入	将圆柱齿轮压至轴肩
	检查	用塞尺检查齿轮与轴肩的接触情况
	定位	套装垫圈（B-4）
	紧固	用手拧紧螺母（B-5）
	固定	用扳手拧紧螺母（B–5）
检查	最后检查	检查锥齿轮转动的灵活性及轴向窜动

三、拓展知识——圆柱齿轮传动的互换性

（一）齿轮的使用要求及 3 个公差组

齿轮工作图及其应用情况，如图 4-19 所示。

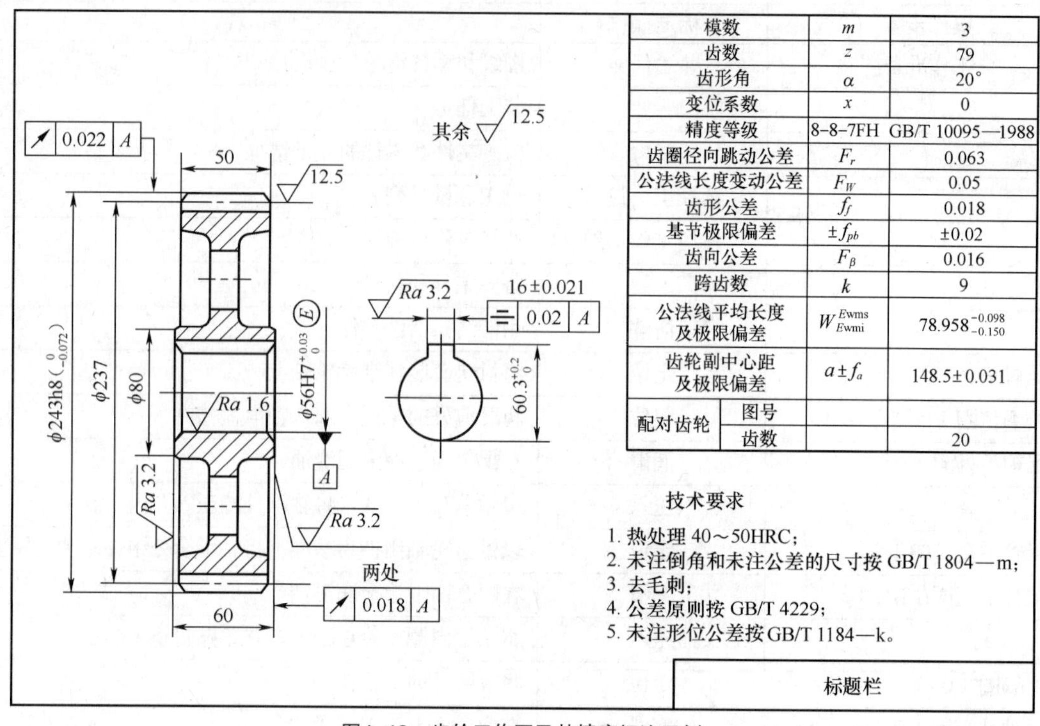

模数		m	3
齿数		z	79
齿形角		α	20°
变位系数		x	0
精度等级		8-8-7FH	GB/T 10095—1988
齿圈径向跳动公差		F_r	0.063
公法线长度变动公差		F_W	0.05
齿形公差		f_f	0.018
基节极限偏差		$\pm f_{pb}$	±0.02
齿向公差		F_β	0.016
跨齿数		k	9
公法线平均长度及极限偏差		W_{Ewmi}^{Ewms}	$78.958_{-0.150}^{-0.098}$
齿轮副中心距及极限偏差		$a\pm f_a$	148.5±0.031
配对齿轮	图号		
	齿数		20

图4-19　齿轮工作图及其精度标注示例

齿轮工作图说明如下。

- 齿轮的精度等级 8-8-7FH：8 表示第一公差组和第二公差组的精度等级，7 表示第三公差组的精度等级，F 表示齿厚上偏差，H 表示齿厚下偏差。
- 齿圈径向跳动公差 F_r 和公法线长度变动公差 F_w 为第一公差组的检验组，是用来评定齿轮传递运动准确性的指标；齿形公差 f_f 和基节极限偏差 $\pm f_{pb}$ 为第二公差组的检验组，是用来评定齿轮传动平稳性的指标；齿向公差 F_β 为第三公差组的检验组，是用来评定载荷分布均匀性的指标。
- 公法线平均长度偏差 W_{Ewmi}^{Ewms} 是反映齿轮传动侧隙合理性的评定指标；齿轮副中心距及极限偏差 $a\pm f_a$ 是反映齿轮副安装误差的评定指标。

齿轮的应用情况如下。

齿轮传动在机器和仪器中应用极为广泛，是一种重要的机械传动形式，通常用来传递运动或动力。随着生产技术的迅速发展，要求齿轮传动的功率越来越大，转速也越来越高，还要求传动工作可靠，噪声小，使用寿命长。因此，对齿轮传动装置的制造精度和装配精度，特别是齿轮的制造精度，提出了更高的要求。为了保证齿轮的制造精度，就要规定相应的公差，并进行合理的检测。

1. 齿轮传动的使用要求

（1）齿轮传动按照用途主要分为 3 种类型：传动齿轮、动力齿轮和分度齿轮。不同的齿轮传动对齿轮的要求也不同，但主要有以下 4 项。

- 传递运动的准确性。要求齿轮在一转范围内，被动轮转角 φ_1 应等于主动轮转角 φ_2。若产生的最大转角误差（$\Delta\varphi=\varphi_2-\varphi_1$），要限制在一定的范围内，这种最大转角误差又称为长周期误差。

- 传动运动的平稳性。要求齿轮在任一瞬时传动比（瞬时转角）的变化不要过大，否则会引起冲击、噪声和振动，严重时会损坏齿轮。为此，齿轮一齿转角的最大误差需要限制在一定的范围内，这种误差又称为短周期误差。

- 载荷分布的均匀性。若齿面上的载荷分布不均匀，将会导致齿面接触不好，而产生应力集中，引起磨损、点蚀或轮齿折断，严重影响齿轮使用寿命。

- 传动侧隙的合理性。在齿轮传动中，为了储存润滑油，补偿齿轮的受力变形、受热变形以及制造和安装的误差，对齿轮啮合的非工作面应留有一定的侧隙，否则会出现卡死或烧伤现象；但侧隙又不能过大，否则对经常正反转的齿轮会产生空程和引起换向冲击。因此，侧隙必须合理确定。

（2）为了保证齿轮传动的良好工作性能，对上述的 4 个方面均有一定的要求。但是各类不同用途和不同工作条件的齿轮传动对上述使用要求也有所侧重，具体如下。

- 分度齿轮。如机床分度盘机构中的齿轮、齿轮加工机床中分度链的齿轮，其特点是传递功率小、转速低、传递运动准确，主要要求传动运动的准确性。

- 高速动力齿轮。如汽轮机减速的齿轮，汽车、机床变速箱中的齿轮，其特点是圆周速度高、传递功率大，主要要求传动平稳性。

- 低速重载齿轮。如轧钢机、矿山机械、起重机等重型机械上的齿轮，其特点是功率大、转速低，主要要求承载均匀性。

对各类齿轮均要求具有一定的传动侧隙。

2. 控制齿轮各项误差的 3 个公差组

根据加工后齿轮各项误差对齿轮传动使用性能的主要影响，划分了 3 个公差组，分别控制齿轮的各项加工误差。第Ⅰ公差组为控制影响传递运动准确性的误差，第Ⅱ公差组为控制影响传动平稳性的误差，第Ⅲ公差组为控制影响载荷分布均匀性的误差，任务 2 分别介绍各组齿轮误差的评定指标和检测方法。

（二）单个齿轮的评定指标及其检测

1. 影响运动准确性的误差项目

对影响齿轮传递运动准确性的误差，规定了 5 个评定参数，并将限制这 5 项加工误差的项目称为第Ⅰ公差组。这 5 个评定参数分别如下。

（1）切向综合误差。切向综合误差 $\Delta F_i'$ 是指被测齿轮与理想精确的测量齿轮单面啮合检验时，在被测齿轮一转内，实际转角与公称转角之差的总幅度值，以分度圆弧长计值。

齿轮的切向综合误差反映了齿轮一转的转角误差，说明齿轮运动的不均匀性，在一转过程中，其转速忽快忽慢，作周期性的变化。由于测量切向综合误差时被测齿轮与测量齿轮单面啮合（无载荷），接近于齿轮传动的工作状态，综合反映了长周期误差和短周期误差对齿轮转角误差综合影响的结果，所以切向综合误差是评定齿轮运动准确性的较好参数。由于切向综合误差是在单啮仪上进行测量的，所以仅限于评定高精度的齿轮。

单啮仪的基本原理是在仪器上利用测量元件与被测齿轮构成单面啮合的实际转动所产生的实际转角，同标准齿轮构成标准传动的装置所产生的理论转角进行比较，然后用记录装置将转角误差以切向综合误差曲线的形式表示出来。单啮仪的种类有机械式、光栅式、电磁分度式等。

机械式齿轮单啮仪的工作原理如图 4-20（a）所示。被测齿轮 1 与作为测量基准的理想精确测量齿轮 2 在公称中心距下形成单面啮合齿轮副的传动。直径分别等于齿轮 1 和齿轮 2 分度圆直径的精密摩擦盘 3 和 4 作纯滚动形成标准传动。若被测齿轮 1 没有误差，则其转轴 6 与圆盘 4 同步回转，传感器 7 无信号输出。若被测齿轮 1 有误差，则转轴 6 与圆盘不同步，两者产生的相对转角误差由传感器 7 经放大器传至记录仪，便可画出一条连续的齿轮转角误差曲线，如图 4-20（b）所示，该曲线称为切向误差曲线，$\Delta F_i'$ 是这条误差曲线的最大幅值。

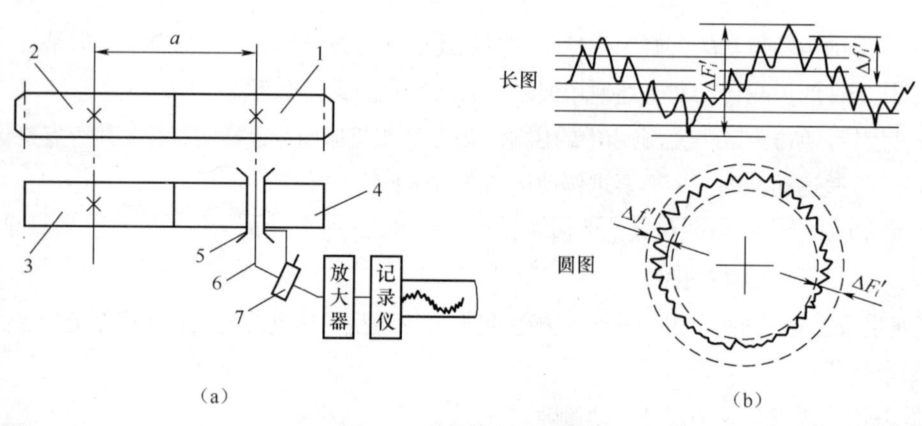

图4-20　单面啮合综合测量

（2）齿距累积误差和 k 个齿距累积误差。齿距累积误差ΔF_p 是指在分度圆上，任意两个同侧齿面间的实际弧长与公称弧长的最大差值，即最大齿距累积偏差（$\Delta F_{p\max}$）与最小齿距累积偏差（$\Delta F_{p\min}$）的代数差，如图 4-21（a）所示。

k 个齿距累积误差ΔF_{pk} 是指在分度圆上，任意 k 个齿距间的实际弧长与公称弧长的最大差值。k 为 2～z/2 的整数。

齿轮在加工中不可避免地要发生几何偏心（例如在滚齿加工时，因毛坯配合孔与安装的心轴之间有间隙）和运动偏心（例如机床分度蜗轮加工误差及滚刀的安装偏心误差），从而使齿轮齿距不均匀，产生齿距累积误差。ΔF_p 通常用相对法测量，允许在齿高中部测量。必要时还应控制齿轮 k 个齿距累积误差ΔF_{pk}。

齿距累积误差能反映齿轮一转中偏心误差引起的转角误差，故ΔF_p 可代替 $\Delta F_i'$ 作为评定齿轮运

动准确性的项目。但两者是有差别的，ΔF_p 是沿着与基准孔同心的圆周上逐齿测得（每齿测一点）的折线状误差曲线［见图 4-21（b）］，它是有限点的误差，不能反映任意两点间转动比的变化情况；而 $\Delta F_i'$ 却是被测齿轮与测量齿轮在单面啮合连续运转中测得的一条连续记录误差曲线［见图 4-20（b）］，它反映齿轮瞬间转动比变化，其测量时的运动情况与工作情况相近。

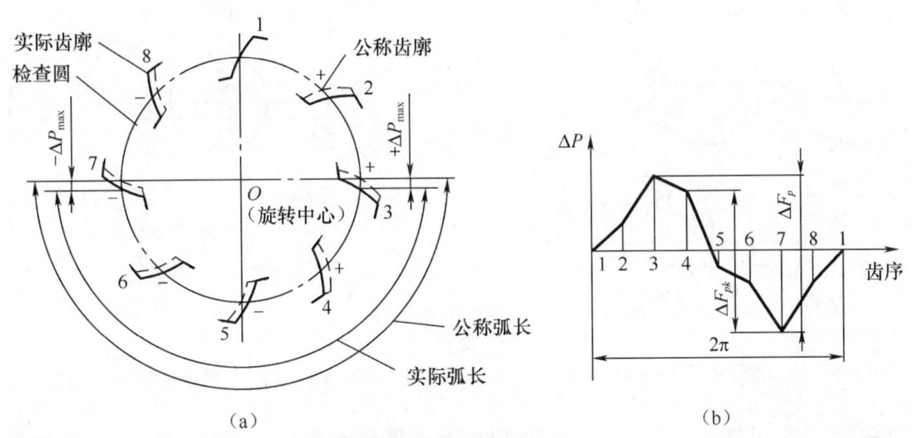

图4-21 齿距累积误差

齿距累积误差ΔF_p 和 k 个齿距累积误差ΔF_{pk} 常用齿距仪、万能测齿仪、光学分度头等仪器进行测量。测量方法可分为绝对测量和相对测量，其中以相对测量应用最广，中等模数的齿轮多采用这种方法。

相对测量是以齿轮上任意一齿距为基准，把仪器指示表调整为 0，然后依次测出其余各齿距相对基准的误差（$\Delta f_{pt\ 相对}$），最后通过数据处理求出齿距累积误差ΔF_p 和齿距偏差Δf_{pt}。按其定位基准的不同，相对测量又可分为以齿顶圆、以齿根圆和以齿轮孔为定位基准 3 种。

图 4-22 所示为使用齿距仪测量齿距的工作原理。测量时，先将固定量爪 5 经过调整大致固定于仪器刻线上的一个齿距值上，然后通过调整定位支角 1 和 3，使固定量爪 5 和活动量爪 4 同时与相邻两同侧的齿面接触于分度圆上。齿距的数值变化情况，通过活动量爪 4 和千分表 2，由指示表上的指针表示出来。

（3）齿圈径向跳动。齿圈径向跳动ΔF_r 是指在齿轮一转范围内，测头在齿槽内与齿高中部双面接触，测头相对于齿轮轴线的最大变动量（见图 4-23）。该测量方法是以齿轮孔为基准，测头依次放入各齿槽内，在指示表上读出测头径向位置的最大变化量即为ΔF_r。

ΔF_r 主要由几何偏心引起，由于齿坯孔与心轴间有间隙，产生一偏心量 e，它是以齿轮一转为周期，故称长周期误差，属径向误差。

当齿轮具有几何偏心时，与孔同轴线的圆上的齿距或齿厚是不均匀的，远离轴线 OO′一边的齿距变长（$r+e$），靠近 OO′一边的则变短（$r-e$），从而引起齿距累积误差，并使齿轮传动过程中的侧隙发生变化。当齿轮装配在传动轴上时，若孔与轴之间有间隙，也可能产生几何偏心，其影响与前者相同。

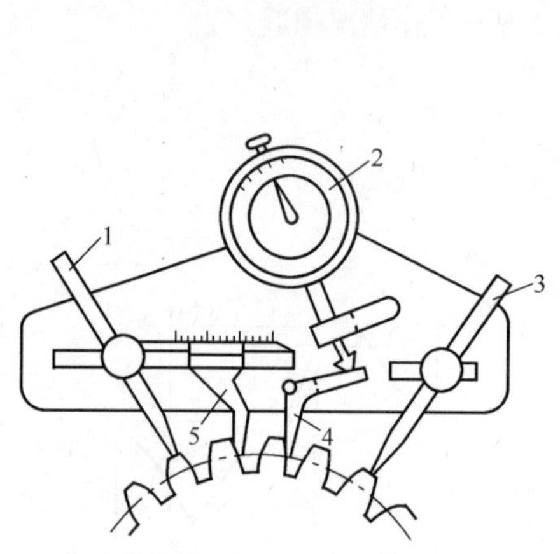

图4-22 用齿距仪测量齿距累积误差

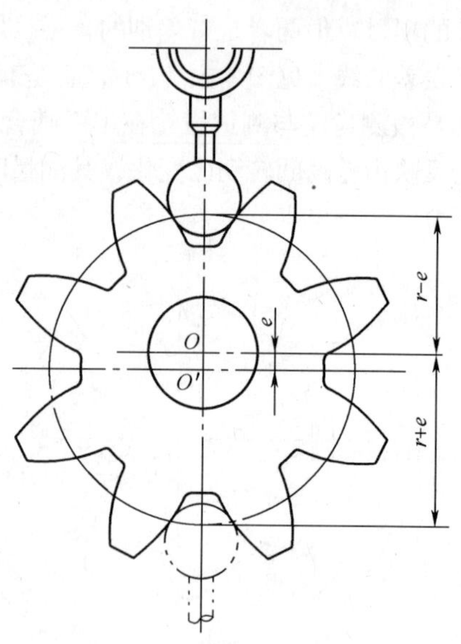

图4-23 齿圈径向跳动

齿圈径向跳动ΔF_r可在齿圈径向跳动检查仪或普通偏摆检查仪上测量，图 4-24 所示是齿圈径向跳动检查仪，测量时以齿轮基准孔定位，将被测齿轮的基准孔装在心轴上，心轴支承在仪器的两顶尖之间。把百分表测杆上的专用测量头（可以是球、圆锥或 V 锥形槽等，见图 4-24（b））与齿轮的齿高中部相接触，依次进行测量。在齿轮一转范围内，指示表最大读数与最小读数之差，即为被测齿轮的ΔF_r。

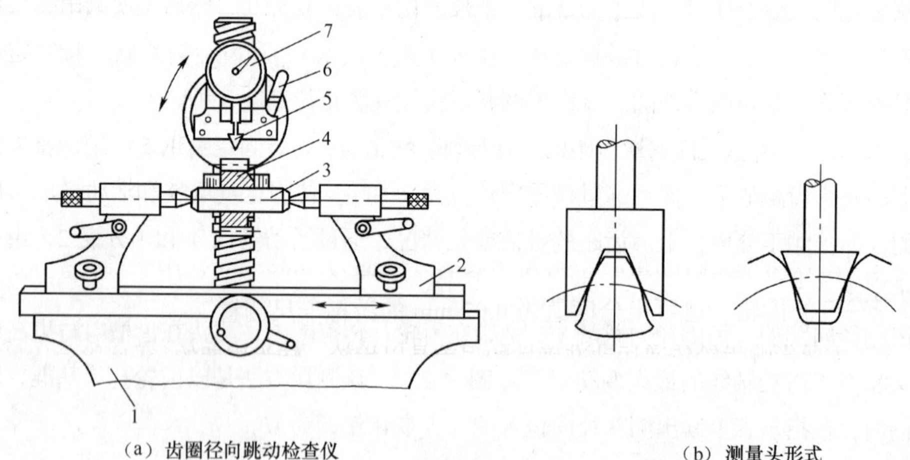

（a）齿圈径向跳动检查仪　　（b）测量头形式

图4-24 齿圈径向跳动测量

1—底座；2—顶尖座；3—心轴；4—被测齿轮；5—测量头；6—指示表提升手柄；7—指示表

（4）径向综合误差。径向综合误差$\Delta F_i''$是指被测齿轮与理想精确的测量齿轮双面啮合时，在被测齿轮一转内，双啮中心距的最大变动量，如图 4-25（b）所示。该误差是在齿轮双面啮合综合检测仪上测量的，若齿轮存在径向误差（如几何偏心）及短周期误差（如齿形误差、基节偏差等），则齿轮与测量齿轮双面啮合的中心距会产生变化。

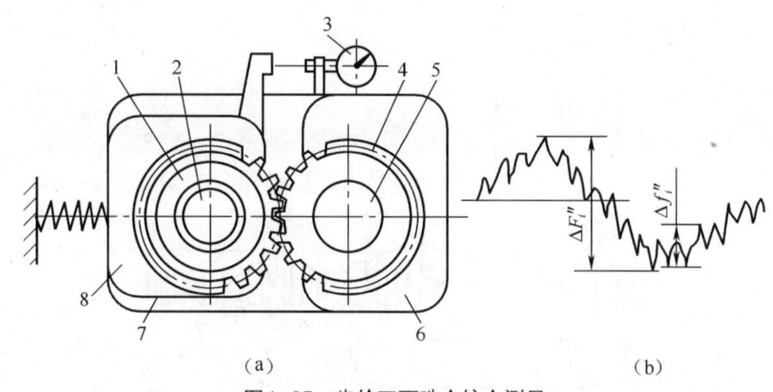

图4-25　齿轮双面啮合综合测量

1—测量齿轮；2、5—心轴；3—指示表；4—被测齿轮；6—固定滑板；7—底座；8—移动滑板

$\Delta F_i''$ 主要反映径向误差，其性质与齿圈径向跳动基本相同，测量时相当于用精确齿轮的轮齿代替测量ΔF_r的测头，且均为双面接触。由于检查 $\Delta F_i''$ 比检查ΔF_r的效率高，并且能够得到一条连续的误差曲线，所以成批生产时常用 $\Delta F_i''$ 作为第Ⅰ公差组的检测项目。

径向综合误差 $\Delta F_i''$ 采用齿轮双面啮合综合检查仪测量，其工作原理如图 4-25（a）所示。测量时，将被测齿轮与测量齿轮分别安装在双面啮合检测仪的两平行心轴上，并借助弹簧力作用，使两轮保持双面紧密啮合，被测齿轮一转中指示表的最大读数差值即为 $\Delta F_i''$ 。

（5）公法线长度变动。公法线长度变动ΔF_w是指在齿轮一转范围内，实际公法线长度最大值与最小值之差，即$\Delta F_w=W_{max}-W_{min}$，如图 4-26 所示。滚齿时，公法线长度变动主要由机床分度蜗轮的安装偏心等原因引起。在滚切速度不变的情况下，机床工作台旋转角速度不均匀，呈周期性变化，从而导致轮齿的齿廓发生变异，这种变异产生在基圆切线方向上，从而形成了“胖瘦齿”，故ΔF_w是由运动偏心引起的，其大小变化以齿轮一转为变化周期。

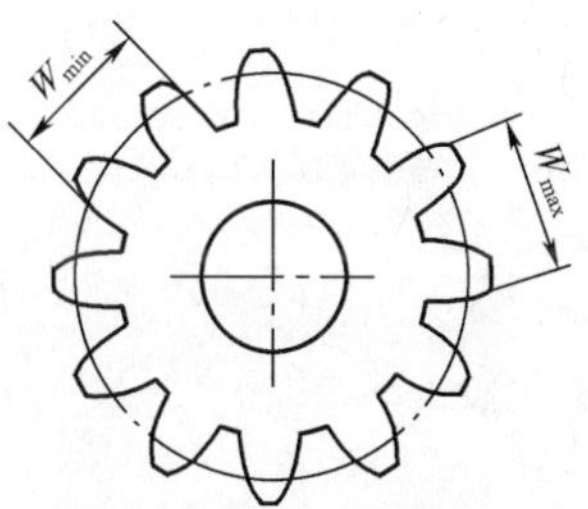

图4-26　齿轮公法线长度变动

测量公法线长度可用公法线百分尺（见图 4-27（a）），其分度值为 0.01mm，用于一般精度齿轮的公法线长度测量；也可用公法线指示卡规（见图 4-27（b））测量，它是根据比较法来进行测量的，其指示表的分度值为 0.005mm，用于较高精度齿轮的测量。对于较低精度的齿轮，也可用分度值为 0.02 mm 的游标卡尺测量。

综上所述，主要影响齿轮传递运动准确性的误差是以齿轮一转为周期的径向误差和切向误差，评定指标共有 5 项。为评定齿轮传递运动的准确性，可采用一项综合性指标或两项单项性指标的组合。但采用单项性指标时，径向指标和切向指标必须各选一项。对于精度低的齿轮，亦可只用一个径向误差的评定指标（切向误差由机床精度来保证），具体分组见表 4-5。具体应用时，可根据实际情况选用其中一组来评定齿轮传递运动的准确性。

2. 影响传动平稳性的误差项目

影响齿轮传动平稳性的误差主要有基圆齿距误差（基节偏差）和齿形误差，它们主要是由刀具误差和传动链误差引起的。影响齿轮传动平稳性的误差项目主要有 5 项，并将限制这 5 项的公差项目称为第Ⅱ公差组。

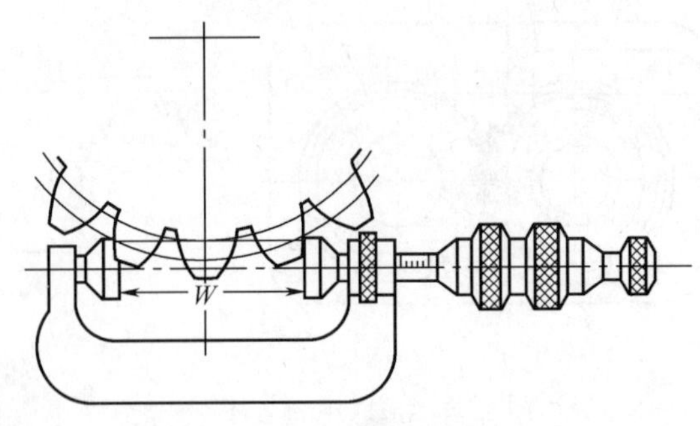

(a) 用公法线千分尺测量齿轮的公法线

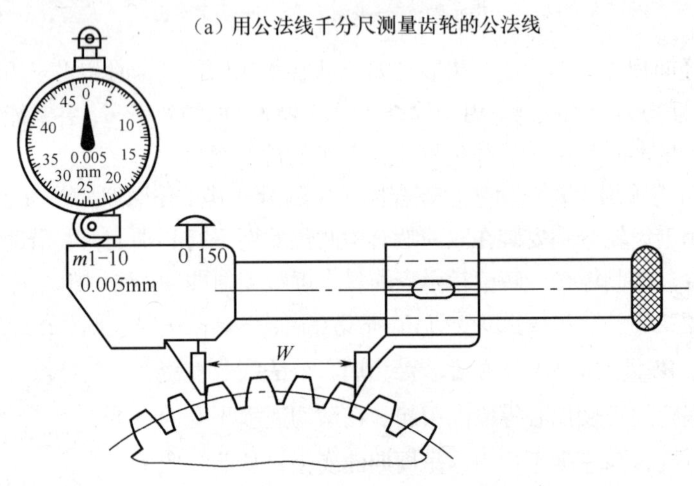

(b) 用公法线指示卡规测量齿轮的公法线

图4-27 公法线长度测量

(1) 一齿切向综合误差。一齿切向综合误差 $\Delta f_i'$ 是指被测齿轮与理想精确的测量齿轮单面啮合，在被测齿轮一齿距角内实际转角与公称转角之差的最大幅度值，即在切向综合误差记录曲线（见图4-20）上小波纹的最大幅度值。其波长常常为一个齿距角，以分度圆弧长计值。

这种在齿轮一转中多次重复出现的小波纹常常是由刀具制造误差和安装误差以及机床传动链短周期误差引起的。

$\Delta f_i'$ 是通过在单啮仪上测量切向综合误差 $\Delta F_i'$ 时测得的，它可以较好地反映基节偏差和齿形误差的综合结果，也能反映出刀具制造误差和安装误差及机床传动链短周期误差。

(2) 一齿径向综合误差。一齿径向综合误差 $\Delta f_i''$ 是被测齿轮与理想精确齿轮作双面啮合时，在被测齿轮一齿距角内，双啮中心距的最大变动量，即在径向综合误差记录曲线（见图4-25）上小波纹的最大幅度值。其波长常常为一个齿距角。

$\Delta f_i''$ 是通过在双啮仪上测量径向综合误差 $\Delta F_i''$ 时测得的，它可以反映基节偏差和齿形误差的综合结果，也能反映齿轮的短周期误差。

(3) 齿形误差。齿形误差 Δf_f 是指在齿轮端截面上，齿形工作部分内（齿顶倒棱部分除外），包容实际齿形的两条设计齿形间的法向距离［见图 4-28（a）］。设计齿形可以是修正的理论渐开线，包括修缘齿形、凸齿形等［见图 4-28（b）］。在实际生产中，为了提高传动质量，常常需要按实际工作条件设计各种为实践所验证了的修正齿形。齿形误差是由刀具的制造误差（如刀具齿形角误差）和安装误差（如滚刀的安装和倾斜误差）以及机床传动链误差等引起的。此外，长周期误差对齿形精度也有影响。

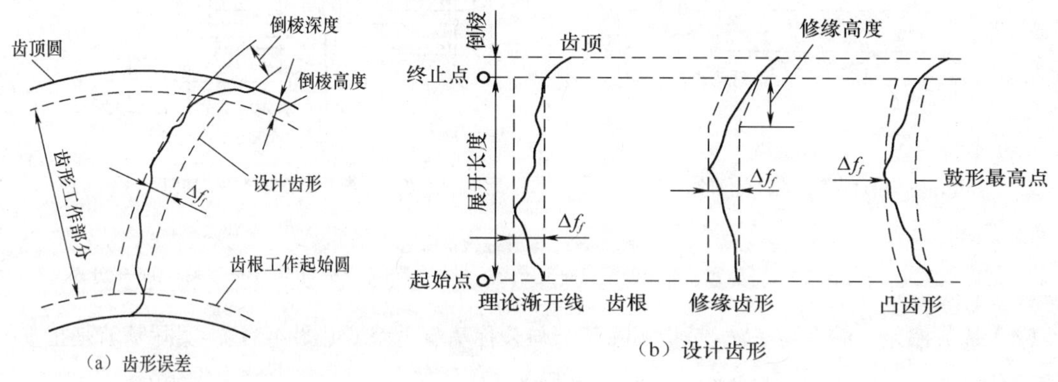

图4-28　齿形误差

齿形误差影响传动平稳性，引起瞬时传动比的突变，如图 4-29 所示。二啮合齿 a_1 与 a_2 理论上应在啮合线上的 a 点接触，由于齿 a_2 有齿形误差，使接触点偏离了啮合线，在啮合线外 a' 点发生啮合，从而引起瞬时传动比的突变，破坏了传动平衡性。

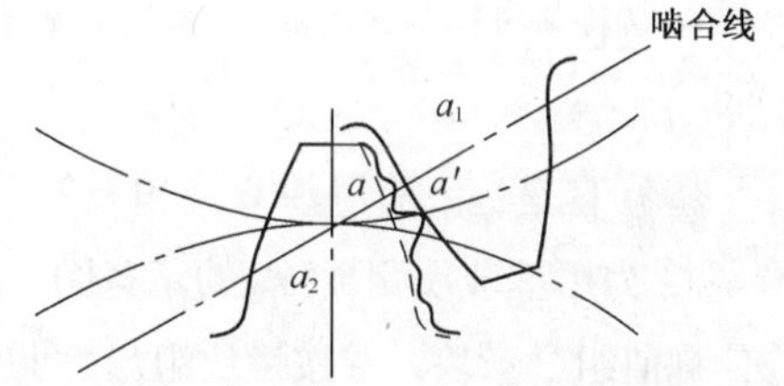

图4-29　齿形误差对齿轮传动平稳性的影响

齿形误差通常用渐开线检查仪进行测量。图 4-30（a）所示为单盘式渐开线检查仪的工作原理图。将齿轮和基圆盘装在同一心轴上，当紧靠在基圆盘的直尺向右移动且无滑动地带动基圆盘和齿轮旋转时，固定在直尺上的千分尺也跟随直尺一起向右移动。与此同时，千分尺的测头也沿着齿面从齿根向齿顶方向滑动。根据渐开线的形成原理，若被测齿轮齿形没有误差，则千分尺的测头不动，即表针的读数不变。但是当实际齿形有误差，偏离理论齿形时，测杆就要发生伸缩运动。在齿形的工作范围内，千分表读数的最大值和最小值之差就是齿形误差值。

图 4-30（b）所示为单盘式渐开线检查仪的结构图。被测齿轮 1 与一直径等于该齿轮基圆直径的基圆盘 2 同轴安装，当用手轮 8 移动纵滑板时，直尺 3 与由弹簧力紧压其上的基圆盘 2 互作纯滚动，位于直尺 3 边缘上的测头与被测齿廓接触点相对于基圆盘的运动轨迹是理想渐开线。若被测齿廓不是理想渐开线，测头摆动经杠杆 4 在指示表上读出Δf_f，或经圆筒 7 上所连记录笔 6 在记录纸 5 上画出Δf_f的误差曲线。

在实际测量中，齿形误差还可以用万能渐开线检查仪测量，它的基圆可以调节，比单盘式渐开线检查仪测量方便。

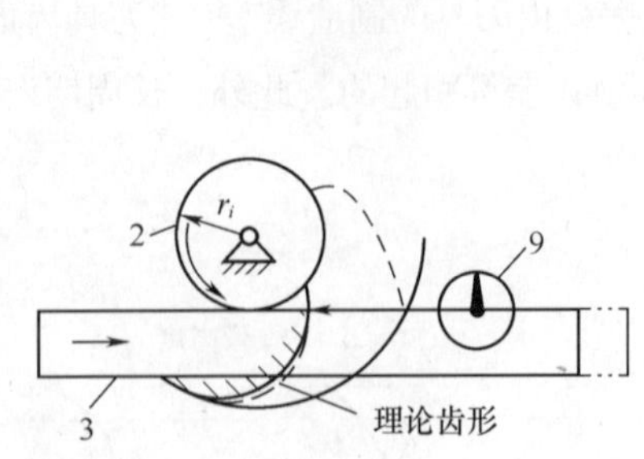

（a）单盘式渐开线检查仪的工作原理图

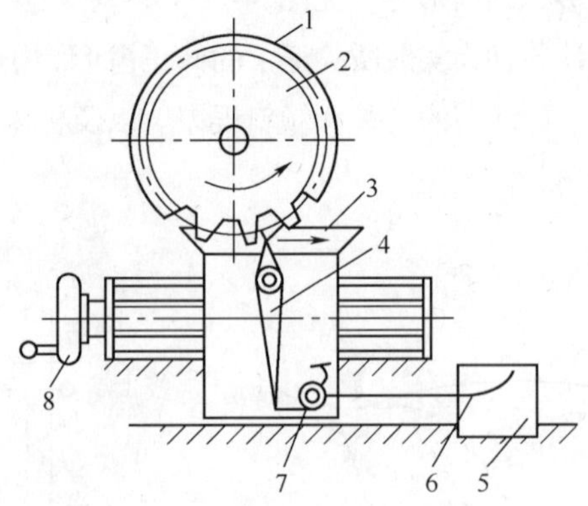

（b）单盘式渐开线检查仪的结构图

图4–30　渐开线检查仪

1—齿轮；2—基圆盘；3—直尺；4—杠杆；5—记录纸；6—记录表；7—圆筒；8—手轮；9—千分表

（4）基节偏差。基节偏差Δf_{pb}是指实际基节与公称基节之差（见图 4-31）。实际基节是指基圆柱切平面所截两相邻同侧齿面的交线之间的法向距离。

Δf_{pb}主要是由刀具的基节偏差和齿形角误差造成的。在滚、插齿加工中，由于基节两端点由刀具相邻齿同时切出，故与机床传动链误差无关。Δf_{pb}使齿轮传动在齿与齿交替啮合的瞬间发生冲击。

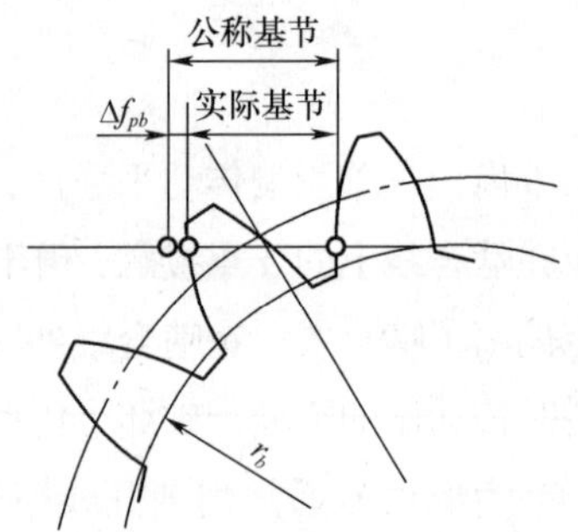

图4–31　基节偏差

基节偏差Δf_{pb}常用基节仪和万能测齿仪等仪器进行测量。图 4-32 为用基节仪测量Δf_{pb}的示意图。测量时先按被测齿轮基节的公称值组合量块，并按量块组尺寸调整相平行的活动测头与固定测头间的距离，使指示表为零位，然后将仪器放在被测齿轮相邻两同侧齿面上，使之与齿面相切，从表上可读出Δf_{pb}值。

（5）齿距偏差。齿距偏差Δf_{pt}是指在分度圆上（允许在齿高中部测量），实际齿距与公称齿距之差（见图 4-33）。在滚齿中，Δf_{pt}是由机床传动链误差（主要是分度蜗杆跳动）引起的，所以齿距偏差同样影响传动平稳性。

齿距偏差Δf_{pt}与齿距累积误差ΔF_p的测量方法相同。但用相对法测量（即前述测量ΔF_p的方法）时，由于测头不一定在分度圆上与齿面接触，故不能按πm 确定公称齿距，而应按实际测量圆上所测得的齿距平均值作为公称齿距。

综上所述，主要影响齿轮传动平稳性的误差是齿轮一转中多次重复出现的，并以一个齿距角为周期的基节偏差和齿形误差。评定的指标则有 5 项。在评定传动平稳性时，可采用一项综合性评定指标或两项单项性评定指标的组合。选用单项性评定指标的组合时，原则上评定基节偏差和齿形误差的指标应各占一项，即可用Δf_{pb}与Δf_f或Δf_{pt}与Δf_f的组合。从控制质量的观点看，这两组指标是等效的。但对修缘齿轮由于不能测量Δf_{pb}，故应选用Δf_{pt}与Δf_f这组指标。此外，考虑到Δf_f的测量较困难，测量成本也较高，故精度较低（9 级精度以下），特别是尺寸较大的齿轮，通常不控制其齿形误差而用Δf_{pt}代替Δf_f，有时甚至可以只检查Δf_{pt}或Δf_{pb}（10～12 精度）。具体分组见表 4-5。具体应用时，可根据实际情况选用其中一组来评定齿轮传动的平稳性。

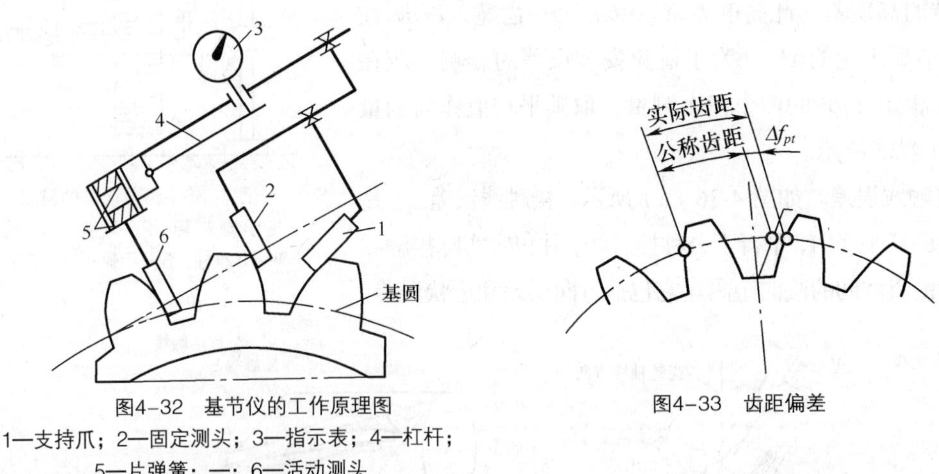

图4-32 基节仪的工作原理图

1—支持爪；2—固定测头；3—指示表；4—杠杆；5—片弹簧；—；6—活动测头

图4-33 齿距偏差

3. 影响载荷分布均匀性的误差项目

根据啮合原理，一对齿轮的啮合过程，若不考虑弹性变形的影响，是由齿顶到齿根（或由齿根到齿顶）每一瞬间都沿着全齿宽成一直线接触。实际上，由于齿面的制造和安装误差，啮合齿在齿长方向上并不是沿全齿宽接触，而在啮合过程中也并不是沿全齿高接触，故载荷分布均匀性主要取决于相啮合轮齿齿面接触的均匀性。齿面接触不均匀，载荷分布也就不均匀。

（1）齿向误差。齿向误差ΔF_β是指在分度圆柱面上，齿宽工作部分范围内（端部倒角部分除外），包容实际齿线的两条设计齿线之间的端面距离［见图 4-34（a）］，齿向误差包括齿线的方向偏差和形状误差。

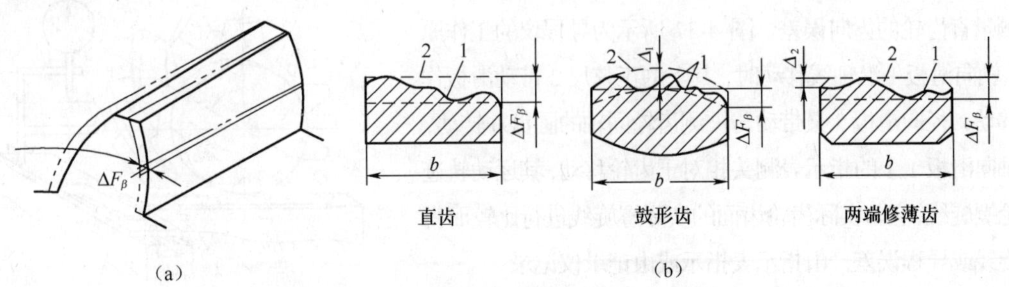

图4-34 齿向误差

1—实际齿线；2—设计齿线；Δ_1—鼓形量；Δ_2—齿形修薄量；b—齿宽

为了改善齿面接触，提高齿轮承载能力，设计齿线常采用修正的圆柱螺旋线，包括鼓形线、齿端修薄及其他修形曲线。图 4-34（b）中的虚线为设计齿线，实线为实际齿线。齿向误差主要是由齿坯端面跳动和刀架导轨倾斜引起的。对于斜齿轮，还受机床差动传动链的调整误差影响。齿向误差的测量主要使用齿向检查仪和导程仪。齿向检查仪主要测量直齿齿轮的齿向误差；导程仪主要测量直齿和斜齿齿轮的齿向误差。

直齿轮齿向误差的测量较简单。被测齿轮装在心轴上，心轴装在两顶针或等高的 V 形块上，在齿槽内放入小圆柱，以检验平板作为基面，用指示表分别测小圆柱的水平方向和垂直方向两端的高度差，此高度差乘以 b/l（b—齿宽，l—圆柱长），即近似为齿轮的ΔF_{β}。为了避免安装误差的影响，应在前后两面（相距 180°的两个齿）测量，取其平均值作为测量结果，如图 4-35 所示。

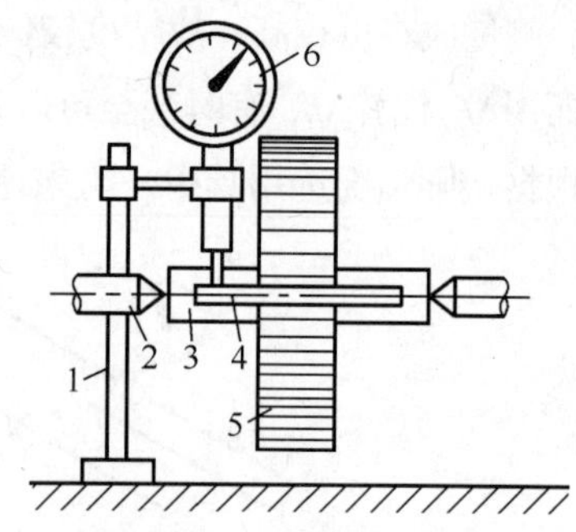

图4–35 齿向误差的测量
1—指示表支架；2—顶尖；3—心轴；4—小圆柱；5—齿轮；6—指示表

（2）接触线误差。如图 4-36（a）所示，接触线误差ΔF_b是指在基圆柱的切平面内，平行于公称接触线，并包容实际接触线的两条最近的直线间的法向距离。它包括方向误差和形状误差。

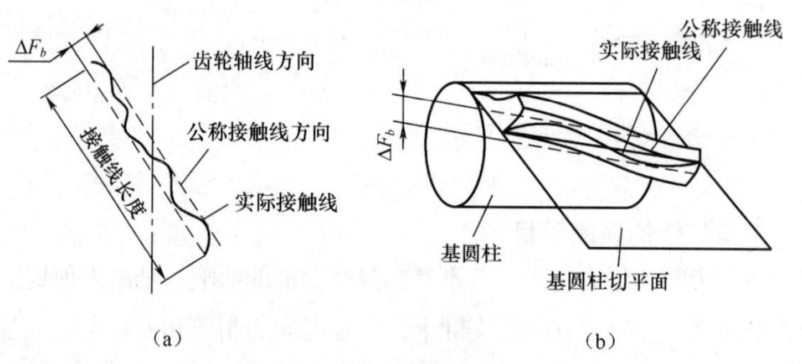

图4–36 接触线误差

基圆柱切平面与齿面的交线即为接触线［见图 4-18（b）］。斜齿轮的接触线为一根与基圆柱母线夹角为β_b的直线。ΔF_b用于评定斜齿轮的接触精度，它是斜齿轮控制接触长度和接触高度的综合项目。因此，引起斜齿轮齿形误差（压力角误差）和齿向误差的原因都会引起接触线方向误差。

斜齿轮的接触线误差可在导程仪上进行测量。导程仪也可以测量直齿轮的齿向误差。图 4-37 所示为导程仪的工作原理图。轴向滑板 1 沿轴线移动时，其上的正弦尺 2 带动滑板作径向移动，径向滑板 5 又带动与被测齿轮同轴的圆盘 6 转动，装在轴向滑板 1 上的指示表测头相对于齿轮移动，其运动轨迹为理论螺旋线，它与实际齿轮齿面的实际螺旋线进行比较而得出螺旋线或导程误差，由指示表指示或由记录仪记录。

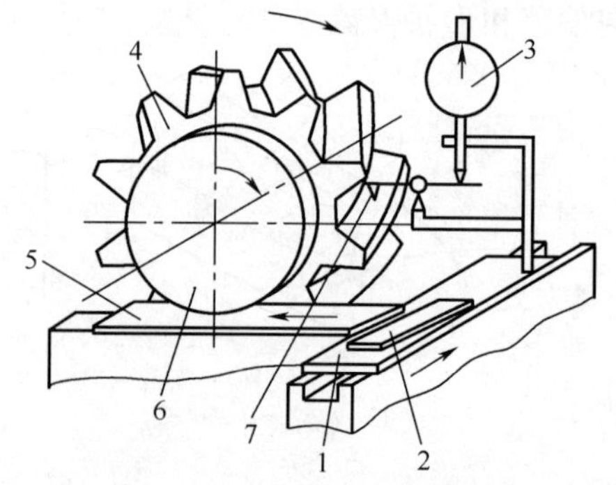

图4–37 导程仪的工作原理图
1—轴向滑板；2—正弦尺；3—指示表；4—齿轮；5—径向滑板；6—圆盘；7—测头

4. 影响侧隙的单个齿轮因素及检验项目

具有公称齿厚的齿轮副在公称中心距下啮合时是无侧隙的。毫无疑问，齿厚是影响侧隙变动的重要因素，通常采用减薄齿厚的办法来获取必要的侧隙。减薄齿厚是指在切齿时增加切齿刀的径向进给量，即切深一些。除此之外，几何偏心与运动偏心也会引起齿厚不均匀，从而使齿轮工作时侧隙也不均匀。

国家标准规定评定齿厚的参数有如下两项。

（1）齿厚偏差。齿厚偏差ΔE_s是指在分度圆柱面上齿厚的实际值与公称值之差。对于斜齿轮，则是指法向齿厚的实际值与公称值之差。一般用齿厚游标卡尺测量实际齿厚［见图 4-38（a）]，经计算得出齿厚偏差。由于侧隙的要求，使得齿厚偏差多为负值。图 4-38（b）所示为齿厚极限偏差和齿厚公差。规定齿厚上偏差（齿厚的最小减薄量）是为了保证齿轮传动所需的最小侧隙，但还要保证侧隙不致过大，因此又必须规定齿厚公差（即齿厚下偏差——齿厚的最大减薄量）。

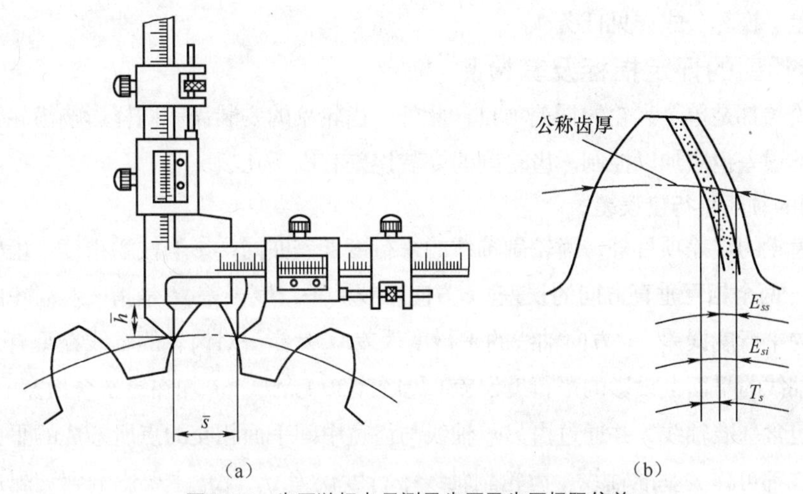

图4-38 齿厚游标卡尺测量齿厚及齿厚极限偏差

$\overline{s}$—分度圆弦齿厚；$\overline{h}$—分度圆弦齿高；E_{SS}—齿厚上偏差；E_{SI}—齿厚下偏差；T_s— 齿厚公差

由于测量齿厚时以齿顶圆作为测量基准，齿顶圆直径的偏差和齿顶圆柱面对齿轮基准轴线的径向跳动都会给测量结果带来较大的影响，因此，齿厚偏差参数仅用于精度较低和尺寸较大的齿轮。齿轮齿厚的变化引起公法线长度也相应地变化，因此，可以用测量公法线长度来代替测量齿厚，实质上就是用控制公法线平均长度偏差来间接地控制齿厚偏差。

（2）公法线平均长度偏差。公法线平均长度偏差ΔE_{wm}是指在齿轮一周范围内，公法线实际长度的平均值$\overline{W}$与其公称值W之差，即$\Delta E_{wm}=\overline{W}-W$。这里取公法线实际长度的平均值，是为了排除运动偏心对侧隙评定的影响，因为运动偏心会引起公法线长度变动（服从正弦规律）。直齿圆柱齿轮公法线长度的公称值W可按下式计算：

$$W=m\cos\alpha[\pi(n-0.5)+z\mathrm{inv}]+2mx\sin\alpha$$

式中：m——齿轮的模数；

z——齿数；

α——标准压力角；

x——变位系数；

inv —— 渐开线函数，inv20°=0.014 904；

n —— 跨齿数。对于标准齿轮（α=20°），$n=z/9+0.5$。

注意：计算的n值通常不是整数，应将其化整为最接近计算值的整数。

公法线平均长度偏差ΔE_{wm}可以在测量公法线长度变动ΔF_w的同时得到（见图 4-27）。测量公法线长度时不用齿顶圆作测量基准，测量精度较高，因此，公法线平均长度偏差通常作为单个齿轮的侧隙评定指标。但是需要指出，公法线平均长度偏差ΔE_{wm}与公法线长度变动ΔF_w具有完全不同的含义和作用。前者影响齿轮侧隙大小，测量时需要与公法线公称长度比较；后者影响齿轮传递运动的准确性，测量时取W_{max}和W_{min}的差值，而无须知道公法线的公称长度。

国家标准未给出公法线长度的上、下偏差，因此，设计时需要用齿厚上、下偏差换算成公法线长度上、下偏差。换算公式详见任务 4。

（三）齿轮副的评定指标及其检测

上面所讨论的都是单个齿轮的误差项目，此外，齿轮副的安装误差同样影响齿轮传动的使用性能，所以对这类误差也应加以控制。齿轮副的安装误差有以下几项。

1. 齿轮副的轴线平行度误差

除了单个齿轮的误差项目外，齿轮副轴线的平行度误差亦同样影响接触精度。齿轮副轴线的平行度误差有 x、y 两个相互垂直方向的误差。x 方向轴线的平行度误差Δf_x是指一对齿轮的轴线在其基准平面上投影的平行度误差。y 方向轴线的平行度误差Δf_y是指一对齿轮的轴线在垂直于基准平面，且平行于基准轴线的平面上投影的平行度误差（见图 4-39）。Δf_x、Δf_y均在等于全齿宽的长度上测量。基准平面是指包含基准轴线，并通过由另一轴线与齿宽中间平面相交的点所形成的平面。两条轴线中任何一条轴线都可作为基准轴线。齿轮副轴线平行度误差Δf_x、Δf_y主要影响到装配后齿轮副相啮合齿面接触的均匀性，即影响到齿轮副载荷分布的均匀性，对齿轮副侧隙也有影响，故对轴心线不可调节的齿轮传动，必须控制其轴心线的平行度误差，尤其对Δf_y的控制应更严格。

2. 齿轮副的中心距偏差Δf_a

齿轮副的中心距偏差Δf_a是指在齿轮副的齿宽中间平面内，实际中心距与公称中心距之差（见图 4-39）。中心距偏差Δf_a的大小直接影响到装配后侧隙的大小，故对轴线不可调节的齿轮传动，必须对其加以控制。

3. 接触斑点

接触斑点是齿面接触精度的综合评定指标。它是指装配好的齿轮副，在轻微制动下，运转后齿面上分布的接触擦亮痕迹（见图 4-40）。接触痕迹的大小在齿面展开图上用百分数计算。由于齿轮副擦亮痕迹的大小是在齿轮副装配后测定的，因此，此项检测比检验单个齿轮载荷分布均匀性的指标更接近工作状态，测量过程也较简单和方便。

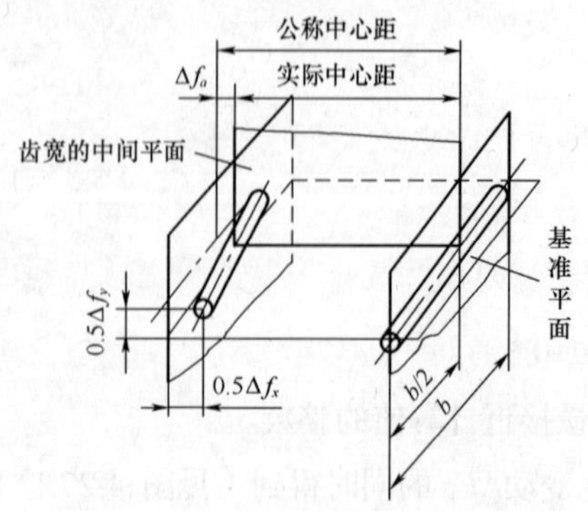

图4-39　齿轮副轴线的平行度误差

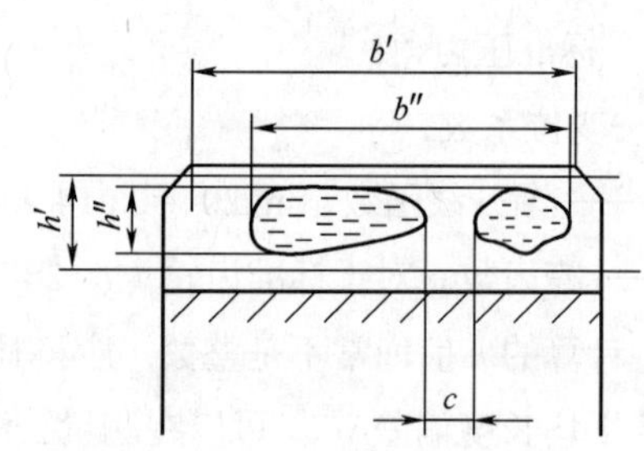

图4-40　齿轮副接触斑点

所谓轻微制动，是指所加制动扭矩应保证齿面不脱离啮合，而又不致使零件产生可觉察的弹性变形。检验接触斑点一般不用涂料，必要时才允许使用规定的薄膜涂料。

沿齿长方向：接触痕迹的长度b''（扣除超过膜数值的断开部分阶段c）与工作长度b'的百分比，即

$$\frac{b''-c}{b'}\times 100\%$$

沿齿高方向：接触痕迹的平均高度h''与工作高度h'的百分比，即

$$\frac{h''}{h'}\times 100\%$$

4. 齿轮副的圆周侧隙和法向侧隙

齿轮副的法向侧隙 j_n 是齿轮副工作齿面接触时，非工作齿面间的最小距离［见图 4-41（a）］。在生产中，亦可检验圆周侧隙 j_t。它是指齿轮副中一个齿轮固定时，另一个齿轮的圆周晃动量［见图 4-41（b）］，以分度圆上弧长计。法向侧隙与圆周侧隙有如下关系：

$$j_n=j_t\cos\beta_b\cos\alpha$$

式中：β_b ——基圆螺旋角。

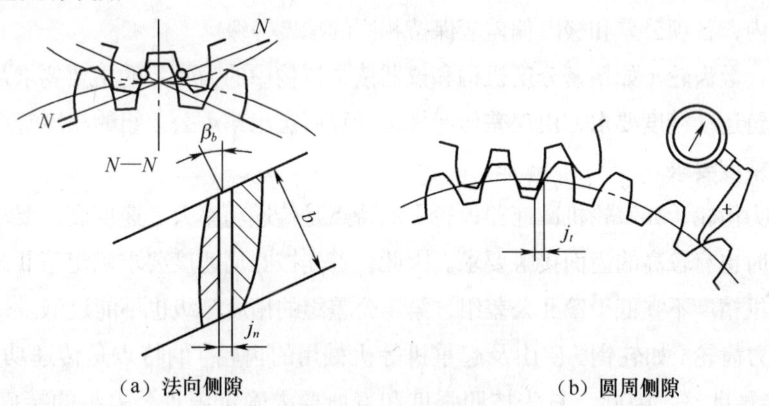

（a）法向侧隙　　（b）圆周侧隙

图4-41　齿轮副的侧隙

侧隙 j_n（或 j_t）的大小主要决定于齿轮副的安装中心距和单个齿轮影响到侧隙的加工误差，因此j_n（或j_t）是直接体现能否满足设计侧隙要求的综合性指标。

j_n可用塞尺测量，j_t可用指示表测量。测量j_n或测量j_t是等效的。

上述齿轮副的四个方面特征如果均能满足要求，则该齿轮副即被认为是合格的。

（四）渐开线圆柱齿轮精度指标

原国家标准 GB 10095—1988《渐开线圆柱齿轮精度标准》，正逐步被 GB/T 10095.1—2001、GB/T 10095.2—2001 和 GB/Z 18620.1—2002 等新国家标准代替。一般适用于平行轴传动的渐开线圆柱齿轮及齿轮副，其公差或极限偏差值可以按照标准给出的公差计算公式或关系式计算。

1. 齿轮精度等级及其选择

标准规定，齿轮和齿轮副分为 12 个精度等级，精度由高到低依次为 1～12 级，其中 1、2 级是为发展需要而规定的。齿轮副中的两个齿轮精度等级可以相同，也可以不同。各类机械中的齿轮精度等级应用范围见表 4-2。

表 4-2　　各种机械采用的齿轮精度等级

应用范围	精度等级	应用范围	精度等级
测量齿轮	3～5	拖拉机	6～10
汽轮机减速器	3～6	一般用途的减速器	6～9
金属切削机床	3～8	轧钢设备的小齿轮	6～10
内燃机车与电气机车	6～7	矿用绞车	8～10
轻型汽车	5～8	起重机机构	7～10
重型汽车	6～9	农业机械	8～11
航空发动机	4～7		

选择齿轮精度等级时，必须按齿轮传动的用途、使用条件及其他技术要求，如圆周速度、传动功率、润滑条件、传递运动的准确性和平稳性及承载均匀性、工作时间和使用寿命等各方面因素，同时应考虑工艺的可能性和经济性。根据使用要求的不同，允许对 3 个公差组选用不同的精度等级，而在同一公差组内，各项公差和极限偏差应保持相同的精度等级。

（1）分度、读数齿轮（如精密分度机构和仪器读数机构中的齿轮）的主要要求是传递运动的准确性，可按传动链运动精度要求，由误差传递规律计算而定出第Ⅰ公差组的精度等级，然后再按工作条件确定其他精度要求。

（2）高速动力齿轮（如汽轮机减速器齿轮）的特点是传递功率大、速度高，要求传递平稳、噪声及振动小，同时也有较高的齿面接触要求。因此，首先按圆周速度要求确定第Ⅱ公差组的精度等级，而第Ⅲ公差组精度不宜低于第Ⅱ公差组，第Ⅰ公差组的精度等级也不能过低。

（3）低速动力齿轮（如轧钢、矿山及起重机等机械用的齿轮）的特点是传递功率大、速度低，主要要求齿面接触良好。因此，首先按照强度和寿命要求确定第Ⅲ公差组的精度等级；其次，因第Ⅱ公差组误差项目（Δf_f和Δf_{pb}）也影响齿面接触精度，故其精度等级不应过分低于第Ⅲ公差组。

表 4-3 列出了齿轮常用精度等级的适用范围。表 4-4 列出了与第Ⅱ公差组精度等级相适应的齿轮圆周速度的范围，供设计时参考。

表 4-3　　常用齿轮精度等级的适用范围

精度等级	工作条件与应用范围	圆周速度（m/s）	齿面的最终加工
5	用于高平稳且低噪声的高速传动的齿轮；精密机构中的齿轮；蜗轮机齿轮；检验 8、9 级精密齿轮的齿轮；重要的航空、船用齿轮箱齿轮	>20	精密磨齿；对尺寸大的齿轮，精密滚齿后研齿或剃齿
6	用于高速下平稳工作，需要高效率及低噪声的齿轮；航空、汽车及机床中的重要齿轮；读数机构齿轮；分度机构的齿轮	<15	磨齿或精密剃齿

续表

精度等级	工作条件与应用范围	圆周速度（m/s）	齿面的最终加工
7	在高速和功率较小或大功率和速度不太高情况下工作的齿轮；普通机床中的进给齿轮和主传动链的变速齿轮；航空中的一般齿轮；速度较高的减速器齿轮；起重机的齿轮；读数机构齿轮	<10	对不淬硬的齿轮，用精确的刀具滚齿、插齿、剃齿；对淬硬的齿轮，磨齿、珩齿或研齿
8	一般机器中无特殊精度要求的齿轮；汽车、拖拉机中的一般齿轮；通用减速器的齿轮；航空、机床中的不重要齿轮；农业机械中的重要齿轮	<6	滚齿、插齿，必要时剃齿、珩齿或研齿
9	无精度要求的较粗糙齿轮；农业机械中的一般齿轮	<2	滚齿、插齿、铣齿

表 4-4　　齿轮第Ⅱ公差组精度等级的推荐应用

机械设备			第Ⅱ公差组精度等级				
			5	6	7	8	9
			齿轮的圆周速度（m/s）				
通用机械			>15	≤15	≤10	≤6	≤2
冶金机械			—	10～15	6～10	2～6	0.5～2
地质勘探机械			—	—	6～10	2～6	0.5～2
煤炭采掘机械			—	—	6～10	2～6	<2
林业机械			—	<15	<10	<6	<2
拖拉机			—	未淬火	淬火	—	—
发动机			>60	>15～60	≤15		
			（<2 000）	（<2 000）	（<2 000）	—	—
			>40	≤40	—	—	—
			（2 000～4 000）	（2 000～4 000）	（2 000～4 000）		
传送带减速器	模数	≤2.5	16～28	11～16	7～11	2～7	2
		6～10	13～18	9～13	4～9	<4	—
船用减速器			—	—	<9～10	<5～6	<2.5～3
金属切削机床			>15	>3～15	≤3	—	—

注：括弧中的数字是指单位长度的载荷（N/cm）。

2. 公差组的检验组及其选择

齿轮精度的评定指标有多个，在检查和验收齿轮精度时，没有必要对所有的评定指标都进行检测。根据齿轮传动的使用要求、齿轮的精度等级、各项指标的性质以及齿轮加工和检测的具体条件，标准对 3 个公差组各规定了必要的检验项目的组合，称为公差组的检验组。各公差组的检验组见表 4-5。

表 4-5　　公差组的检验组

公　差　组	检　验　组	附　注
Ⅰ	F_i'	
	F_p（F_{pk}）	F_{pk}仅在必要时加检
	F_i''与F_w	当其中一项超差时，应按F_p检定和验收齿轮的精度
	F_r与F_w	
	F_r	仅用于10～12级精度
Ⅱ	f_i'	有特殊需要时，可加检f_{pb}
	f_i''	须保证齿形精度
	f_f与f_{pt}	对于轴向重合度大于1.25、6级及高于6级精度的斜齿轮或人字齿轮，推荐加检$f_{f\beta}$
	f_f与f_{pb}	
	f_{pt}与f_{pb}	用于9～12级精度
	f_{pt}或f_{pb}	仅用于10～12级精度
Ⅲ	F_β	
	F_b	仅用于轴向重合度$\varepsilon_p \leqslant 1.25$、齿向线不加修正的窄斜齿轮
	F_{px}与F_b	仅用于轴向重合度$\varepsilon_p > 1.25$、齿向线不加修正的宽斜齿轮

由表4-5可知，每个公差组都有多个检验组，其中任何一个检验组都可用来评定齿轮的精度，但每个检验组所评定的效果并非等效的，故应根据齿轮的生产条件、加工方法、检测手段以及经济效益合理地选择检验组。

检验组的选择应综合考虑以下几个问题。

（1）齿轮的精度等级和用途。对高精度齿轮，应选择最能直接反映齿轮一转和一齿转角误差的综合性指标；对中等或低精度齿轮，则可选用便于用普通仪器检测的单项性指标组合的检验组。表4-6所示为不同精度等级和用途所采用的检验组，可供设计时参考。

表 4-6　　各公差组的检验组的组合及其适用范围

检验组	公差组			适用等级	测量仪器	适用范围
	Ⅰ	Ⅱ	Ⅲ			
1	$\Delta F_i'$	$\Delta f_i'$	ΔF_β	3～8	单啮仪、齿向仪	反映转角误差真实，测量效率高，适用于成批生产的齿轮的验收
2	ΔF_p	Δf_f与Δf_{pb} 或 Δf_f与Δf_{pt}		3～8	齿距仪、基节仪（万能测齿仪）、齿向仪、渐开线检查仪	准确度高，适用于中、高精度、磨齿、滚齿、插齿、剃齿的齿轮验收检测或工艺分析与控制
3		Δf_{pb} Δf_{pt}		9～10	齿距仪、基节仪（万能测齿仪）、齿向仪	适用于精度不高的直齿轮及大尺寸齿轮，或多齿数的滚切齿轮
4	$\Delta F_i''$ ΔF_w	$\Delta f_i''$		6～9	双啮仪、公法线千分尺、齿向仪	接近加工状态，经济性好，适用于大量或成批生产的汽车、拖拉机齿轮

续表

检验组	公差组			适用等级	测量仪器	适用范围
	Ⅰ	Ⅱ	Ⅲ			
5	ΔF_r ΔF_w	Δf_f与Δf_{pb} 或 Δf_f与Δf_{pt}		6～8	径向跳动仪、公法线千分尺、渐开线检查仪、基节仪、齿向仪	准确度高，有助于齿轮机床的调整，便于工艺分析，适用于中等精度的磨削齿轮和滚齿、插齿、剃齿的齿轮
6		Δf_{pb} Δf_{pt}		9～10	径向跳动仪、公法线千分尺、渐开线检查仪、基节仪、齿向仪	便于工艺分析，适用于中、低精度的齿轮，多齿数滚齿的齿轮
7	ΔFr	Δf_{pt}		10～12	径向跳动仪、齿距仪	

注：第Ⅲ公差组中的ΔF_β在不作接触斑点检验时才用。

（2）检验的目的。齿轮检验可分为验收检验和工艺检验。验收检验的目的是在齿轮加工终了后判断其是否合格，故最好选用能全面反映齿轮传动质量的综合性指标。工艺检验是加工过程中的检验，其目的是为了揭示工艺因素引起的误差，查明误差产生的原因，以便调整工艺，为此必须选用单项性指标组合的检验组。

（3）生产的规模及工厂的具体条件。生产批量大，宜选用综合性指标的检验组，以提高验收效率。对单件小批量生产，一般应选用单项性指标组合的检验组，如选用综合性指标的检验组，势必要配备价格昂贵的高精度仪器，这显然是不经济的。此外，还应考虑到工厂现有的检测条件。

（4）切齿的工艺。不同的切齿方法可能产生的主要误差是有区别的，因此，应根据切齿工艺的特点选择检验项目，以便对齿轮的精度进行有效的控制。表 4-6 列出了部分检验组适用的切齿工艺，供设计时参考。

（5）检验组之间的协调。为减少所使用的检测仪器种类，提高检测的效率及保证各公差组之间测量精度的一致性，应注意检验组中被测误差项目的协调。例如，在第Ⅰ公差组中选用了F_i'，第Ⅱ公差组就应选用f_i'；如果在第Ⅰ公差组中选用了F_p，则第Ⅱ公差组就最好选用有f_{pt}的检验组。

3. 齿轮副侧隙

齿轮副侧隙与齿轮工作条件有关，与精度等级无关。如汽轮机中的齿轮传动工作温度升高，为了保证正常润滑，避免因发热而卡死，要求齿软副有大的保证侧隙；而对于需正反转或读数机构中的传动齿轮，为了避免空程影响精度，则需要小的保证侧隙。具有公称齿厚的齿轮副在公称中心距下啮合是无侧隙的。为了使齿轮副在传动中获得必要的侧隙，可采用两种方法，即调整中心距和减薄齿厚。前者可称为“基中心距制”，后者可称为“基齿厚制”。我国国标规定采用“基中心距制”，即在固定中心距极限偏差下，通过改变齿厚偏差的大小来获得不同的最小侧隙。齿轮的齿厚上、下偏差（E_{ss}、E_{si}）或公法线平均长度上、下偏差（E_{wms}、E_{wmi}），可以进行如下的计算分析。

（1）最小极限侧隙的确定。最小极限侧隙$j_{n\min}$（或$j_{t\min}$）根据齿轮传动时允许的工作温度、润滑方式和齿轮的圆周速度确定。设计中选定的最小极限侧隙，应能补偿齿轮传动时因温度升高引起的齿轮和箱体的热变形及保证正常的润滑。补偿热变形所需的法向侧隙 j_{n1} 按下式计算：

$$j_{n1}=a(\alpha_1\Delta t_1-\alpha_2\Delta t_2)2\sin\alpha_n$$

式中：a —— 传动中心距；

α_1、α_2 —— 齿轮和箱体的线膨胀系数；

Δt_1、Δt_2 —— 齿轮和箱体工作温度对 20℃的偏差；

α_n —— 齿轮的法向啮合角。

保证正常润滑条件所需的法向侧隙 j_{n2} 取决于润滑方式和齿轮的圆周速度，j_{n2} 可参考表 4-7 选用。

表 4-7 j_{n2} 的推荐值

润滑方式	圆周速度 v/（m/s）			
	≤10	10～15	25～60	＞60
喷油润滑	$0.01m_n$	$0.02m_n$	$0.03m_n$	$(0.03\sim0.05)m_n$
油池润滑	$(0.005\sim0.01)m_n$			

注：m_n——法向模数（mm）。

最小侧隙应为 j_{n1} 与 j_{n2} 之和，即 $j_{n\min}=j_{n1}+j_{n2}$。

（2）齿厚极限偏差及其代号。如前所述，由于采用了基中心距制，故齿轮的最小极限侧隙是通过改变齿厚的极限偏差获得的。标准已将齿厚的极限偏差作了标准化，规定了 14 种齿厚极限偏差，并用大写英文字母表示（见图 4-42）。齿厚极限偏差的数值以齿距极限偏差的倍数表示（见表 4-8）。齿厚的公差带用两个极限偏差的字母表示，前一字母表示上偏差，后一个字母表示下偏差。14 种齿厚极限偏差可以任意组合，以满足各种不同的需要。例如，在图 4-42 示例中，代号 FL 表示齿厚上偏差的代号为 F，其数值为 $E_{ss}=-4f_{pt}$；下偏差的代号为 L，其数值为 $E_{si}=-16f_{pt}$。

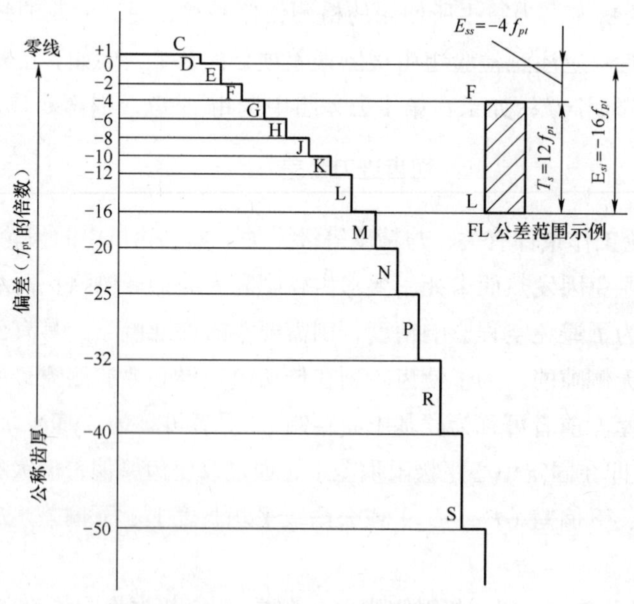

图4-42 齿厚极限偏差标准代号

表 4-8　　齿厚极限偏差

$C=+1f_{pt}$	$G=-6f_{pt}$	$L=-16f_{pt}$	$R=-40f_{pt}$
$D=0$	$H=-8f_{pt}$	$M=-20f_{pt}$	$S=-50f_{pt}$
$E=-2f_{pt}$	$J=-10f_{pt}$	$N=-25f_{pt}$	
$F=-4f_{pt}$	$K=-12f_{pt}$	$P=-32f_{pt}$	

（3）齿厚上偏差 E_{ss} 的确定。齿厚上偏差不仅要保证齿轮副传动所需的最小极限侧隙，同时还要补偿由加工、安装误差所引起的侧隙减小量。其计算公式为

$$E_{ss}=-\left[f_a\tan\alpha+\frac{j_{n\min}+K}{2\cos\alpha_n}\right]$$

式中：f_a —— 中心距极限偏差，可按齿轮第Ⅱ公差组精度等级由表 4-33 查得；

K —— 齿轮副制造和安装误差所引起的侧隙减小量，可按下式计算：

$$K=\sqrt{f_{Pb1}^2+f_{Pb2}^2+2.104F_\beta^2}$$

将计算得到的齿厚上偏差除以齿距极限偏差 f_{pt}，并圆整成整数，再按表 4-25 选取适当的齿厚上偏差代号。

（4）齿厚下偏差 E_{si} 的确定。齿厚下偏差 E_{si} 由齿厚的上偏差 E_{ss} 和公差 T_s 求得，其计算公式为

$$E_{si}=E_{ss}-T_s$$

式中：T_s ——齿厚公差。

齿厚公差与齿厚上偏差无关，它主要取决于切齿时进刀的调整误差和齿圈径向跳动，可按下式计算：

$$T_s=\sqrt{F_r^2+b_r^2}\times2\tan\alpha_n$$

式中：F_r —— 齿圈径向跳动公差；

b_r —— 切齿进刀公差，其推荐值按表 4-9 选用。表中的 IT 值按齿轮分度圆直径查标准尺寸公差数值表。

表 4-9　　切齿进刀公差

第Ⅱ公差组精度等级	5	6	7	8	9
b_r 值	IT8	1.26IT7	IT9	1.26IT9	IT10

当侧隙要求严格，而齿厚极限偏差又不能以标准规定的 14 个代号选取时，标准允许用数值直接表示齿厚极限偏差。

（5）公法线平均长度极限偏差的换算。测量公法线长度比测量齿厚方便、准确，而且还能同时评定齿轮传递运动准确性和侧隙。因此，在实际应用中，对中等精度及其以上的齿轮，常常用公法线平均长度极限偏差取代齿厚极限偏差的检测。但标准中没有直接给出公法线平均长度极限偏差的数值，只给出了它与齿厚极限偏差的换算公式。对外齿轮，其换算公式为

$$E_{wms}=E_{ss}\cos\alpha_n - 0.72F_r\sin\alpha_n$$

$$E_{wmi}=E_{si}\cos\alpha_n - 0.72F_r\sin\alpha_n$$

4. 齿坯精度和齿轮的表面粗糙度

齿轮在加工、检验和装配时，径向基准面和轴向辅助基准面应尽量一致，通常采用齿坯内孔（或顶圆）和端面作为基准，其精度对齿轮加工质量有很大的影响。齿坯的公差值按表 4-10 确定，表面粗糙度推荐值如表 4-11 所示。

表 4-10 齿坯公差

齿轮精度等级①		6	7	8	9
孔	尺寸公差、形状公差	IT6	IT7		IT8
轴	尺寸公差、形状公差	IT5	IT6		IT7
顶圆直径②		IT8			IT9
分度圆直径/mm		齿坯基准面径向和端面圆跳动/μm			
大于	到	精度等级			
		6	7	8	9
—	125	11	18	18	28
125	400	14	22	22	36
400	800	20	32	32	50

注：① 当 3 个公差组的精度等级不同时，按最高的精度等级确定公差值。

② 当顶圆不作测量齿厚基准时，尺寸公差按 IT11 给定，但不大于 $0.1m_n$；当以顶圆作基准面时，齿坯基准面径向跳动就是指顶圆的径向跳动。

表 4-11 齿轮各表面的表面粗糙度推荐值 （μm）

精度等级	6	7		8	9	
齿面	0.8～1.6	1.6	3.2	6.3（3.2）	6.3	12.5
齿面加工方法	磨齿或珩齿	剃齿或珩齿	滚齿或插齿	滚齿或插齿	滚齿	铣齿
基准孔	1.6	1.6～3.2			6.3	
基准轴径	0.8	1.6		3.2		
基准端面	3.2～6.3			6.3		
顶圆	6.3					

注：当 3 个公差组的精度等级不同时，按最高的精度等级确定 Ra 值。

5. 齿轮精度标注及标准

（1）齿轮精度标注在齿轮零件图上应标注齿轮的精度等级和齿厚偏差的字母代号。标注示例如下：

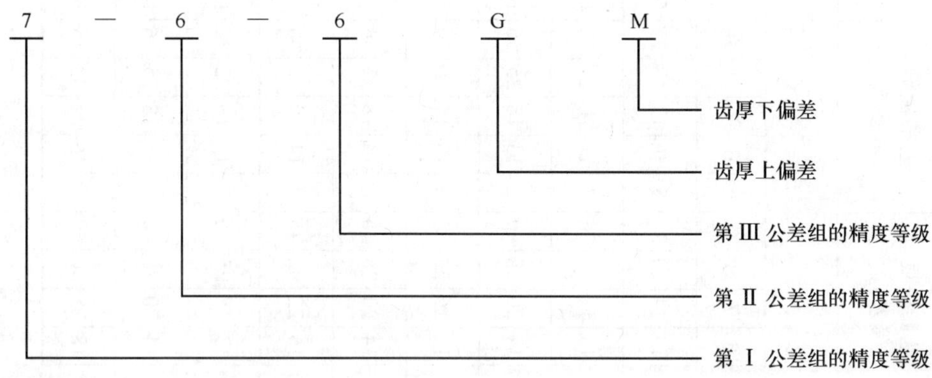

（2）齿轮精度标准。对单个直齿圆柱齿轮而言，为保证其精度要求，标准对每个精度都规定了 12 项评定指标，并对每项评定指标规定了公差值或极限偏差值。其中有 10 项指标的公差或极限偏差值（F_p、F_{pk}、F_r、F_i''、F_w、f_i''、f_f、f_{pb}、f_{pt}、F_β）用列表的方式给出（见表 4-12～表 4-14）。

表 4-12　　齿距累积公差 F_p 及 F_{pk}（摘自 GB 10095—88）

L/mm		精 度 等 级/μm				
大于	到	5	6	7	8	9
20	32	12	20	28	40	56
32	50	14	22	32	45	63
50	80	16	25	36	50	71
80	160	20	32	45	63	90
160	315	28	45	63	90	125
315	630	40	63	90	125	180
630	1 000	50	80	112	160	224
1 000	1 600	63	100	140	200	280

注：1. F_p 和 F_{pk} 按分度圆弧长查表。

查 F_p 时，取 $L=\pi d/2$；

查 F_{pk} 时，取 $L=K\pi mn$（K 为 $2\sim z/2$ 的整数）。

2. 一般对于 F_{pk}，K 值规定取为小于 $z/6$（或 $z/8$）的最大整数。

表 4-13 齿圈径向跳动 F_r、公法线长度变动 F_w、径向综合公差 F_i''、齿形公差 f_f、齿距极限偏差 f_{pt}、基节极限偏差 f_{pb}、一齿径向综合公差 f_i''（摘自 GB 10095—88）

（μm）

分度圆直径/mm	法向模数/mm	齿圈径向跳动 F_r					公法线长度变动 F_w					径向综合公差 F_i''					齿形公差 f_f					齿距极限偏差 f_{pt}					基节极限偏差 f_{pb}					一齿径向综合公差 f_i''				
		精度等级																																		
		5	6	7	8	9	5	6	7	8	9	5	6	7	8	9	5	6	7	8	9	5	6	7	8	9	5	6	7	8	9	5	6	7	8	9
≤125	1～3.5	16	25	36	45	71						22	36	50	63	90	6	8	11	14	22	6	10	14	20	28	5	9	13	18	25	10	14	20	28	36
	3.5～6.3	18	28	40	50	80	12	20	28	40	56	25	40	56	71	112	7	10	14	20	32	8	13	18	25	36	7	11	16	22	32	13	18	25	36	45
	6.3～10	20	32	45	56	90						28	45	63	80	125	8	12	17	22	36	9	14	20	28	40	8	13	18	25	36	14	20	28	40	50
125～400	1～3.5	22	36	50	63	80						32	50	71	90	112	7	9	13	18	28	7	11	16	22	32	6	10	14	20	30	11	16	22	32	40
	3.5～6.3	25	40	56	71	100	16	25	36	50	71	36	56	80	100	140	8	11	16	22	36	9	14	20	28	40	8	13	18	25	36	14	20	28	40	50
	6.3～10	28	45	63	86	112						40	63	90	112	160	9	13	19	28	45	10	16	22	32	45	9	14	20	30	40	16	22	32	45	56
400～800	1～3.5	28	45	63	80	100						40	63	90	112	140	9	12	17	25	40	8	13	18	25	36	7	11	16	22	32	13	18	25	36	45
	3.5～6.3	32	50	71	90	112	20	32	45	63	90	45	71	100	125	160	10	14	20	28	45	9	14	20	28	40	8	13	18	25	36	14	20	28	40	50
	6.3～10	36	56	80	100	125						50	80	112	140	180	11	16	24	36	56	11	18	25	36	50	10	16	22	32	45	16	22	32	45	56

表 4-14　　向公差 F_β（摘自 GB 10095—88）　　（μm）

齿轮宽度/mm		精度等级				
大于	到	5	6	7	8	9
—	40	7	9	11	18	28
40	100	10	12	16	25	40
100	160	12	16	20	32	50

对 F_i' 和 f_i' 的公差值，则按下式计算：

$$F_i' = F_p + f_f$$

$$f_i' = 0.6(f_f + f_{pt})$$

为保证齿轮副的精度要求，标准也对接触斑点和中心距极限偏差的数值用列表的方式给出（见表 4-15 和表 4-16），供设计使用时参考。关于 GB/T 10095.1～2 等新标准中规定的偏差、公差值，请参照标准原件。同理，在 GB/T 10095 等新标准全面实施后，标注代号也应按新标准规定表示。

表 4-15　　轮副接触斑点（摘自 GB 10095—88）　　（%）

接触斑点	齿轮精度				
	5	6	7	8	9
按高度不小于	55	50	45	40	30
按长度不小于	80	70	60	50	40

表 4-16　　心距极限偏差 $\pm f_a$　　（μm）

第Ⅱ公差组精度等级	齿轮副的中心距 a/mm							
	30～50	50～80	80～120	120～180	180～250	250～315	315～400	400～500
5～6	12.5	15	17.5	20	23	26	28.5	31.5
7～8	19.5	23	27	31.5	36	40.5	44.5	48.5
9～10	31	37	43.5	50	57.5	65	70	77.5

（五）减速器中圆柱齿轮的精度设计

下面举例说明渐开线圆柱齿轮精度标准的应用。

【例题】某通用减速器有一带孔的直齿圆柱齿轮，已知：模数 m=3mm，齿轮齿数 Z=32，中心距 a=288mm，孔径 D=40mm，齿形角 α=20°，齿宽 b=20mm，其传递的最大功率为 P=7.5kW，转速

n=1 280r/min，齿轮的材料为 45 钢，减速器箱体的材料为铸铁，齿轮的工作温度 t_1= 60℃，减速器箱体的工作温度 t_2=40℃，该减速器为小批生产。试确定齿轮的精度等级、有关侧隙的指标、齿坯公差和表面粗糙度，并绘制齿轮工作图。

解：（1）确定齿轮的精度等级。

传递动力的齿轮一般应根据分度圆的圆周速度来确定齿轮的精度等级。分度圆的圆周速度直径为：

$$v = \frac{\pi dn}{1\,000\times 60} = \frac{3.14\times 3\times 32\times 1\,280}{1\,000\times 60} = 6.43\text{m/s}$$

从表 4-3 和表 4-4 中可知，根据圆周速度，齿轮的精度等级选用 7 级。由于一般减速器对运动准确性的要求不高，故其中切向综合总偏差和齿距累积总偏差 F_p（F_{pk}）等指标也可选低一级，即选为 8 级精度。

（2）用计算法确定有关侧隙指标。

① 计算最小极限侧隙。由于分度圆的速度 $v < 12\text{m/s}$，故取 $j_{n2} = 0.01m_n = 0.01\times 3 = 0.03\text{mm}$

从有关手册中查得：齿轮 45 号钢的线膨胀系数为 α_1=11.5 × 10^{-6}；铸铁箱体 α_2=10.5 × 10^{-6}。

由题知：

$$\Delta t_1 = 60 - 20 = 40℃$$

$$\Delta t_2 = 40 - 20 = 20℃$$

则 $j_{n1} = a(\alpha_1\Delta t_1 - \alpha_2\Delta t_2)2\sin\alpha_n$

$=288 \times (11.5 \times 10^{-6} \times 40 - 10.5 \times 10^{-6} \times 20) \times 2 \times 0.342$

$=0.049$ mm

故 $j_{n\min} = j_{n1} + j_{n2} = 0.03 + 0.049 = 0.079$ mm

② 确定齿厚上偏差。

$$E_{ss} = -(f_a \tan\alpha_n + \frac{j_{n\min} + J_n}{2\cos\alpha_n})$$

式中：$J_n = \sqrt{f_{pb1}^2 + f_{pb2}^2 + 2.104F_\beta^2}$

由于本例中齿轮副的一对齿轮工作要求相同，故令 $f_{pb1} = f_{pb2}$，则

$$J_n = \sqrt{0.013^2 + 0.013^2 + 2.104\times 0.011^2} = 0.024\text{ mm}$$

查附录 G 得：f_a=0.040 5mm，代入上式得

$$E_{ss} = -\left(0.040\,5\times 0.364 + \frac{0.079+0.024}{2\times 0.940}\right) = -0.070\text{ mm}$$

③ 确定齿厚下偏差。$E_{si}=E_{ss} - T_s$

$$T_s = 2\tan\alpha_n \times \sqrt{b_r^2 + F_r^2}$$

因切向综合总偏差　和齿距累积总偏差 F_p（F_{pk}）为 8 级精度，从表 4-9 中可知：b_r = 1.26IT9，现分度圆直径为 96mm，则

$$b_r = 1.26\text{IT9} = 1.26 \times 0.087 = 0.110\text{ mm}$$

$$T_s = 2\times0.364\times\sqrt{0.110^2+0.063^2} = 0.092\text{mm}$$

$$E_{si} = (-0.070-0.092)\text{mm} = -0.162\text{mm}$$

（3）计算公法线平均长度偏差。

由于在确定检验项目时，应考虑采用测量器具的协调性，则若选用了齿距累积总偏差 F_p（F_{pk}），则侧隙的检测可采用 E_{wms}、E_{wmi} 指标。

这样只要用同一公法线百分尺就可解决两项指标，减少了所使用的测量器具品种，既经济且检测也方便。同时测量齿厚通常只用于较低的齿轮精度，故本例采用了公法线平均长度偏差指标。

$$E_{wms} = E_{ss}\cos\alpha - 0.72F_r\sin\alpha$$

$$= -0.070\times0.940-0.72\times0.063\times0.342 = -0.093\text{ mm}$$

$$E_{wmi} = E_{wms} - T_W$$

$$T_W = T_s\cos\alpha - 1.44F_r\sin\alpha$$

$$= 0.084\times0.940-1.44\times0.063\times0.342 = -0.048\text{ mm}$$

$$E_{wmi} = -0.093-0.048 = -0.141\text{ mm}$$

因跨齿数 $k = \dfrac{z}{9}+0.5 = \dfrac{32}{9}+0.5 \approx 4$

故公法线长度为 $W = m\left[1.476(2k-1)+0.014z\right]$

$$= 3\times\left[1.476\times(2\times4-1)+0.014\times32\right] = 32.34\text{mm}$$

因此，在齿轮工作图上的标注为 $32.34^{-0.093}_{-0.141}$ mm 。

（4）确定齿坯公差。

从表 4-10 查得：

① 齿轮内孔 ϕ 40mm 作为加工、测量和装配的基准，其尺寸公差为 IT7，形状公差与尺寸公差关系采用包容原则，内孔按基准孔制确定，则孔的尺寸标注为 $\phi40H7(^{+0.025}_{0})$ Ⓔmm。

② 齿轮顶圆因不需要作为齿厚的测量基准，故尺寸公差为 IT11，且是非配合尺寸，取基本偏差为 h，则齿轮顶圆的尺寸标注为 $\phi102h11(^{0}_{-0.22})$ mm。

③ 基准端面的圆跳动公差为 0.018 mm。

（5）齿轮主要工作表面的表面粗糙度。

从表 4-11 中查得：

齿面粗糙度 $Ra \leqslant 1.25\mu m$；

基准端面粗糙度 $Ra \leqslant 5\mu m$；

齿轮顶圆表面粗糙度 $Ra \leqslant 5\mu m$；

基准孔表面粗糙度 $Ra \leqslant 2.5\mu m$

（6）齿轮工作简图。

如图 4-43 所示。

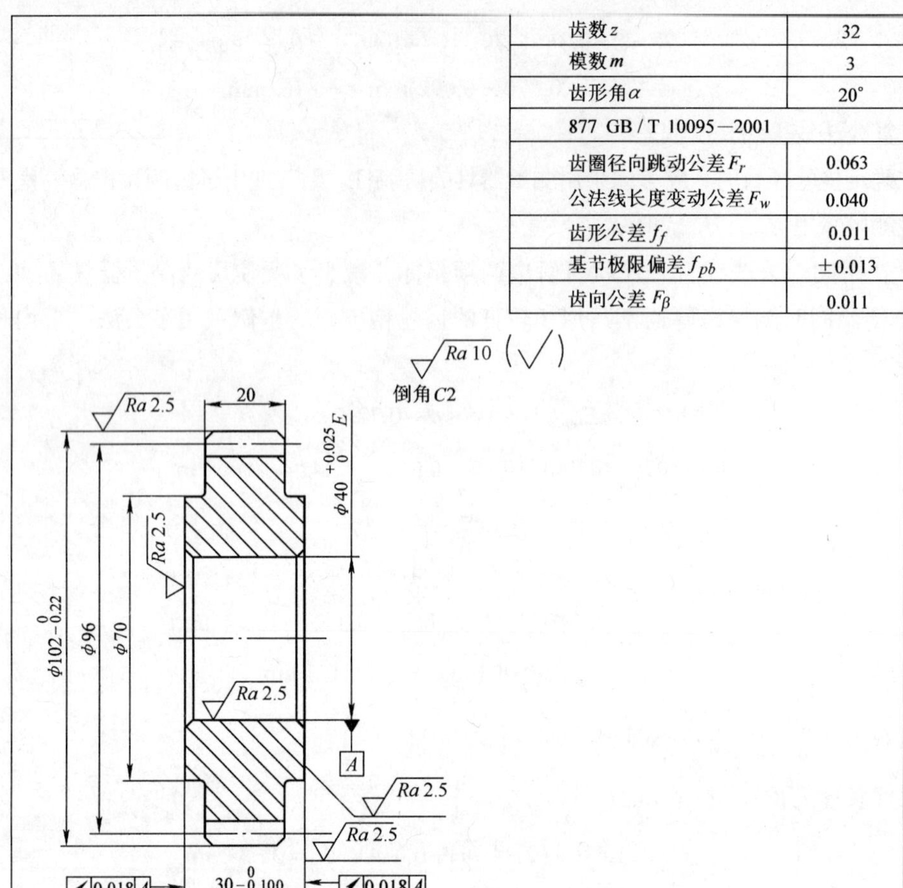

图4-43 齿轮工作图

四、任务小结

- 选择精度等级的方法有计算法和类比法（经验法、表格法）。一般多采用类比法。
- 检验项目的选择，须根据齿轮传动的使用精度、检测目的、生产条件、检测手段及经济效益。
- 由于齿坯的加工精度对齿轮加工的精度、测量准确度和安装精度影响很大，在一定的条件下，用控制齿轮毛坯精度来保证和提高齿轮加工精度是一项积极措施。因此，标准对齿轮毛坯公差作了具体规定。

五、思考题与练习

4-1 齿轮传动有哪些使用要求？

4-2 影响齿轮使用要求的误差有哪些？分别来自哪几方面？

4-3　反映传递运动准确性的单个齿轮检测指标有哪些？试叙述各项指标的检测项目名称和字母符号。

4-4　反映传动工作平稳性的单个齿轮检测指标有哪些？试叙述各项指标的检测项目名称和字母符号。

4-5　反映载荷分布均匀性的单个齿轮检测指标有哪些？试叙述各项指标的检测项目名称和字母符号。

4-6　反映齿侧间隙的单个齿轮检测指标有哪些？试叙述各项指标的检测项目名称和字母符号。

4-7　反映齿侧间隙的齿轮副检测指标是什么？试叙述其检测项目名称和字母符号。

4-8　选择齿轮精度等级时应考虑哪些因素？

4-9　齿轮精度标准中，为什么规定检验组？合理地选择检验组应考虑哪些问题？

4-10　规定齿坯公差的目的是什么？齿坯公差主要有哪些项目？

4-11　某减速器中的某一标准渐开线直齿圆柱齿轮，已知模数 m=4mm，α=20°，齿数 z=40，齿宽 b=60mm，齿轮的精度等级代号为 8FH GB/T 10095—1988，中小批量生产，试选择其检验项目，并查表确定齿轮的各项公差与极限偏差的数值。

4-12　项目训练

1. 某直齿圆柱齿轮减速器，其传递的功率为 5kW，高速轴转速 n=700 r/min，齿轮的模数 m=3 mm，齿形角 $\alpha = 20^\circ$，小齿轮为齿轮轴，齿数 Z_1=20，齿宽 b=60mm，大齿轮齿数 Z_2=79。该减速器为小批生产，试确定小齿轮的精度等级、检验组、齿厚极限偏差代号、侧隙及其评定指标和齿坯、箱体公差及主要表面粗糙度，并画出齿轮工作图。设齿轮的材料为钢，线膨胀系数 $\alpha_1 = 11.5\times10^{-6}$；箱体的材料为铸铁，线膨胀系数 $\alpha_2 = 10.5\times10^{-6}$。在传动工作时，齿轮的温度 $t_1 = 45$ ℃，箱体的温度 $t_2 = 30$ ℃。

2. 设上题的减速器为大批量生产。试确定大齿轮的精度等级、检验组、齿厚极限偏差代号、侧隙及其评定指标和齿坯公差及主要表面粗糙度，并画出齿轮工作图。

Chapter 5

任务五

模具的精度与检测

【促成目标】

① 建立模具精度的概念。
② 会选用与检验粗糙度误差。
③ 了解模具的种类、功能与结构特点。
④ 了解典型模具零件的加工方法。
⑤ 会测量模具零件的形位误差及粗糙度。

【最终目标】

了解模具的概念、分类、功能及结构特点，在此基础上，掌握典型模具的加工方法及装配技术要求，并能用检测手段保证其装配精度，能测量导柱与导套等零件的形状和位置误差，并控制其粗糙度误差。

一、工作任务

通过对本任务“二、基础知识”的学习，认真填写下面的《学习任务单》、《学习报告单一——测量导柱与导套等零件的形状和位置误差》和《学习报告单二——测量导柱与导套的表面粗糙度误差》。

学习任务单

<table>
<tr><td>学习情境</td><td>检测模具的装配精度及其导柱、导套形状和位置误差</td><td>姓名</td><td></td><td>日期</td><td></td></tr>
<tr><td>学习任务</td><td>能利用相关检测手段检测模具的装配精度、导柱、导套的形状和位置误差</td><td>班级</td><td></td><td>教师</td><td></td></tr>
<tr><td>任务目标</td><td colspan="5">了解模具的种类、功能与结构特点和典型模具零件的加工方法，测量模具零件的形位误差及粗糙度</td></tr>
<tr><td>任务要求</td><td colspan="5">掌握典型模具的加工方法及装配技术要求，并能用检测手段保证其装配精度，能测量导柱与导套等零件的形状和位置误差，并控制其粗糙度误差</td></tr>
<tr><td>条件配备</td><td colspan="5">正弦规、光滑极限量规、数显游标卡尺、百分表、直角尺、外径千分尺、锥度心轴</td></tr>
<tr><td colspan="6">• 根据提供的资料和老师讲解，学习完成任务必备的理论知识要点
① 掌握典型模具的加工方法及装配技术要求。
② 运用检测手段保证模具装配精度。
③ 测量导柱与导套等零件的形状和位置误差。
④ 测量导柱与导套的表面粗糙度误差。

• 根据现场提供的零部件及工具，完成测量项目
➡ 掌握正弦规、光滑极限量规、数显游标卡尺、百分表、直角尺、外径千分尺、锥度心轴的使用方法。

• 完成任务后，填写学习报告单并上交，作为考核依据</td></tr>
</table>

1. 认识冲压（冲孔）模具

本任务是装配如图 5-1 所示的冲孔模。通过本任务介绍单工序冲裁模的装配工艺与要求以及各类模架的装配、检测方法，要求学生了解冲孔模装配的全过程，掌握单工序冲裁模装配技能。

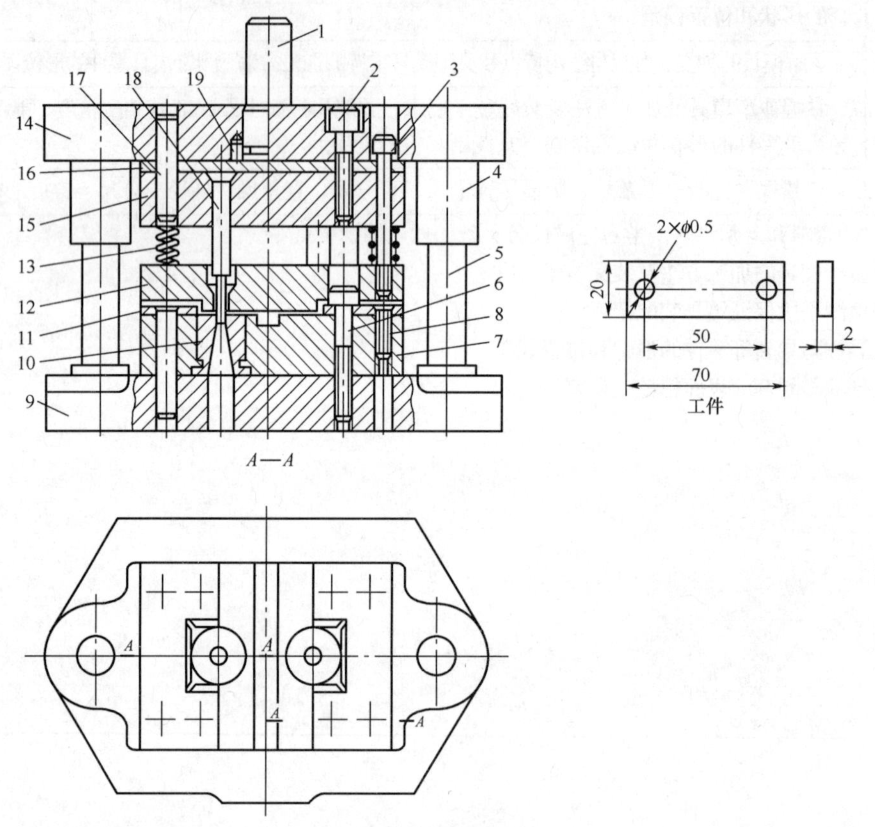

图5-1 冲孔模具

1—模柄；2、6—螺钉；3—卸料螺钉；4—导套；5—导柱；7、15—固定板；8、17、19—销钉；9—下模座；10—凹模；11—定位板；12—弹压卸料板；13—弹簧；14—上模座；16—垫板 18—凸模

图 5-1 所示的冲孔模，其冲裁材料为 H62 黄铜板，厚度为 2mm，该模具的结构特点为：模具为中间式导柱导套，凹模采用镶拼形式，两凸模采用压入法安装在固定板 15 上，再反铆接，卸料板用弹簧弹性卸料。

根据任务描述，由图 5-1 所示的模具结构可知，该模具具有导向装置，主要由模架、冲孔凸模、冲孔凹模、卸料装置等组成。分析模具结构，影响模具装配质量的因素主要有以下几个方面：一是导柱垂直度，二是冲孔凸模与凸模固定板装配基面的垂直度，三是凸模与凹模的间隙均匀性，四是卸料板定位位置的准确性。

冲模装配是冲模制造中的关键工序。冲模装配质量如何，将直接影响到制件的质量、冲模的技术状态和使用寿命。

冲模装配过程中，钳工的主要工作是把已加工好的冲模零件按照装配图的技术要求装配、修整成一副完整、合格的优质模具。

2. 检测导柱与导套的形状和位置误差

学习报告单一——测量导柱与导套等零件的形状和位置误差

学习情境		姓名		成绩	
学习任务	测量导柱与导套等零件的形状和位置误差	班级		教师	
1. 实训目的：要求和内容					
2. 实训主要设备、仪器、工具、材料、工装等					
3. 实训步骤（画一张测量简图）					
4. 实训记录及数据分析、总结					
5. 实训过程中的注意事项，实训后的思考、认识、深化、联想、建议等					

3. 测量导柱与导套的表面粗糙度误差

学习报告单二 ——测量导柱与导套的表面粗糙度误差

学习情境		姓名		成绩	
学习任务	测量导柱与导套的表面粗糙度误差	班级		教师	
1. 实训目的：要求和内容					
2. 实训主要设备、仪器、工具、材料、工装等					
3. 实训步骤（画一张测量简图）					
4. 实训记录及数据分析、总结					
5. 实训过程中的注意事项，实训后的思考、认识、深化、联想、建议等					

通过对以上冲压（冲孔）模具的学习，同学们已了解模具的结构特点、功能以及各零件之间的装配关系，接下来我们研究典型模具的相关零件的加工方法及装配要求等具体内容。

二、基础知识

（一）模具的机械加工

1. 导柱和导套的加工

模架的主要作用是用于安装模具的其他零件，并保证模具的工作部分在工作时具有正确的相对位置，其结构尺寸已标准化（见 GB/T 2851—90、GB/T 2852—90）。常见的滑动导向模架如图 5-2 所示，尽管其结构各不相同，但它们的主要组成零件上模座、下模座都是平板形状（故又称上模板、下模板），模架的加工主要是进行平面及孔系加工。模架中的导套和导柱是机械加工中常见的套类和轴类零件，主要进行内外圆柱表面的加工。本节仅以后侧导柱的模架为例讨论模架组成零件的加工工艺。

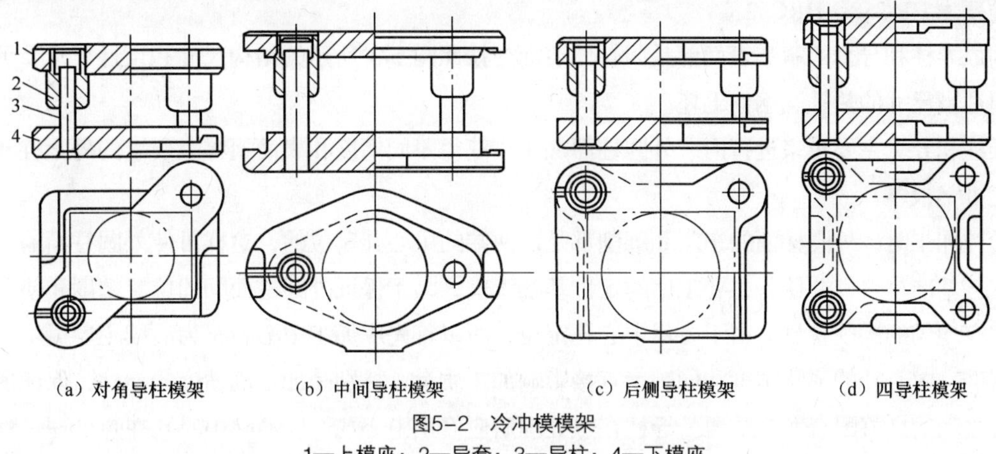

图5-2 冷冲模模架

1—上模座；2—导套；3—导柱；4—下模座

图 5-3 所示分别为冷冲模标准导柱和导套。它们在模具中起定位和导向作用，保证凸、凹模在工作时具有正确的相对位置。为了保证良好的导向，导柱和导套在装配后应保证模架的活动部分移动平稳，所以在加工中除了保证导柱、导套配合表面的尺寸和形状精度外，还应保证导柱、导套各自配合面之间的同轴度要求。

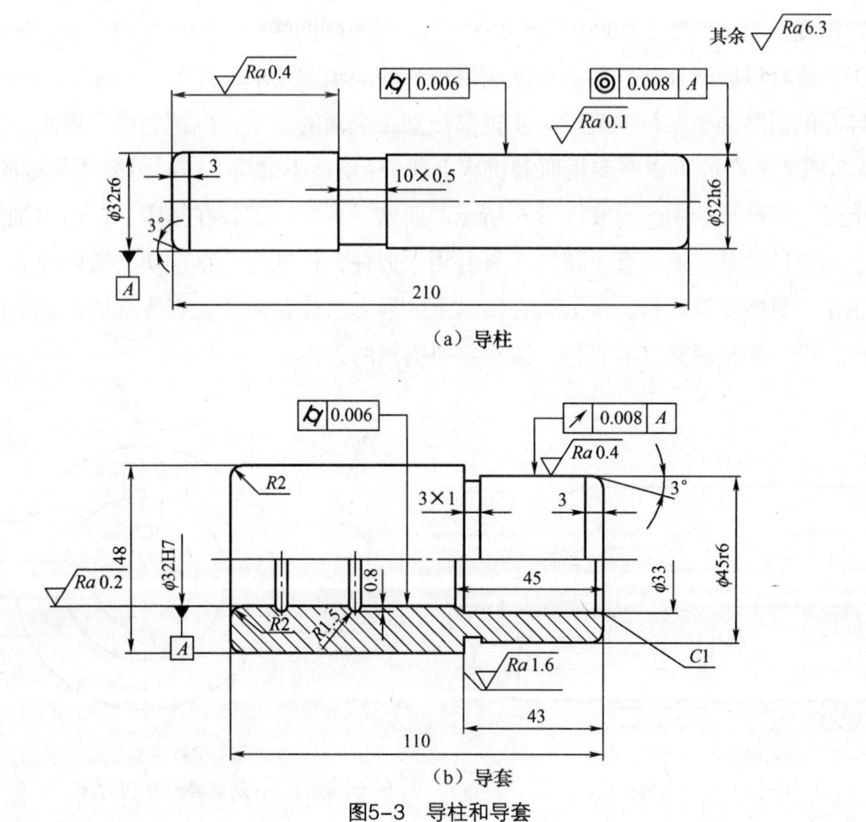

图5-3 导柱和导套

为了提高导柱、导套的硬度和耐磨性并保持较好的韧性，采用低碳钢（20 钢）制成的导柱和导套一般先进行渗碳、淬火等热处理，采用碳素工具钢（T10A）制成的导柱和导套应进行淬火处理，淬火硬度为 HRC58～HRC62。

构成导柱和导套的基本表面都是回转体表面，按照图 5-3 所示的结构尺寸和设计要求，可以直接选用适当尺寸的热轧圆钢作毛坯。

导柱和导套主要用来进行内、外圆柱面加工，获得不同精度和表面粗糙度要求的外圆柱和内孔的加工方案很多。

导柱加工时，外圆柱面的车削和磨削都是以两端的中心孔定位的，这样可使外圆柱面的设计基准与工艺基准重合，并使各主要工序的定位基准统一，易于保证外圆柱面间的位置精度和使各磨削表面都有均匀的磨削余量。由于要用中心孔定位，所以首先应加工中心孔，为后续工序提供可靠的定位基准。中心孔的形状精度和同轴度直接影响加工质量，特别是加工高精度的导柱，保证中心孔与顶尖之间的良好配合尤为重要。导柱在热处理后应修正中心孔，以消除中心孔在热处理过程中可能产生的变形和其他缺陷，使磨削外圆柱面时能获得精确定位，以保证外圆柱面的形状和位置精度要求。修正中心孔可以采用研磨、挤压等方法，在车床、钻床或专用机床上进行。

导套磨削时要正确选择定位基准，以保证内、外圆柱面的同轴度要求。工件热处理后，在万能外圆磨床上，利用三爪卡盘夹住 φ48mm 非配合外圆柱面，一次装夹后磨出 ϕ32H7 和 ϕ45r6 的内、外圆柱面。如果加工同一尺寸数量较多的导套，可以先磨好内孔，再将导套装在专门设计和制造的具有高精度的锥度心轴（锥度 1/1 000～1/5 000）上，以心轴两端的中心孔定位，借心轴和导套间的摩擦力带动工件旋转以磨削外圆柱面，也能满足较高的同轴度要求，如图 5-4 所示。

导柱和导套的研磨加工，目的是进一步提高被加工表面的质量，以达到设计要求。生产数量大时（如专门从事模架生产），可以在专用研磨机床上研磨；单件小批量生产时可采用简单的研磨工具，在普通车床上进行研磨，如图 5-5 和图 5-6 所示。研磨时将导柱安装在车床上，由主轴带动旋转，导柱表面涂上一层研磨剂，然后套上研磨工具并用手握住，作轴向往复运动。研磨导套与研磨导柱类似，由主轴带动研磨工具旋转，手握套在研具上的导套，作轴向往复直线运动。调节研具上的调整螺钉和螺母，可以调整研磨套的直径，以控制研磨量的大小。

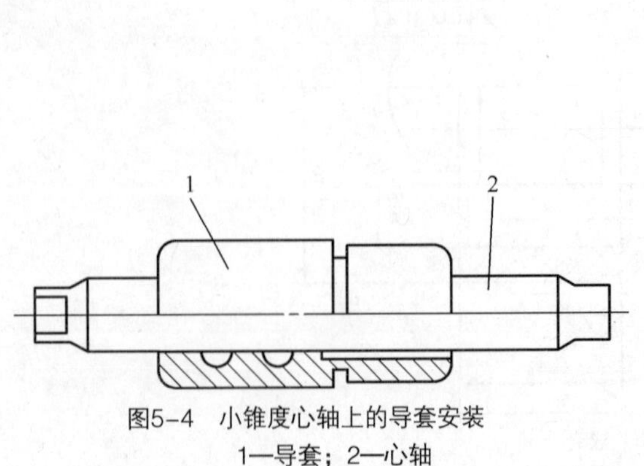

图5-4　小锥度心轴上的导套安装
1—导套；2—心轴

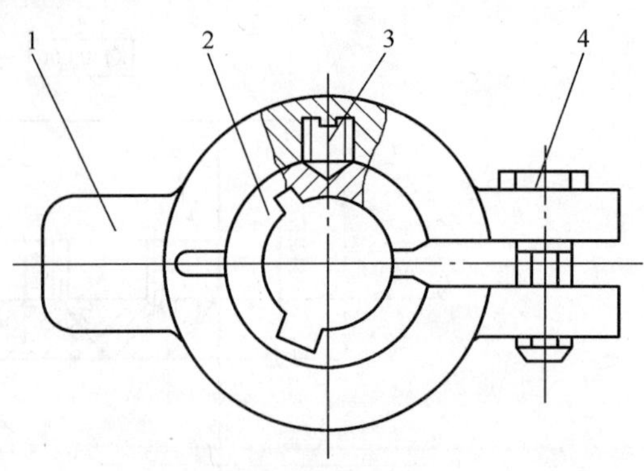

图5-5　导柱研磨工具
1—研磨架；2—研磨套；3—止动螺钉；4—调整螺钉

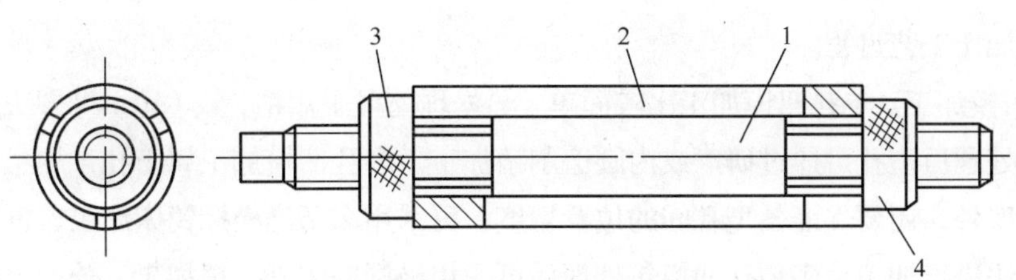

图5-6 导套研磨工具
1—锥度心轴；2—研磨套；3、4—调整（锁紧）螺母

2. 模座和模板的加工

模座（包括上、下模座，动、定模座板等）和模板（包括各种固定板、套板、支承板、垫板等）都属于板类零件，其结构、尺寸已标准化。冷冲模座多用铸铁或钢板制造，而塑料模或压铸模的座板和各种模板多用中碳钢制造。在制造过程中，主要是进行平面加工和孔系加工。为保证模架的装配要求，加工后应保证模座上、下平面的平行度要求及装配时有关接合面的平面度要求。

平面的加工方法有车、刨、铣、磨、研磨、刮研，可根据模座与模板的不同精度和表面粗糙度要求选用，并组成合理的加工工艺方案。

加工模座、模板上的导柱和导套孔除应保证孔本身的尺寸精度外，还要保证各孔之间的位置精度。可采用坐标镗床、数控镗床或数控铣床进行加工。若无上述设备或设备精度不够时，也可在卧式镗床或铣床上将模座或模板一次装夹，同时镗出相应的导柱孔或导套，以保证其同轴度，如图 5-7 所示。

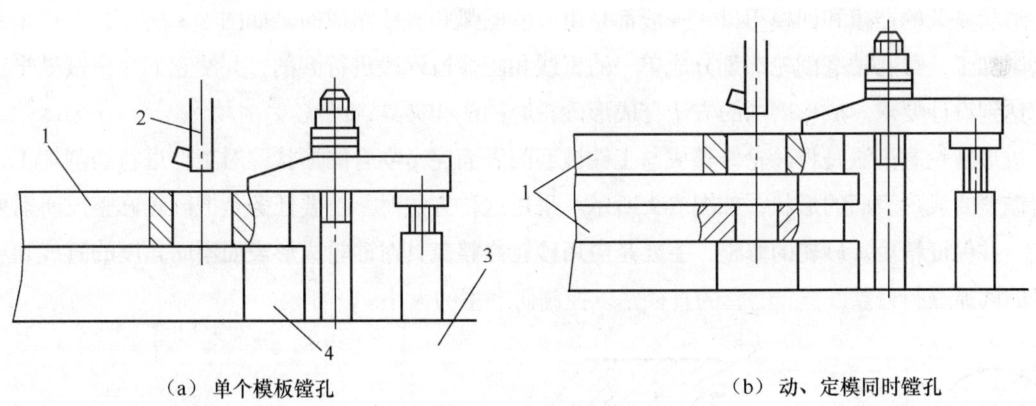

（a）单个模板镗孔　　（b）动、定模同时镗孔

图5-7 模板的装夹
1—模板；2—镗杆；3—工作台；4—等高垫铁

3. 凸凹模的加工

（1）凸模加工工艺过程。

① 圆形凸模加工。圆形凸模加工比较简单，热处理前毛坯经车削加工，配合面留适当磨削余量；热处理后，经外圆磨削即可达到技术要求。

② 非圆凸模加工。非圆凸模加工过程为：下料→锻造→退火→粗加工→粗磨基准面→划线→工作型面半精加工→淬火、回火→磨削→修研。

（2）凹模加工工艺过程。

① 圆形凹模加工。单孔凹模加工比较简单，热处理前可采用钻、铰（镗）等方法进行粗加工和半精加工。热处理后型孔可通过研磨或内圆磨削精加工。多孔凹模加工属于孔系加工，除保证孔的尺寸及形状精度外，还要保证各型孔间的位置精度。可采用高精度坐标镗床加工，也可在普通立式铣床上按坐标法进行加工。多型孔凹模热处理后可采用坐标磨床进行精加工。若无坐标磨床或型孔过小时，也可在镗（铰）时留 0.01～0.02mm（双面）研磨余量，热处理（严格控制变形）后由钳工对型孔进行研磨加工。

② 非圆形凹模加工。非圆形凹模的加工过程为：下料→锻造→退火→粗加工六面→粗磨基准面→划线→型孔半精加工→（型孔精加工）→淬火、回火→精磨（研磨）。

（3）凸、凹模工作型面的机械加工方法。凸、凹模零件一般由两部分组成，即工作部分（用于冲压工件）和非工作部分（用于装配和连接等）。非工作部分可采用普通机械加工方法，如车、铣、刨、磨、钳等。工作部分由于形状结构复杂、经热处理后硬度高等原因，热处理之前采用车、铣、刨、磨等进行粗加工或半精加工，热处理之后再进行精加工。

下面介绍冲裁模凸、凹模的常用精加工方法。

① 成形磨削法。成形磨削可以对凸模、凹模镶块、电火花用电极等零件的成形表面进行精加工，也可加工硬质合金和热处理后的高硬度模具零件。成形磨削对制造精度高、寿命长的模具具有十分重要的意义。成形磨削可以在普通平面磨床、工具磨床或专用磨床上采用专门工具或成形砂轮进行。

形状复杂的凸模和凹模刃口，一般都是由一些圆弧和直线组成的。如图 5-8 所示，凸模采用成形磨削加工，可将被磨削轮廓划分成单一的直线和圆弧段逐段进行磨削，并使它们在衔接处平整光滑，达到设计要求。成形磨削的方法有成形砂轮磨削法和夹具磨削法。

成形砂轮磨削法是将砂轮修整成与工件被磨削表面完全吻合的形状，对工件进行磨削加工，获得所需要的成形表面的形状，如图 5-9 所示。采用这种方法时，首要任务是把砂轮修整成所需要的形状，并保证精度。砂轮的修整，主要是应用砂轮修整工具对砂轮成形表面不同角度的直线和不同半径的圆弧进行修整。

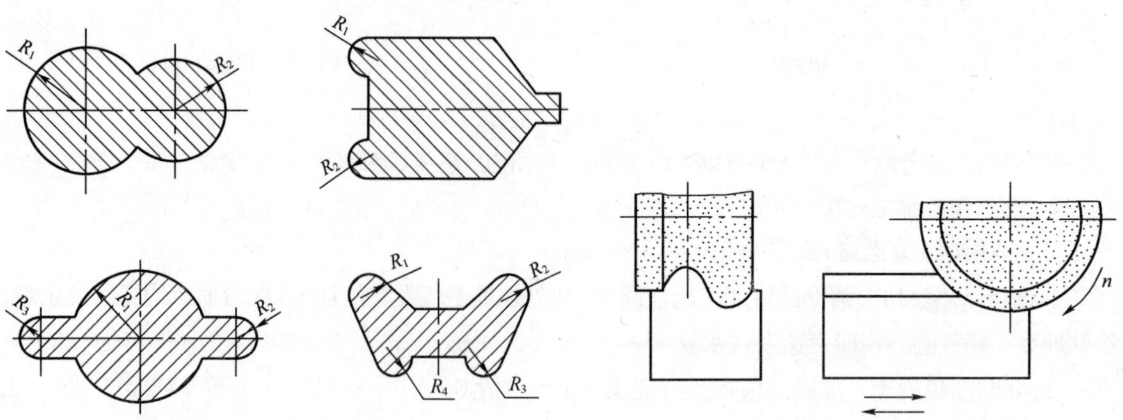

图5-8 凸模型芯的刃口形状

图5-9 成形砂轮磨削法

夹具成形磨削法是将工件装夹在专用夹具上，利用专用夹具使工件的被磨削表面处于所要求的空间位置上，或者使工件在磨削过程中获得所需要的进给运动，磨削出模具零件的成形表面。

成形磨削加工的专用设备有成形磨床、光学曲线磨床，近几年随着数控技术的发展，数控成形磨床也大量用于模具的制造。数控成形磨床是以平面磨床为基础发展起来的，除工作台纵向往复直线运动和前、后（横向）进给及砂轮的旋转运动外，砂轮还可以作垂直进给运动和任意角度的倾斜。对砂轮的垂直进给和工作台的横向进给运动，采用了数字指令控制磨削动作。磨削凸模、型芯时，必须先根据图纸编制出程序，将程序输入到数控装置，便可按程序自动进行加工。如果模具制造部门没有专用设备，可在普通平面磨床上利用专用夹具和成形砂轮亦可进行成形磨削。

② 坐标磨削。坐标磨削加工和坐标镗削加工的有关工艺步骤基本相同，是按准确的坐标位置来保证加工尺寸的精度的，只是将镗刀改为砂轮。它是一种高精度的加工工艺方法，主要用于淬火工件、高硬度工件的加工。对消除工件热处理变形、提高加工精度尤为重要。坐标磨削范围较大，可以加工直径小于 1 mm 至直径达 200 mm 的高精度孔。加工精度可达 0.005 mm，加工表面粗糙度 Ra 可达 0.32～0.08μm。

坐标磨削对于位置、尺寸精度和硬度要求高的多孔、多型孔的模板和凹模是一种较理想的加工方法。

③ 模具的数控加工。数控加工的方式很多，包括数控铣加工、数控电火花加工、数控电火花线切割、数控车削加工、数控磨削加工以及其他一些数控加工方式。这些加工方式，为模具提供了丰富的生产手段。根据其特点，可以将模具分为许多类，每一类都有其最合适的加工方式。因此，在实际生产中必须合理分类，找到最适合的加工方式，以降低成本，提高生产率。

对于旋转类模具，一般采用数控车削加工，如车外圆、车孔、车平面、车锥面等。酒瓶、酒杯、保龄球、方向盘等，都可以采用数控车削加工。

对于复杂的外形轮廓或带曲面模具，如注塑模、压铸模等，采用电火花成形加工或采用数控铣加工。

对于微细、形状复杂、材料特殊的模具和塑料镶拼型腔及带嵌件、带异形槽的模具，都可以采用数控电火花线切割加工。

模具的型腔、型孔可以采用数控电火花成形加工，包括各种塑料模、橡胶模、锻模、压铸模、压延拉伸模等。

对精度要求较高的解析几何曲面，可以采用数控磨削加工。

总之，各种数控加工方法为模具加工提供了各种选择的可能。随着数控加工技术的发展，越来越多的数控加工方法应用到模具制造中，各种先进制造技术的采用使模具制造的前景更加广阔。

（二）模具装配的技术要求和精度要求

1. 模具装配的技术要求和特点

在冲模制造中，为确保冲模必要的装配精度，发挥良好的技术状态和维持应有的使用寿命，除保证冲模零件的加工精度外，在装配方面也应达到规定的技术要求。

① 冲模各零件的材料、几何形状、尺寸、精度、表面粗糙度和热处理硬度等，均应符合图样要

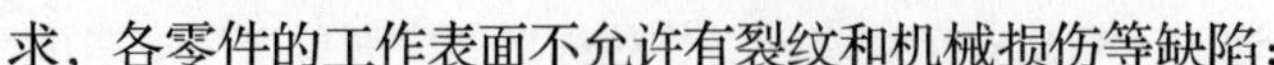

求，各零件的工作表面不允许有裂纹和机械损伤等缺陷；

② 冲模装配后，必须保证模具各零件间的相对位置精度。尤其是制件的某些尺寸与冲模零件尺寸有关时，应特别注意，如上模座的上平面与下平面一定要保证相互平行，对于冲压制件料厚在0.5 mm以内的冲裁模，在长度为300 mm范围内，其平行度允差不大于0.06 mm。一般冲模在长度为300 mm范围内，其平行度允差不大于0.10～0.14 mm；

③ 模具的活动部位，应保证位置准确、配合间隙适当、动作可靠、运动平稳；

④ 模具的紧固零件应牢固可靠，不得出现松动脱落；

⑤ 所选用的模架等级应满足制件的技术要求；

⑥ 模具在装配后，上模座沿导柱上、下移动时，应平稳，无滞涩现象，导柱与导套的配合应符合规定的标准要求，且间隙在全长范围内应不大于0.05mm；

⑦ 模柄的圆柱部分应与上模座的上平面垂直，其垂直度允差在全长范围内应不大于0.05mm；

⑧ 所有的凸模应垂直于固定板安装基准面；

⑨ 装配后的凸模与凹模的间隙应均匀，并符合图样上的要求；

⑩ 坯料在冲压时定位要准确、可靠、安全；

⑪ 冲模的出件与退料应畅通无阻；

⑫ 装配后的冲模，应符合图样上除上述要求外的其他技术要求；

⑬ 冲模外露部分锐角应倒钝，安装面应平整光滑，螺钉、销钉头部不能高出安装基面，并无明显毛刺及击伤等痕迹；

⑭ 模具的闭合高度、安装于压力机上的各配合部位尺寸应与所选用的设备规格相符；

⑮ 装配后的冲模应刻有模具编号和产品零件图号；大、中型冲模应设有吊孔。

2. 模具的精度要求

模具的精度要求主要是指模具的成形零件的工作尺寸及精度和成形表面质量。成形零件的原始工作尺寸（设计和制造尺寸）一般以制件设计尺寸为基准，应先考虑制件在成形后的尺寸收缩和模具成形表面应有足够的磨损量等因素，然后按经验公式计算确定。对于一般模具的工作尺寸，其制造公差应小于制件尺寸公差$\frac{1}{3}\sim\frac{1}{4}$。冲裁模除了应满足上述要求外，还须考虑工作尺寸的制造公差对凸、凹模初始间隙的影响，即应保证凸、凹模工作尺寸的制造公差之和小于凸、凹模最大初始间隙与最小初始间隙之差，模具成形表面的表面质量应根据制件的表面质量要求和模具的性能要求确定。对于一般模具，要求其成形表面的表面粗糙度$Ra \leqslant 0.4\mu m$。

模具上、下模或动、定模之间的导向精度，坯料在冲模中的定位精度对制件质量也有较大的影响，它们也是衡量模具精度的重要指标。此外，为了保证模具的精度，还应注意零件相关表面的平面度、直线度、圆柱度等形状精度和平行度、垂直度、同轴度等位置误差，以及模具装配后零件与零件相关表面之间的平行度、垂直度、同轴度等位置误差。

3. 模具装配工艺过程

① 装配模柄。在手动压力机或液压机上，将模柄1压入上模座14，并加工出骑缝销钉孔，将防转销钉19装入后，再反过来将模柄端面与上模座的底面在平面磨床上磨平。

安装模柄 1 与上模座 14 时，应用 90° 角尺检查模柄与上模座上平面的垂直度，若发现偏斜，应予以调整，直到合适后再加工销钉孔，将防转销钉 19 打入骑缝销钉孔。

② 装配导柱与导套。在模板上安装导柱与导套，应按照表 5-1、表 5-2 和表 5-3 的工艺方法进行装配。并注意安装后导柱与导套配合的间隙要均匀，上、下模座沿导柱活动时，应无发涩及卡住现象。经检查，所装配的模架应符合技术要求。若采用标准模架，装配就更加方便，直接到库中领取就可以。

表 5-1　　压入式模架装配工艺之一

序号	工　序	简　图	说　明
1	压入导柱	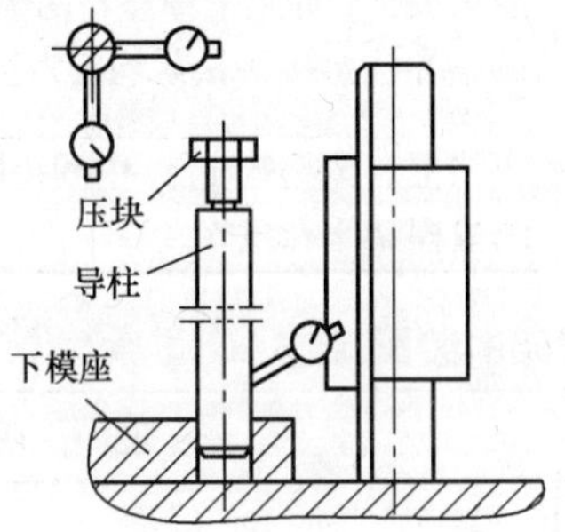 压块 导柱 下模座	利用压力机将导柱压入下模座。压导柱时，将压块顶在导柱中心孔上，在压入过程中，测量并校正导柱的垂直度，最后将两个导柱全部压入
2	装导套	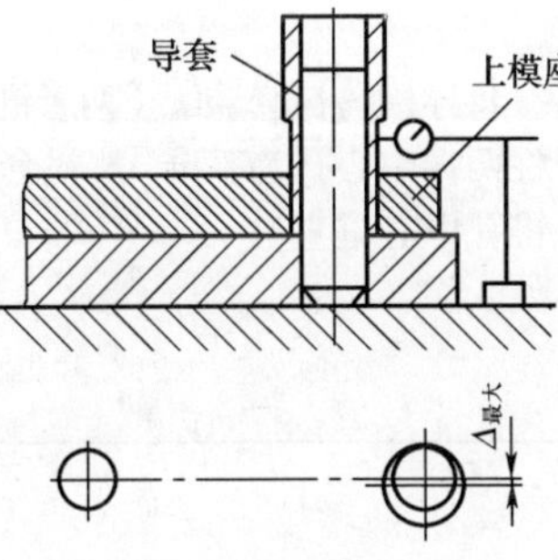 导套 上模座 $\Delta_{最大}$	将上模座反置套在导柱上，然后套上导套，用千分表检查导套压配部分内外圆的同轴度。并将其最大偏差$\Delta_{最大}$放在两导套中心连线的垂直位置，这样可以减少由于不同轴而引起的中心距变动
3	压入导套	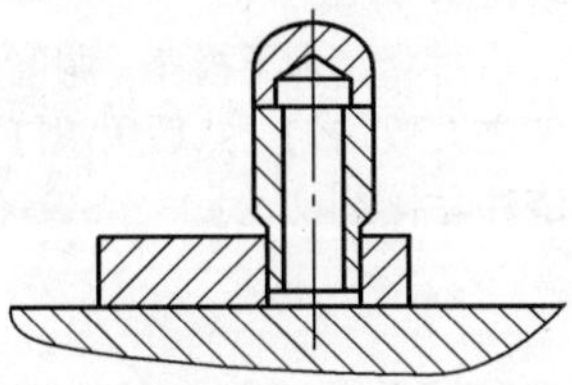	将帽形垫块放在导套上，用帽形垫块将导套的一部分压入上模座 取走下模座及导柱，仍用帽形垫将导套全部压入上模座
4	检验	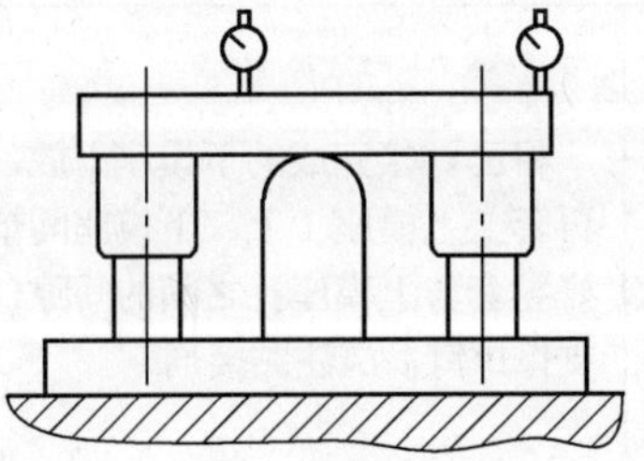	将上、下模座对合，中间垫以垫块，放在平板上测量模架平行度

表 5-2　　压入式模架装配工艺之二

序号	工　序	简　图	说　明
1	选用导柱、导套		将导柱、导套进行选择配合
2	压入导套		将上模座放在专用工具上(此工具的两圆柱与底板垂直，圆柱直径与导柱直径相同) 将两个导套分别套在圆柱上，用两个等高垫圈垫在导套上，在压力机上将导套压入上模座
3	压入导柱		在上、下模座间垫入等高垫块，将导柱插入导套，在压力机上将导柱压入下模座 5 ~ 6mm 将上模座用手提升至不脱离导柱的最高位置，然后再放下，如果上模座与两垫块接触松紧不一，则调整导柱至接触松紧均匀为止，将导柱压入下模座
4	检验		将上、下模座对合，中间垫以垫块，放在平板上，测量模架平行度

表 5-3　　导柱可卸的黏接式模架的装配工艺

序　号	工　序	简　图	说　明
1	配导柱及衬套		将导柱与衬套装配（两者锥度均匀磨好），以导柱两端中心孔为基准，磨衬套 *A* 面，以保证 *A* 面与锥孔中心垂直
2	黏接衬套		将衬套装入下模座，调整衬套与模座孔的间隙并使之大致均匀，然后用螺钉紧固，垫好等高垫块后浇注黏接剂
3	黏接导套		将已黏接完成的下模座平放，将导套套入导柱，再套上上模座（上、下模座间垫等高垫块），调整好导套与上模座孔之间的间隙，并调整好导套下的支撑螺钉后浇注黏接剂
4	检验		测量平行度

③ 装配凸模。采用压入法将凸模 18 安装在固定板 15 上，检查凸模的垂直度。装配后，应将固定板的上平面与凸模安装尾部端面在平面磨床上磨平。

④ 初装卸料板。将卸料板 12 套在已装入固定板 15 的凸模 18 上。在固定板与卸料板之间垫上垫块，并用夹板将其夹紧，然后按卸料板上的螺钉孔在固定板相应位置上划线，卸开后钻、铰固定板上的螺钉孔。

⑤ 装凹模。将凹模 10 装入凹模固定板 7 中。紧固后，应将固定板与凹模上平面在平面磨床上一起磨平，使刃口锋利。同时，其底面也应磨平。

⑥ 安装下模。在凹模 10 与固定板 7 组合上安装定位板 11，并把固定板与凹模的组合安装在下模座 9 上，调整好相对位置后，先在下模座上加工出螺纹、销钉孔，拧紧螺钉、打入销钉。

⑦ 装配上模。将已装入固定板 15 上的凸模 18 插入凹模孔内，注意固定板与凹模 10 之间应垫等高垫块。再把上模座 14 放在固定板 15 上，将上模座与固定板之间的位置调整好后用夹钳夹紧，并在上模座上投影卸料螺孔及螺钉过孔，拆开后钻孔；然后，放入上模垫板 16，拧入螺钉 2，但不要拧紧。

⑧ 调整间隙。将模具合模并翻转倒置，模柄夹在平口钳上，用手灯照射，从下模座漏料孔中观察凸、凹模间隙大小，看透光是否均匀。若发现某一方向不均匀，可用锤子轻轻敲击固定板 15 侧面，使上模的凸模 18 位置改变，以得到均匀的间隙为准。

⑨ 紧固上模。间隙调整均匀后，将螺钉拧紧，并钻、铰销钉孔，穿入销钉。

⑩ 装入卸料板。将卸料板 12 装在已紧固的上模上，并检查是否能灵活地在凸模间上、下移动。检查凸模端面是否缩入卸料孔内 0.5mm 左右，最后安装弹簧 13。

⑪ 试模与调整。将冲模的其他零件安装好后，用与制件厚度相同的纸片作为工件材料，将其放在上、下模之间，用锤子敲击模柄进行试切，若冲出的纸样试件毛刺较小或均匀，表明装配正确，否则应重新装配及调整。

⑫ 打刻编号。将装配后的冲模打刻编号。

三、拓展知识

1. 常用模具材料

模具零件种类繁多，功能各异，故选用的材料品种也很多。随着新材料的不断问世，模具材料也不断更新。根据工作条件的不同，模具材料可分为两种：金属在常温（冷态）下成形的材料，称为冷作模具钢；在加热状态下成形的材料，称为热作模具钢。目前模具所用材料有各种碳素工具钢、合金工具钢、铸铁、硬质合金等。

（1）碳素工具钢为高碳钢，含碳量为 0.7%～1.4%，主要牌号有 T7、T7A、T8、T8A、T10、T12、T12A 等。这类钢切削性能良好，淬火后有较高的硬度和良好的耐磨性，但其淬透性差，淬火时须急冷，变形开裂倾向大，回火稳定性差，热硬性低，适用于制造尺寸小、形状简单的冷作模具。

（2）合金工具钢是在碳钢的基础上加入一种或几种合金元素冶炼而成的钢。常用合金工具钢有低合金工具钢与高合金工具钢。

① 低合金工具钢含有一定的合金元素，与碳素工具钢相比，经淬火后有较高的强度和耐磨性、淬透性好、热处理变形小、回火稳定性好等特点。模具中常用的牌号有 CrWMn、9Mn2V、9SiCr、GCr15、5CrMnMo、5CrNiMo 等，适合于各种类型的成形零件。5CrMnMo 钢除具有 9Mn2V 钢的特性外，其耐磨性和韧性较好，适用于大型的成形设备加工。

② 高合金工具钢由于合金元素的增加，其淬透性、耐磨性显著增加，热处理变形小，广泛用于承载大、冲击多、工件形状复杂的模具。一般高合金工具钢常做成模具钢。常用的冷作模具钢的材料有 Cr12、Cr12MoV，热作模具钢的材料有 3Cr2W18、3Cr2W8V 等。

③ 高速钢目前常用的有钨系高速钢（WC）W18Cr4V 和钼系高速钢（MoC）W6Mo5Cr4V2。高速钢具有良好的淬透性，在空气中即可淬硬，在 600℃左右仍保持高硬度、高强度和良好的韧性、耐磨性。高速钢含有大量粗大的碳化物，且分布不均匀，不能用热处理的方法消除，必须反复锻造以打碎粗大碳化物，并使其均匀地分布在基体上。高速钢淬火后有大量残余奥氏体存在，须经多次回火，使其大部分转变为马氏体，并使淬火马氏体析出弥散碳化物，从而提高硬度，减少变形。回火时应避开 300℃左右的回火脆性区。

高速钢适用于制造冷挤压模、热挤压模。

④ 铸铁的主要特点是铸造性能好，容易成形，铸造工艺与设备简单。铸铁具有优良的减震性、耐磨性和切削加工性。灰铸铁除可用在制造冲模的上、下模座外，还可以代替模具钢制造模具主要工作部分的受力零件。

⑤ 硬质合金是以金属碳化物做硬质相，以铁族金属作为粘结相，用粉末冶金方法生产的一种多相组合材料。常用硬质合金有钨钴（YG）、钨钴钛（YT）和万能硬质合金（YW）3 类。钨钴类强度较高，韧性好；钨钴钛类则具有较好的热硬性和抗氧化性。制造模具主要采用钨钴类硬质合金。随着含钴量的增加，硬质合金承受冲击载荷的能力逐渐提高，但硬度和耐磨性下降，因此，应根据模具的工作条件合理选用硬质合金。硬质合金可用于制造高速冲模、冷热挤压模等。

⑥ 无磁模具钢在强磁场中不被磁化，与磁性材料没有吸引力，主要用于制造压制成形磁性材料和磁性塑料的模具，由于没有磁力，所以便于脱模。无磁模具钢具有稳定的奥氏体组织，其磁导率要求等于 1.05～1.10（Gs/Oe），具有较高的硬度和耐磨性。常用的无磁模具钢材料有 1Cr18Ni9Ti（渗碳）、7Mn15Cr2Al3V2WMo 和 5Cr21Mn9Ni4N 等。应用较多的是 7Mn15Cr2Al3V2WMo。7Mn15Cr2A13V2WMo 经时效处理后硬度可达 48 HRC。

⑦ 新型模具钢具有较高的韧性、冲击韧度和断裂韧度，其高温强度、热稳定性及热疲劳性都较好，可提高模具的寿命。国内外常用的新型模具钢特点及应用，如表 5-4 所示；国内外合金工具钢牌号对照，如表 5-5 所示；K 类与 G 类硬质合金牌号的近似对照，如表 5-6 所示；碳素工具钢牌号的近似对照，如表 5-7 所示。

表 5-4　　新型模具钢特点及应用

钢　号	特点及应用
3Cr3Mo2V（HM1）	高温强度、热稳定性及热疲劳性都较好，用于高速、高载、水冷条件下工作的模具，提高模具寿命
5Cr4Mo3SiMnVAl（CG2）	冲击韧度高，高温强度及热稳定性好，适用于高温、大载荷下工作的模具，提高模具寿命
6Cr4Mo3Ni2WV（CG2）	高温强度、热稳定性好，适用于小型热作模具，提高模具寿命
65Cr4W3Mo2VNb（65Nb）	高强韧性，是冷热作模具钢，提高模具寿命
6W8Cr4VTi（LM1） 6Cr5Mo3W2VSiTi（LM2）	高强韧性，冲击韧度和断裂韧度高，在抗压强度与 W18Cr4V 钢相同时，冲击韧度和断裂韧度高于 W18Cr4V 钢。用于工作在高压力、大冲击下的冷作模具，提高模具寿命
7Cr7Mo3V2Si（LD）	高强韧性，用于大载荷下的冷作模具，提高模具寿命
7CrSiMnMoV（CH-1）	韧性好，淬透性高，可用于火焰淬火，热处理变形小，适用于低强度冷作模具零件
8Cr2MnWMoVSi（8Cr2S）	预硬化钢，易切削，提高塑料模具寿命
Y55CrNiMnMoV（SM1）	预硬化钢，用于有镜面要求的热塑性塑料注射模
Y20CrNi3AlMnMo（SM2） 5CrNiMnMoVSCa（5NiSCa）	用于形状复杂、精度要求高、产量大的热塑性塑料注射模
4Cr5Mo2MnVSi（Y10） 3Cr3Mo3VNb（HM3）	用于压铸铝镁合金
4Cr3Mo2MnVNbB（Y4）	用于压铸铜合金
120Cr4W2MoV	用于要求长寿命的冲裁模

表 5-5 国内外合金工具钢牌号对照表

No.	中国 GB	国际标准化组织 ISO	日本 JIS	韩国 KS	美国		德国		英国 BS	法国 NF	俄罗斯 ГОСТ	瑞典 SS	意大利 UNI
					ASTM	UNS	DIN	W-Nr.					
1	9SiCr				—	—	90CrSi5	1.2108	—	—	9XC	2092	—
2	8MnSi	—	—	—	—	—	~C75W	1.1750	BW1A	—	-	—	—
3	Cr06	—	—	—	—	—	140Cr3	1.2008	—	130Cr3	X05	—	—
4	Cr2	— 100Cr2	SKS8 SUJ2	STS8 -	1.3	T61203	100Cr6	1.2067	BL1 BL3	Y100C6	X	—	—
5	9Cr2	—	—	—	—	—	90Cr3	1.2056	BL3	—	9X1	—	—
6	W	—	~ SKS21	~ STS21	F1	T60601	120W4	1.2414	BF1	—	B1	2705	—
7	4CrW2Si	—	~ SKS41	—	—	—	—	—	—	—	4XB2C	—	—
8	5CrW2Si	~ 45WCrV2	—	—	S1	T41901	~ 45WCrV7	1.2542	BS1	~ 45WCrV8	5XB2C	~ 2710	~ 45WCrV 8KU
9	6CrW2Si	~ 60WCrV2	—	—	—	—	~ 60WCrV7	1.2550	—	（~55WC20）	6XB2C	—	55WCrV 8KU

续表

No.	中国 GB	国际标准化组织 ISO	日本 JIS	韩国 KS	美国		德国		英国 BS	法国 NF	俄罗斯 ГОСТ	瑞典 SS	意大利 UNI
					ASTM	UNS	DIN	W-Nr.					
10	Cr12	210Cr12	SKD1	STD1	D3	T30403	X210Cr12	1.2080	BD3	X200Cr12	X12	—	X205Cr 12KU
11	Cr12MoV	—	SKD11	STD11	—	—	X165CrMo V12	1.2601	—	—	X12M	2310	—
12	Cr12Mo1V	160CrMo V12	—	—	D2	T30402	X155CrMo V12-1	1.2379	BD2	X160Cr MoV12	—	—	X155Cr VMo12-1 KU
13	CrMo1V	100CrMo V5	SKD12	STD12	A2	T30102	X400CrMo V5-1	1.2363	BA2	X100Cr MoV5	—	2260	X100Cr MoV5-1 KU
14	9Mn2V	90Mn2V	—	—	02	T31502	90MnCrV8	1.2842	B02	90MnV8	—	—	90MnV Cr8KU
15	CrWMn	105WCr1	SKS31	STS31	—	—	105WCr6	1.2419	—	105WCr5	ХВГ	—	107WCr 5KU
16	9CrWMn	95MnWCr1	SKS3	STS3	01	T31501	100MnCr W4	1.2510	B01	90MnWCrV5	9ХВГ	2140	95MnW Cr5KU
17	5CrMnMo	—	—	—	—	—	~ 40CrMn Mo7	1.2311	—	—	5ХГМ	—	~ 35CrMo8KU
18	5CrNiMo	55NiCr MoV2	SKT4	STF4	L6	T61206	55NiCrMoV6	1.2713	BH22	55NiCrMoV7	5ХГМ	~ 2550	55NiCr MoV7KU
19	3Cr2W8V	30WCrV9	SKD5	STD5	H21	T20821	X30WCrV 9-3	1.2581	4/5	X30WCrV9	3Х2В8Ф	2730	X30WCr V9-3KU

续表

No.	中国 GB	国际标准化组织 ISO	日本 JIS	韩国 KS	美国		德国		英国 BS	法国 NF	俄罗斯 ГОСТ	瑞典 SS	意大利 UNI
					ASTM	UNS	DIN	W-Nr.					
20	8Cr34 Cr3Mo	—	—	—	—	—	—	—	—	—	8X3	—	—
21	3SiV	—	—	—	H10	T20810	~ X32CrMo V3-3	1.2365	BH10	~ 32CrMo V12-28	3X3M3 ϕ	—	30CrMoV1 2-27KU
22	4Cr5Mo SiV	35Cr5Mo V5	SKD6	STD6	H11	T20811	X38CrMo V5-1	1.2343	BH11	X38CrMo V5	4X5M ϕC	—	X37Cr MoV5-1 KU
23	4Cr5Mo SiV1	40CrMo V5	SKD61	STD61	H13	T20811	X40CrMo V5-1	1.2344	BH13	X40CrMo V5	4X5M ϕ1C	—	X40Cr MoV5-1KU
24	4Cr5W 2VSi	—	—	—	—	—	—	—	—	—	4X5B2 ϕC	—	—
25	3Cr2Mo	35CrMo2	—	—	P20	T51620	~ 35CrMo4	1.2330	BP20	35CrMo8	—	2234	—
26	—	210CrW 12	—	—	—	—	X210CrW 12	1.2436	—	210CrW 12-1	—	2312	X215CrW1 2-1KU
27	—	30WCr V5	SKD4	STD4	—	—	X30WCrV 5-3	1.2567	—	X32WCrV5	—	—	X20WCrV5 -3KU
28	—	—	SKD62	STD62	H12	T20812	X37CrMoW 5-1	1.2606	BH12	X35WCrW MoV5	—	—	—

注：“~”表示成分与之接近的钢。

表 5-6 K 类与 G 类硬质合金牌号近似对照表

国际标准化组织 ISO	中国 YB	日本 JIS	美国 JIC	德国 DIN	英国 BHMA	俄罗斯 ГОСТ
K 类硬质合金						
K01	YG3X	K01	C4	H3	930	BK3M
K10	YG6A YD10	K10	C3	H1	741	BK6M
K20	YG6	K20	C2	G1	560	BK6
K30	YG8	K30	C1	—	280	BK8 BK10
K40	YG15	K40	C1	G2	290	BK15
G 类硬质合金						
G05	YG6X YD10	—	—	—	—	BK6
G10	YG6 YD10	E1	—	Gl	—	BK6B
G15	YG8C	—	—	—	—	BK8B
G20	YG11C	E2	—	G2	—	BK10
G30	YG15	E3	—	G3	—	BK15
G40	YG20 YG20C	E4	—	G4	—	BK20
G50	YG25	E5	—	G5	—	BK25
G60	YG30	—	—	G6	—	BK30

表 5-7

碳素工具钢牌号近似对照

No.	中国 GB	国际标准化组织 ISO	日本 JIS	韩国 KS	美国		德国		英国 BS	法国 NF	俄罗斯 ГОСТ	瑞典 SS	意大利 UNI
					A STM	UNS	DIN	W-Nr.					
1	T7	TC70	SK7	STC7	—	—	C70W2	1.1620	—	(C70 E2U)	y7	1770	C70KU
2	T8	TC80	SK5 SK6	STC5 STC6	W1A-8	T72301	C80W2	1.1625	—	(C80 E2U)	y8	1778	C8OKU
3	T8Mn	—	SK5	STC 5	—	—	C85WS	1.1 830	—	—	y8T	—	—
4	T9	TC90	—	—	W1A-8 1/2	T72301	—	—	—	C90E 2U	y9	—	C90KU
5	T10	TC 105	SK3 SK4	STC3 STC4	W1A-9 1/2	T72301	C105W2	1.1645	BW1 B	(C105 E2U)	y10	1880	C100KU
6	T11	~ TC 105	SK3	STC3	W1A-10 1/2	T72301	C110W2	1.1645	—	~ C105 E2U	y11	—	—
7	T12	TC 120	SK2	STC2	W1A-11 1/2	T7230	C125W2	1.1663	BW1 C	C120 E3U	y12	1885	C120KU
8	T13	TC 140	SK1	STC1	—	—	C13W2	1.1673	—	C140 E3U	y13	—	C140KU
9	T7A	—	—	—	—	—	C70W1	1.1520	—	C70E 2U	y7A	—	—
10	T8A	—	—	—	—	T72301	C80W1	1.1525	—	C80E 2U	y8A	—	C80KU
11	T10A	—	—	—	—	T72301	C105W1	1.1545	—	C105 E2U	y10A	1880	C100KU
12	T12A	—	—	—	—	T72301	C110W1	1.1550	—	—	y12A	1885	C120KU
13	T13A	—	—	—	—	—	C125W1	1.1560	—	—	y13A	—	—

注：“～”表示成分与之接近的钢。

2. 模具材料的选用

模具材料的选用要综合考虑模具的工作条件、性能要求、材质、形状和结构。

（1）模具材料的一般性能要求。模具材料的性能包括力学性能、高温性能、表面性能、工艺性能及经济性能等。各种模具的工作条件不同，对材料性能的要求也各有差异。

① 对冷作模具要求具有较高的硬度和强度，以及良好的耐磨性，还要具有高的抗压强度和良好的韧性及耐疲劳性。

② 对热作模具除要求具有一般常温性能外，还要具有良好的耐蚀性、回火稳定性、抗高温氧化性和耐热疲劳性，同时还要求具有较小的热膨胀系数和较好的导热性，模腔表面要有足够的硬度，而且既要有韧性，又要耐磨损。

③ 压铸模的工作条件恶劣，因此，一般要求具有较好的耐磨、耐热、抗压缩、抗氧化性能等。

（2）模具材料选用原则。

① 模具材料应满足模具的使用性能要求。主要从工作条件、模具结构、产品形状和尺寸、生产批量等方面加以综合考虑，确定材料应具有的性能。形状复杂、尺寸精度要求高的模具，应选用低变形材料，承受大载荷的模具，应选用高强度材料；承受大冲击载荷的模具，应选用韧性好的材料。

② 模具材料应具有良好的工艺性能。一般应具有良好的可锻性、切削加工与热处理等性能。对于尺寸较大、精度较高的重要模具，还要求具有较好的淬透性、较低的过热敏感性以及较小的氧化脱碳和淬火变形倾向。

③ 模具材料要考虑经济性和市场性。在满足上述两项要求的情况下，选用材料应尽可能考虑到价格低廉、来源广泛、供应方便等因素。

常用模具钢的性能和特点见表 5-8。

表 5-8 常用模具钢的性能和特点

钢　号	性 能 特 点	用　途
10、20	易挤压成形、渗碳及淬火后耐磨性稍好、热处理变形大、淬透性低	用于工作载荷不大、形状简单的冷挤压模、陶瓷模
45	耐磨性差、韧性好、热处理过热倾向小、淬透性低、耐高温性能差	用于工作载荷不大、形状简单的型腔模、冲孔模及锌合金压铸模
T7A、T8A	耐磨性差、热处理变形小、淬透性低	用于工作载荷不大、形状简单的冷冲模、成形模
T10A、T12A	耐磨性稍好、热处理变形大、淬透性低	
40Cr	耐磨性差、韧性好、热处理变形小、淬透性较好、耐高温性能差	用于锌合金压铸模
9Mn2V、GCr15	耐磨性较好、热处理变形小、淬透性较好	用于工作载荷不大、形状简单的冷冲模、胶木模
GrWMn	耐磨性较好、热处理变形小、淬透性较好	用于工作载荷较大、形状较复杂的冷冲模、成形模
9SiCr		用于冲头、拉拔模
60Si2Mn	韧性好、热处理变形较小、淬透性好	用于标准件上的冷镦模

续表

钢　　号	性能特点	用　途
Gr12	耐磨性好、韧性差、热处理变形小、淬透性好、碳化物偏析严重	用于载荷大、形状复杂的高精度冷冲模
Gr12MoV	耐磨性好、热处理变形小、淬透性好、碳化物偏析比 Gr12 小	用于载荷大、形状复杂的高精度冷冲模、冷挤压模以及冷镦模
5CrMnMo、5CrNiMo	韧性较好、热处理变形较小、淬透性较好、回火稳定性较好	用于热锻模、切边模
3Cr2W8V	热硬性高、热处理变形小、淬透性较好	用于热挤压模、压铸模
W18Cr4V、W6Mo5Cr4V2		用于冷挤压模、热态下工作的热冲模

3. 模具热处理

热处理在模具制造中起着重要作用，无论模具的结构及类型、制作的材料和采用的成形方法如何，都需要用热处理使其获得较高的硬度和较好的耐磨性，以及其他较好的力学性能。一般来说，模具的使用寿命及其质量，在很大程度上取决于热处理。因此，在模具制造中，选用合理的热处理工艺尤为重要。模具热处理可分为模具预处理和模具最终处理两大类。此外，经过机械加工后，有的模具应进行中间去应力处理，有的模具使用一段时间后也应进行恢复性处理。

（1）普通热处理。普通热处理包括退火、正火、淬火、回火等工艺过程。

① 退火是将钢加热到一定温度并保温一段时间后，缓慢冷却下来的一种工艺操作方法。其目的在于降低钢的硬度，提高塑性，改善加工性能，细化晶粒，改善组织，消除内应力，为以后的热处理工艺做准备。

退火的方法有完全退火、球化退火和去应力退火。完全退火的目的是细化晶粒，消除热加工造成的内应力，降低硬度；球化退火可降低钢材硬度，提高塑性，改善切削性能，为淬火做好准备；去应力退火的目的是在加热状态下消除铸造、锻造、焊接时产生的内应力，去应力退火也称低温退火。

② 正火是将钢加热到 A3 线或 ACM 以上 40℃～60℃，达到完全奥氏体化和奥氏体均匀化后，一般在自然流通的空气中冷却的工艺方法。通过正火细化晶粒，钢的韧性可以显著提高。

③ 淬火工艺的要求是通过加热和快速冷却的方法，使工件在一定的截面部位上获得马氏体或下贝氏体，回火后达到要求的力学性能。目的是为了提高工件的硬度、耐磨性和其他力学性能。

④ 回火是淬火的后续工序，是将淬火工件加热到低于临界点以下某一温度，并保温一定时间，然后进行冷却。其目的一是改变工件淬火组织，得到一定的强度、韧性的配合；二是为了消除工件淬火应力和回火中的组织转变应力。

（2）表面热处理。表面热处理主要是化学表面处理法，包括渗碳、渗氮、渗硼、多元共渗、离子注入等。

① 渗碳是为增加低碳钢、低碳合金钢的含碳量，在适当的媒体剂中加热，将碳从钢表面扩散渗入，使钢表面层为高碳状态，是一种淬火硬化的方法。

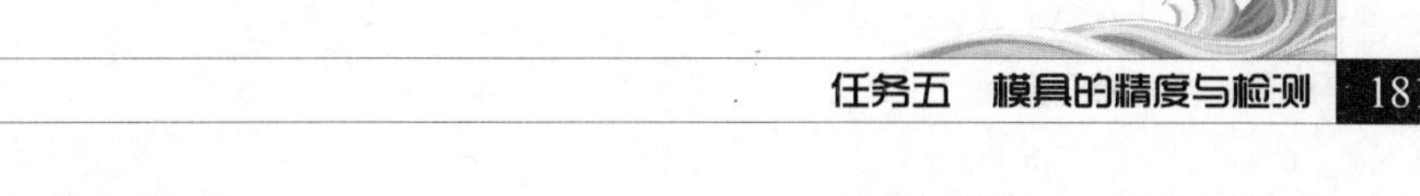

② 渗氮是向钢体表面渗入氮原子，以提高钢体表层的硬度、耐磨性、疲劳强度以及耐蚀性的化学处理方法，也称氮化。常用的有气体氮化、软氮化法等。

③ 渗硼是将金属材料置于含硼的介质中，经过加热与保温，使硼原子渗入其表面层，形成硼化物的工艺过程。常用的渗硼有固体、液体和气体渗硼 3 种方式。

④ 多元共渗是在处理温度下，气体分解产生的多种活性原子渗入工件表面形成一层含多种元素（碳、氮、硫、硼等某些元素共渗）的金属间化合物层。该层同时具有高耐磨性、高抗蚀性与高抗疲劳性能。因不同的零件有不同的性能要求，此时可以通过调整气体中元素种类与含量来调整化合物层的成分与结构，从而满足不同性能的要求。

⑤ 离子注入是将注入元素的原子电离成离子，在获得较高速度后射入放在真空靶室中的工件表面的一种表面处理技术。大量离子（如氮、碳、硼、钼等）的注入可使模具基体表面产生明显的硬化效果，大大降低了摩擦因数，显著地提高了模具表面的耐磨性、耐腐蚀性以及抗疲劳等多种性能。因此，近年来离子注入技术在模具领域，如冲裁模、拉丝模、挤压模、拉伸模、塑料模等得到了广泛应用，其平均寿命可提高 2～10 倍。但是目前离子注入技术在运用中还存在一些不足，如离子注入层较薄、小孔处理困难、设备复杂昂贵等，其应用也受到一定的限制。

（3）采用新的热处理。为提高热处理质量，做到硬度合理、均匀、无氧化、无脱碳、消除微裂纹，避免模具的偶然失效，进一步挖掘材料的潜力，从而提高模具的正常使用寿命，可采用一些新的热处理工艺，如组织预处理、真空热处理、冰冷处理、高温淬火+高温回火、低温淬火、表面强化等。

① 组织预处理。在模具淬火之前，对模具的材料进行均匀化处理，以便在淬火后得到细针状马氏体+碳化物+残留奥氏体的显微组织，从而使材料的抗压强度和断裂韧性大大提高。

② 真空热处理的加热是借助于发热元件的辐射进行的，因此加热均匀，而且零件无脱碳、变形小，能提高模具寿命。

③ 冰冷处理是淬火后冷却到常温以下的处理，这是很有实用价值的一种处理方法。可使精密零件尺寸稳定，避免相当多的残余奥氏体因不稳定而转变为马氏体。

④ 高温淬火+高温回火。高温淬火可使中碳低合金钢获得更多的板条马氏体，从而提高模具的强韧性；对于高合金钢，可使更多的合金元素溶入奥氏体，提高淬火组织的抗回火能力和热稳定性。高温回火又可得到回火索氏体组织，使韧性提高，从而提高了模具寿命。

⑤ 贝氏体等温淬火。贝氏体或贝氏体+少量回火马氏体具有较高的强度、韧性等综合性能，热处理变形较小，对要求高强度、高韧性、高塑性的冷冲模、冷挤模具，可获得较高寿命。

⑥ 表面强化。模具表面除化学表面处理法外，还有物理表面处理法及表面覆层处理法。物理表面处理法是不改变金属表面化学成分的硬化处理方法，主要包括表面淬火、激光热处理、加工硬化等；表面覆层处理法是各种物理、化学沉积等方式，主要包括镀铬、化学气相沉积（CVD）、物理气相沉积（PVD）、等离子体化学气相沉积（PCVD）、碳化物被覆 TD 及电火花强化等。

4．模具材料的检测

在模具零件进行粗加工之前，应对模具毛坯质量进行检测，检验毛坯的宏观缺陷、内部缺陷及

退火硬度。对一些重要模具，还应对材料的材质进行检验，以防止不合格材料进入下道工序。模具工件经热处理后还应进行硬度检查、变形检查、外观检查、金相检查、力学性能检查等，以确保热处理的质量。

表 5-9 为模具热处理检查内容及要求。

表 5-9　　模具热处理检查内容及要求

检 查 内 容	技术要求及方法
硬度检查	1. 硬度检查应在零件的有效工作部位进行； 2. 硬度值应符合图纸要求； 3. 检查时，应按硬度试验的有关过程进行； 4. 检查硬度，不应在表面质量要求较高的部位进行
变形检查	1. 模具零件热处理后的尺寸应在图纸及工艺规定范围之内； 2. 若零件有两次留磨余量，应保证变形量为磨量的 $\frac{1}{3}\sim\frac{1}{2}$； 3. 表面氧化脱碳层不得超过加工余量的 $\frac{1}{3}$； 4. 模具的基准面一般应保证不平度小于 0.02mm； 5. 对于级进模（连续模）各孔距、步距变形应保证在 ± 0.01mm 范围内
外观检查	1. 模具热处理后不允许有裂纹、烧伤和明显的腐蚀痕迹； 2. 留两次磨余量的零件，表面氧化层的深度不允许超过磨量的 $\frac{1}{3}$
金相检查	主要检查零件化学处理后的层深、脆性或内部组织状况

四、任务小结

（1）单工序冲裁模主要零部件（如导柱、导套等旋转体）一般采用数控机床加工，复杂零件可采用电火花成型、电火花线切割等其他先进制造技术加工。

（2）掌握冲模装配的工艺过程，且冲模装配后，必须保证模具各零件间的相对位置精度。

（3）采用适当的方法检测模具精度，如检测工作尺寸及精度和表面粗糙度。

五、思考题与练习

5-1　单工序冲孔模具的主要零部件有哪些？哪些零件已标准化？

5-2　模具的装配技术要求有哪些？

5-3　模具的精度要求指的是什么？

5-4　模具的装配工艺过程有哪些？应如何控制其装配精度？

Chapter

6

任务六

车床尾座的精度与检验

【促成目标】

① 能根据零件图分析车床尾座的结构和工作原理。
② 能正确进行车床尾座的装配与精度调试。
③ 了解套筒零件加工的工艺过程。
④ 了解角度测量及相关量具的使用。
⑤ 了解无损探伤及其应用前景。

【最终目标】

了解车床尾座的功用、结构和精度要求，能对车床尾座模型进行安装、调试。在此基础上，了解车床的结构和工作机理，并能初步掌握车床的精度检验。

一、工作任务

通过对本任务“二、基础知识”的学习，认真填写下面的《学习任务单》、《学习报告单一——测量套筒的同轴度误差》和《学习报告单二——测量顶尖的圆锥度误差》。

1. 认识车床尾座及其零部件

车床尾座用于安装后顶尖支持工件，或安装钻头、铰刀等刀具进行孔加工。尾座的结构如图 6-1 和图 6-2 所示。如图 6-1 所示，它主要由套筒、尾座体、底座等儿部分组成，转动手轮，可调整套筒伸缩一定距离。为适应不同长度的工件，尾座要能沿床身导轨移动。移动到位后，扳动扳手 11。通过偏心轴 10 使拉紧螺钉 12 上提，再由连接件 19 上的杠杆 14，通过小压块 16 和压块 17 使压板 18 紧压床身，从而固定尾座位置。转动手轮 9，通过丝杆 5 可推动螺母 6 连带顶尖套筒 3 和顶尖 1 沿轴向移动（由定位块 4 导向），以顶住工件。扳动小扳手 21，通过螺杆拉紧夹紧套 20，可紧抱顶尖套筒（转动手轮前要先松开小扳手 21），从而使顶位置固定。

学习任务单

<table>
<tr><td>学习情境</td><td>对车床尾座模型进行安装、调试</td><td>姓名</td><td></td><td>日期</td><td></td></tr>
<tr><td>学习任务</td><td>了解车床的结构和工作机理，并能初步掌握车床的精度检验，能对车床尾座模型进行安装、调试</td><td>班级</td><td></td><td>教师</td><td></td></tr>
<tr><td>任务目标</td><td colspan="5">了解车床的结构和工作机理，了解车床尾座的功用、结构和精度要求</td></tr>
<tr><td>任务要求</td><td colspan="5">能根据零件图分析车床尾座的结构和工作原理，能正确进行车床尾座的装配与精度调试</td></tr>
<tr><td>条件配备</td><td colspan="5">方框水平仪、锥度塞规和环规、万能角度尺、光切法显微镜、粗糙度样块、塞尺</td></tr>
<tr><td colspan="6">• 根据提供的资料和老师讲解，学习完成任务必备的理论知识要点
① 掌握普通车床尾座的结构和工作原理。
② 正确进行车床尾座的装配与精度调试。

• 根据现场提供的零部件及工具，完成测量项目
➧掌握方框水平仪、锥度塞规和环规、万能角度尺、光切法显微镜、粗糙度样块、塞尺的使用方法。

• 完成任务后，填写学习报告单并上交，作为考核依据</td></tr>
</table>

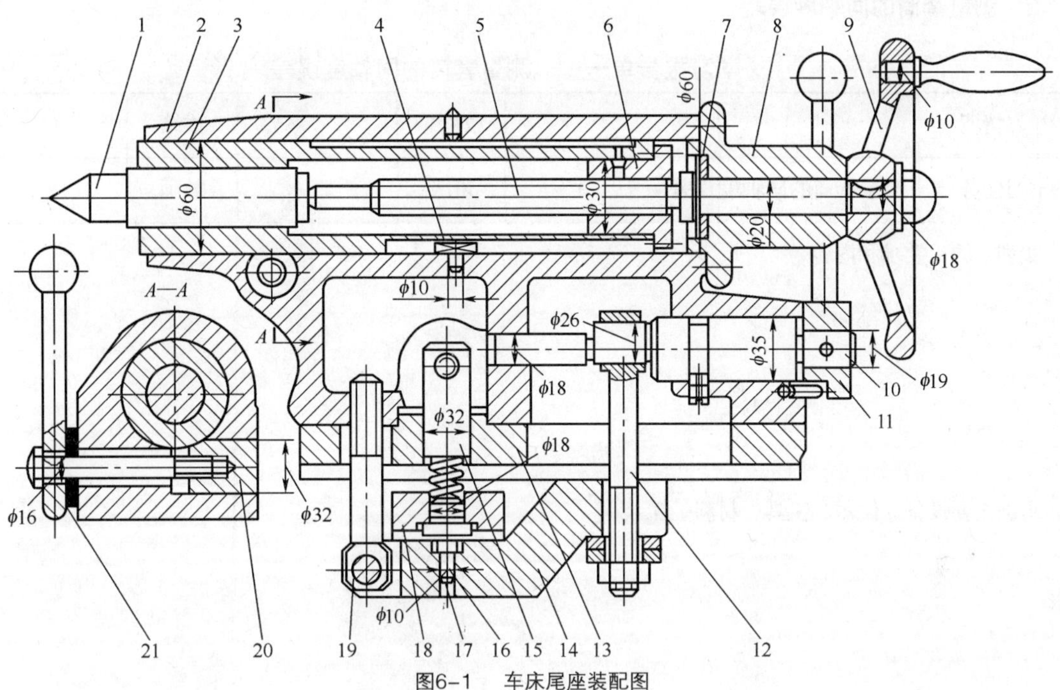

图6-1　车床尾座装配图

1— 顶尖；2— 尾座体；3— 顶尖套筒；4— 定位块；5— 丝杆；6— 螺母；7— 挡圈；8— 后盖；9— 手轮；10— 偏心轴；11— 扳手；12— 拉紧螺钉；13— 底板；14— 杠杆；15— 柱；16— 小压块；17— 压块；18—压板；19— 连接件；20— 夹紧套；21— 小扳手

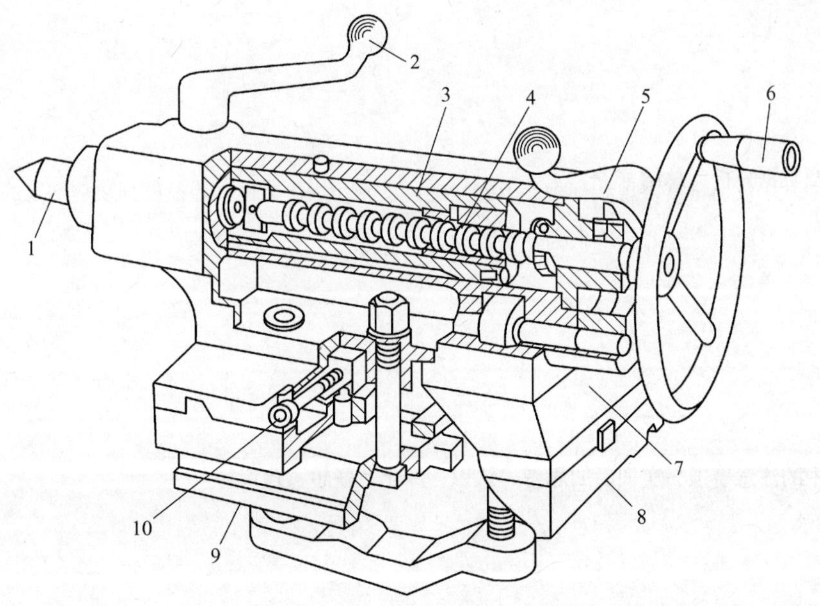

图6－2　车床尾座

1—顶尖；2—手柄；3—套筒；4—螺杆；5—手柄；6—手轮；7—尾座体；8—底座；9—压板；10—螺钉

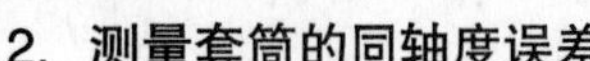

2. 测量套筒的同轴度误差

学习报告单一——测量套筒的同轴度误差

学习情境		姓名		成绩	
学习任务	测量套筒的同轴度误差	班级		教师	

1. 实训目的：要求和内容

2. 实训主要设备、仪器、工具、材料、工装等

3. 实训步骤（画一张测量简图）

4. 实训记录及数据分析、总结

5. 实训过程中的注意事项，实训后的思考、认识、深化、联想、建议等

3. 测量顶尖的圆锥度误差

学习报告单二 ——测量顶尖的圆锥度误差

学习情境		姓名		成绩	
学习任务	测量顶尖的圆锥度误差	班级		教师	

1. 实训目的：要求和内容

2. 实训主要设备、仪器、工具、材料、工装等

3. 实训步骤（画一张测量简图）

4. 实训记录及数据分析、总结

5. 实训过程中的注意事项，实训后的思考、认识、深化、联想、建议等

通过对车床尾座结构、功能的学习，同学们已能正确安装和调试车床尾座模型，以下我们来学习车床尾座相关精度的检验方法和工具的应用，以及尾座上套筒的加工。

二、基础知识

（一）角度的测量

1. 锥度环（塞）规及涂色法

锥度环（塞）规主要用于检验产品的外锥度和接触率，属于专用综合检具，如图 6-3 所示。由于锥度环（塞）规的设计和检测都比较简单，故在工件测量中得到普遍使用。检测时，常用涂色法（也称接触斑点检测法）。

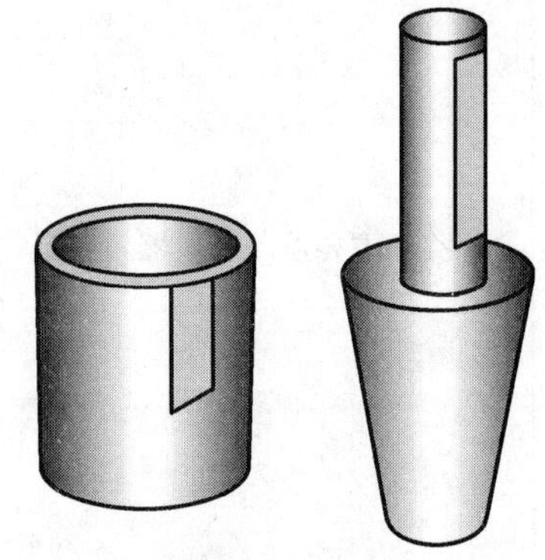
图6-3 锥度环规和塞规

检查锥度时，用红丹粉涂在锥度孔表面，用塞规套上，转半圈。抽出锥度塞规看表面涂料的擦拭痕迹，由此来判断内圆锥的好坏，接触面积越多，锥度精度越高，反之则不高。一般用标准量规检验时，锥度接触要在 75%以上，而且靠近大端，涂色法一般用于精加工表面的检验。比如小头红丹粉被抹掉表示锥度偏小，大头红丹粉被抹掉表示锥度偏大。

红丹又名铅丹、铅红，分子式为 Pb_3O_4，是红橙色的结晶粉末，有毒，不溶于水，抗腐蚀性强，耐高温，但不耐酸。

涂料除了红丹粉，还有蓝油。蓝油的膜比较薄，而红丹粉较厚，所以对渗碳淬火磨齿的高精度齿轮，一般使用蓝油来检验接触斑点，而红丹粉无法反映高精度齿轮的啮合情况。

在大批量生产中，还用气动测微仪来测量孔及锥度。它的原理是以空气为介质，利用空气流动时的特性进行几何量测量。适用于精密测量，测量时测头不接触被测件表面，减少测力对测量结果的影响，避免划伤被测件表面。锥度的变化可以通过两个不同喷嘴面直径的特殊测头由气动量仪方便地测出。

2. 正弦规及其使用

采用涂色法检验工件锥度无法获得准确的数据，运用正弦规检测则能获得需要的准确数据。

正弦规是利用正弦定义测量角度和锥度等的量规，也称正弦尺。它主要由一钢制长方体和固定在其两端的两个直径相同的钢圆柱体组成。两圆柱的轴心线距离 L 一般为 100mm 或 200mm，如图 6-4 所示。

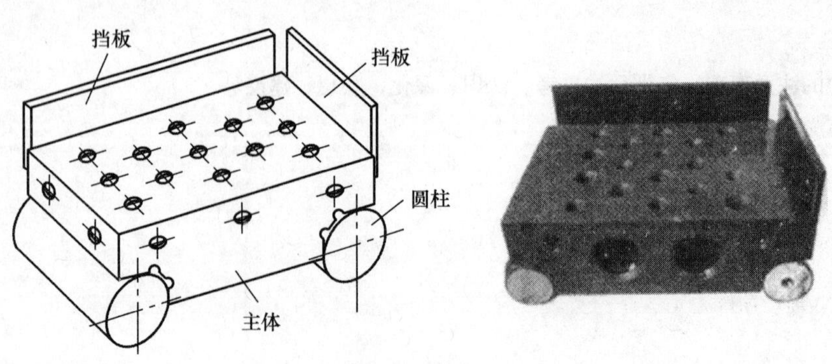

图6-4 正弦规

图 6-5（a）表示用正弦规测量圆锥塞规的情况。在直角三角形中，$\sin\alpha=H/L$，式中，H 为量块组尺寸，按被测角度的公称角度算得。根据测微仪在两端的示值之差可求得被测角度的误差。正弦规一般用于测量小于 45° 的角度，在测得小于 30° 的角度时，精确度可达 3″～5″。正弦规是一种精密量仪，使用量块按正弦原理组成标准角，用以在水平方向按微差比较方式测量工件角度和内、外锥体。精度有 0 级、1 级。

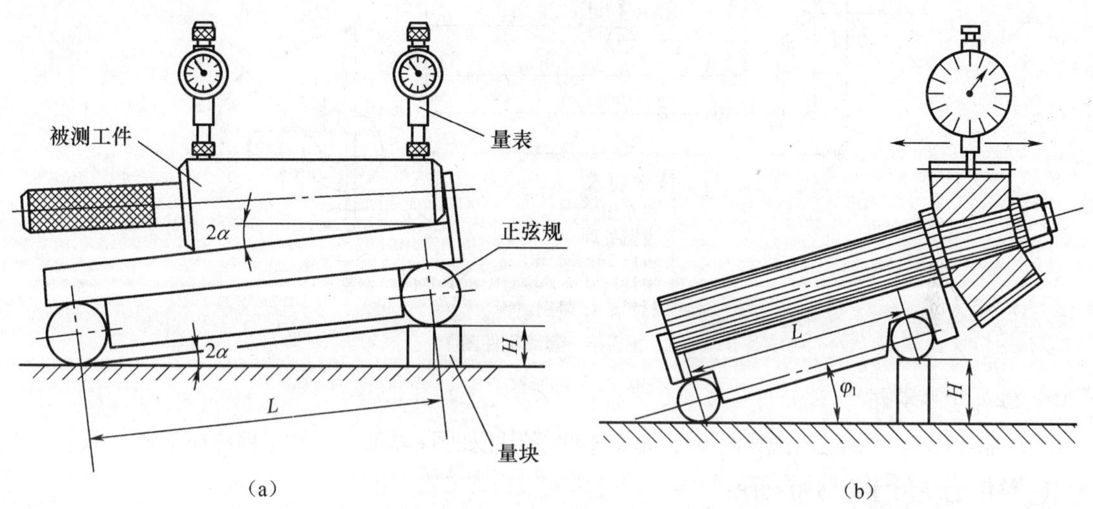

图6-5　正弦规的使用

图 6-5（b）为锥齿轮的锥角检验。节锥是一个假想的圆锥，直接测量节锥角有困难，通常以测量根锥角 δ_f 来代替。用正弦规测量，将锥齿轮套在心轴上，心轴置于正弦规上，将正弦规垫起一个根锥角 δ_f，然后用百分表测量齿轮大小端的齿根部即可。根据根锥角 δ_f 值计算应垫起的量块高度 H，即

$$H = L\sin\alpha\delta_f$$

式中，H——量块高度；

L——正弦规两圆柱的中心距；

δ_f——锥齿轮的根锥角。

（二）套筒零件的加工

1．零件图样分析

套筒零件图，如图 6-6 所示。零件图样分析如下。

（1）零件类型：零件为盘套类零件。

（2）加工表面：全部表面均进行机械加工。

（3）投影及各种符号：内孔与外圆有同轴度要求。

（4）材料种类：45 号钢，并进行调质和发蓝处理。

套筒毛坯图略。

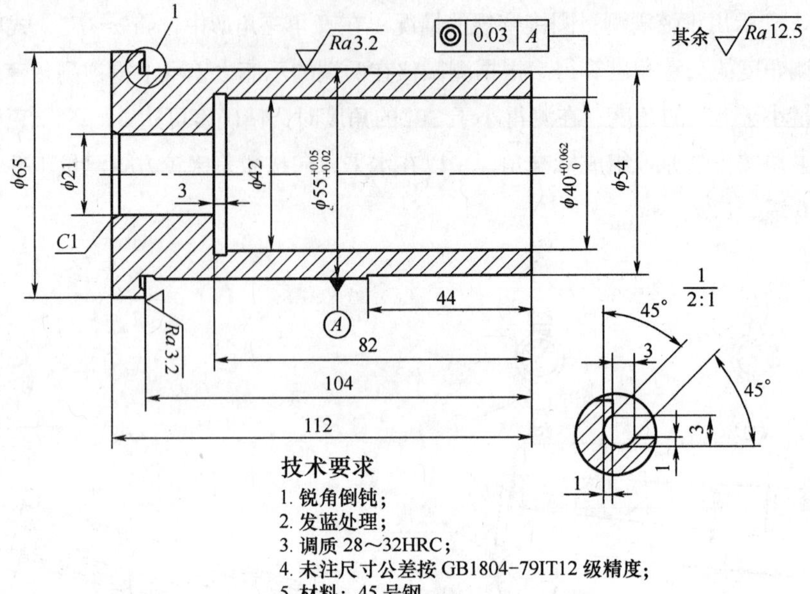

图6-6 套筒零件图

2. 零件工艺分析

（1）确定毛坯。毛坯采用棒料下料，套筒零件下料图如图 6-7 所示。按 1 根棒料下料 3 个工件计：

① 单件毛坯尺寸为 $\phi 70\times 118$；

② 棒料尺寸为 $\phi 70\times(118+3)\times 3$，即为 $\phi 70\times 363$（棒料不宜选择过长）。

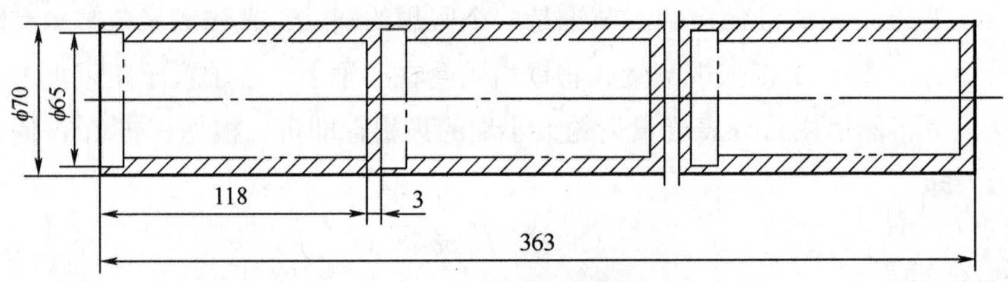

图6-7 套筒零件下料图

（2）热处理要求：45 钢调质处理，硬度为 HRC28～HRC32，最终进行表面发蓝处理。

（3）加工要求：内孔 $\phi 40^{+0.062}_{0}$ mm 及外圆 $\phi 55^{+0.05}_{+0.02}$ mm 有公差要求，是主要的加工表面，而且相互之间还有同轴度要求，表面粗糙度 3.2μm 处是主要加工表面，12.5μm 处是一般要求表面。

（4）加工方法选择：车削。

① 加工方案确定：根据加工精度和表面粗糙度要求，最终加工方法可确定为精车，但考虑到中批生产，在保证质量的前提下还应该达到一定的生产率，故加工方案确定为：下料—粗车—调质—半精车—精车—发蓝。

② 加工难点分析：保证同轴度的要求及尺寸公差；注意孔深 82mm。

（5）零件材料的切削加工性分析：45 钢为常用的材料，有较好的切削加工性，尤其是经过调质的 45 钢，有较好的综合机械性能。45 钢是衡量金属材料切削加工性的标志性材料。

（6）切削液的选择与使用：采用乳化液。

（7）其他：退刀槽的加工。

3. 工艺装配的确定

（1）机床：CA 6 140 及相关机床附件。

（2）45° 端面（倒角）车刀，90° 内、外圆车刀，3mm 切断车刀，ϕ16mm 麻花钻，$\phi 40_{0}^{+0.062}$ mm 机用铰刀。

（3）量具：200mm×0.02mm 游标卡尺、$\phi 40_{0}^{+0.062}$ mm 光滑极限量规、150mm 钢板尺。

（4）工具：莫氏锥套。

4. 工艺编制

套筒零件的机械加工工艺过程和各主要工序内容详见表 6-1～表 6-4。

表 6-1　　套筒机械加工工艺过程卡片

机械加工工艺过程卡片		零件名称	图号	材料	件数	毛坯类型	毛坯尺寸
		套筒	02	45 钢	249 件/批	棒料	ϕ70×118
工序号	工序名称	工序内容			机床	工艺装备	
1	下料	一料 3 件			C630		
2	粗车	找正中心，钻孔如 ϕ16mm，粗车至工序图			C630	200mm × 0.02mm 游标卡尺，3mm 切断车刀，ϕ16mm 麻花钻，150 mm 钢板尺	
3	热处理	调质 HRC28～HRC32			盐浴炉	洛氏硬度机	
4	半精车	半精车零件至工序图			CA6140	200mm × 0.02mm 游标卡尺，150 mm 钢板尺，YT 1 590 车刀	
5	精车	精车零件至工序图			CA6140	YT 1 590° 内外圆车刀，$\phi 40_{0}^{+0.062}$mm 机用铰刀，3 mm 内外切槽刀，50～75 mm 千分尺，$\phi 40_{0}^{+0.062}$mm 光滑极限量规	
6	检验	全件按零件图检验，重点检验 Ra 3.2 处及同轴度					
7	热处理	酸洗、发蓝					
8	入库	清点数量，入库					
××××职业技术学院		工艺设计		日期		共 1 页	第 1 页

表 6-2　　套筒机械加工工序卡片（第 2 工序）

<table>
<tr><td rowspan="2">机械加工工序卡片</td><td>零件名称</td><td>图号</td><td>工序号</td><td>工序名称</td><td colspan="2">共 3 页</td></tr>
<tr><td>套筒</td><td>02</td><td>2</td><td>车</td><td colspan="2">第 1 页</td></tr>
<tr><td rowspan="7">工序图</td><td colspan="3" rowspan="7">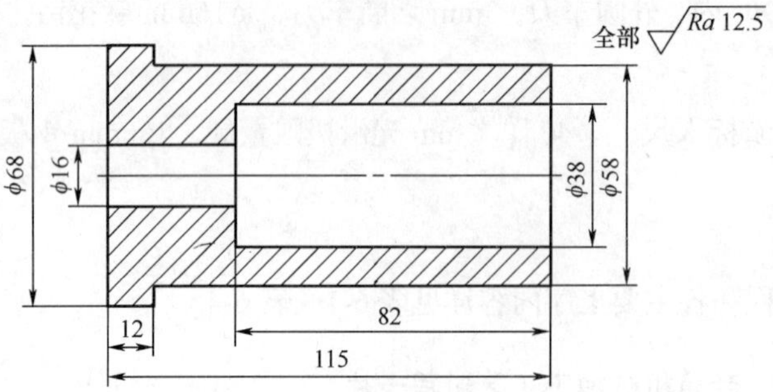
</td><td>材料</td><td colspan="2">45 钢</td></tr>
<tr><td>毛坯类型</td><td colspan="2">棒料</td></tr>
<tr><td>批量</td><td colspan="2">249 件/批次</td></tr>
<tr><td>机床</td><td colspan="2">C630</td></tr>
<tr><td>工序工时</td><td colspan="2"></td></tr>
<tr><td colspan="3">工艺装备</td></tr>
<tr><td colspan="3">卡尺 200mm × 0.02mm；YT15 硬质合金 90° 外圆，45° 端面车刀，90° 内孔镗刀，3mm 切断车刀</td></tr>
<tr><td>工步号</td><td colspan="3">工步内容</td><td>V(m/min)</td><td>f(mm/r)</td><td>a_p(mm)</td></tr>
<tr><td>1</td><td colspan="3">夹棒料，车端面见光，车外圆为 φ68mm、φ58mm，控制 12mm</td><td>120</td><td>0.6</td><td></td></tr>
<tr><td>2</td><td colspan="3">钻 φ16mm 孔</td><td>24</td><td>手动</td><td>8</td></tr>
<tr><td>3</td><td colspan="3">车内孔为 φ38×82，切断，控制总长 115mm，锐边倒钝</td><td>120</td><td>0.6</td><td></td></tr>
<tr><td colspan="2">××××职业技术学院</td><td>工艺设计</td><td colspan="2"></td><td>日期</td><td></td></tr>
</table>

表 6-3　　套筒机械加工工序卡片（第 4 工序）

<table>
<tr><td rowspan="2">机械加工工序卡片</td><td>零件名称</td><td>图号</td><td>工序号</td><td>工序名称</td><td colspan="2">共 3 页</td></tr>
<tr><td>套筒</td><td>02</td><td>4</td><td>车</td><td colspan="2">第 2 页</td></tr>
<tr><td rowspan="7">工序图</td><td colspan="3" rowspan="7">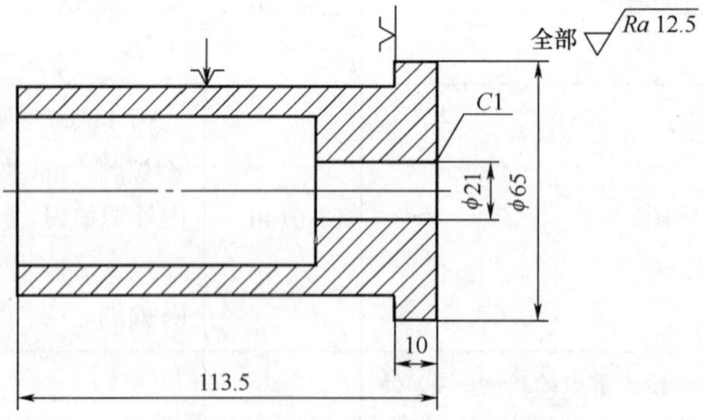
</td><td>材料</td><td colspan="2">45 钢</td></tr>
<tr><td>毛坯类型</td><td colspan="2">棒料</td></tr>
<tr><td>批量</td><td colspan="2">249 件/批次</td></tr>
<tr><td>机床</td><td colspan="2">CA6140</td></tr>
<tr><td>工序工时</td><td colspan="2"></td></tr>
<tr><td colspan="3">工艺装备</td></tr>
<tr><td colspan="3">200mm × 0.02mm 卡尺，YT15 硬质合金 90° 外圆，45° 端面车刀 φ21mm 扩孔钻</td></tr>
<tr><td>工步号</td><td colspan="3">工步内容</td><td>V(m/min)</td><td>f(mm/r)</td><td>a_p(mm)</td></tr>
<tr><td>1</td><td colspan="3">车外圆至 φ65×10，车端面总长 113.5mm</td><td>120</td><td>0.6</td><td></td></tr>
<tr><td>2</td><td colspan="3">扩孔至 φ21mm</td><td>24</td><td>手动</td><td>2.5</td></tr>
<tr><td>3</td><td colspan="3">内孔倒角 1 × 45°，其余锐边倒钝</td><td>120</td><td></td><td></td></tr>
<tr><td colspan="2">××××职业技术学院</td><td>工艺设计</td><td colspan="2"></td><td>日期</td><td></td></tr>
</table>

表 6-4　　套筒机械加工工序卡片（第 5 工序）

<table>
<tr><td rowspan="2">机械加工工序卡片</td><td>零件名称</td><td>图号</td><td>工序号</td><td>工序名称</td><td>共 3 页</td></tr>
<tr><td>套筒</td><td>06</td><td>5</td><td>精车</td><td>第 3 页</td></tr>
<tr><td rowspan="8">工序图</td><td rowspan="8" colspan="3"> 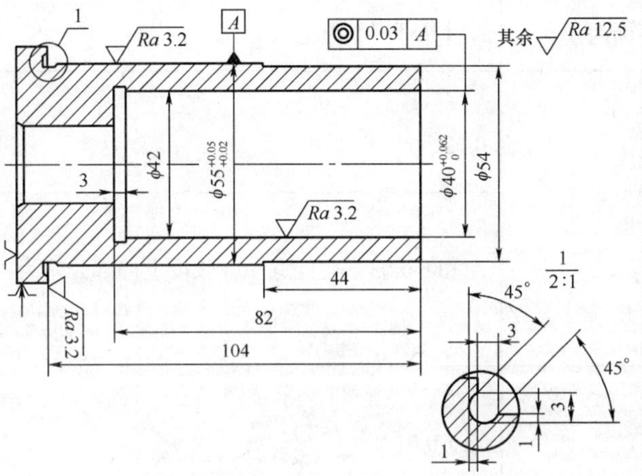1　A　Ra 3.2　◎ 0.03 A　其余 Ra 12.5　3　φ42　$\phi55^{+0.05}_{+0.02}$　$\phi40^{+0.062}_{0}$　φ54　Ra 3.2　Ra 3.2　44　82　104　1/2:1　45°　3　45°　3　1　1</td><td>材料</td><td>45 钢</td></tr>
<tr><td>毛坯类型</td><td>棒料</td></tr>
<tr><td>批量</td><td>249 件/批次</td></tr>
<tr><td>机床</td><td>CA 6140</td></tr>
<tr><td>工序工时</td><td></td></tr>
<tr><td colspan="2">工艺装备</td></tr>
<tr><td colspan="2">200mm × 0.02 mm 卡尺，YT15 硬质合金 90° 外圆，45° 端面车刀，$\phi40^{+0.062}_{0}$mm 机用铰刀，3 mm 内外切槽刀，50～75mm 千分尺、$\phi40^{+0.062}_{0}$mm 光滑极限量规</td></tr>
<tr></tr>
<tr><td>工步号</td><td colspan="3">工步内容</td><td>V(m/min)</td><td>f(mm/r)</td><td>a_p(mm)</td></tr>
<tr><td>1</td><td colspan="3">车端面，保证尺寸 104mm
车外圆 φ54mm 和 $\phi55^{+0.05}_{+0.02}$mm 至图纸要求
车退刀槽至图纸要求</td><td>120</td><td>0.08（精车）</td><td>0.15</td></tr>
<tr><td>2</td><td colspan="3">铰内孔 $\phi40^{+0.062}_{0}$mm 至图纸要求
孔口锐边倒钝
车内孔退刀槽 φ42×3，保证尺寸 82mm</td><td>24</td><td>手动</td><td>0.1</td></tr>
<tr><td colspan="2">××××职业技术学院</td><td>工艺设计</td><td colspan="2"></td><td>日期</td><td></td></tr>
</table>

三、拓展知识

1. 机床的精度检验

使用机床加工工件时，工件会产生各种加工误差。如在车床上车削外圆，会产生圆度误差和圆柱度误差；车削端面时，会产生平面度误差和平面相对主轴回转轴线的垂直度误差等。这些误差的产生，与车床本身的精度有很大关系。因此，对车床的几何精度进行检验，使车床的几何精度保持在一定的范围内，对保证机床的加工精度是十分必要的。国家对各类通用机床都规定了精度检验标准，标准中规定了精度检验项目、检验方法及允许误差等。表 6-5 列出了卧式车床的精度检验标准。

表 6-5　　卧式车床精度检验标准

序号	检验项目	允差（mm）
G1	A－床身 （a）纵向：导轨在垂直平面内的直线度 （b）横向：导轨应在同一平面内	（a）0.02（只许凸起）任意 250 长度上局部分差[①]为：0.007 5 （b）0.04/ 1 000
G2	B－溜板 溜板移动在水平面内的直线度	0.02
G3	尾座移动对溜板移动的平行度 （a）在垂直平面内 （b）在水平面内	A 和 b 0.03，在任意 500 长度上局部公差为：0.02
G4	C－主轴 （a）主轴的轴向窜动 （b）主轴轴肩支承面的端面圆跳动	（a）0.01 （b）0.02
G5	主轴定心轴颈的径向圆跳动	0.01
G6	主轴轴线的径向圆跳动 （a）靠近主轴端面 （b）距主轴端面（Da）/2 或不超过 300	（a）0.01 （b）在 300 测量长度上为 0.02
G7	主轴轴线对溜板移动的平行度 （a）在垂直平面内 （b）在水平面内	（a）0.02/300（只许向上偏） （b）0.015/300（只许向前偏）
G8	顶尖的跳动	0.015
G9	D－尾座 尾座套筒轴线对溜板移动的平行度 （a）在垂直平面内 （b）在水平面内	（a）0.015/100（只许向上偏） （b）0.01/100（只许向前偏）
G10	尾座套筒锥孔轴线对溜板移动的平行度 （a）在垂直平面内 （b）在水平面内	（a）0.03/300（只许向上偏） （b）0.03/300（只许向前偏）

续表

序号	检验项目	允差（mm）
G11	E－两顶尖 床头和尾座两顶尖的等高度	0.04（只许尾座高）
G12	F－小刀架 小刀架移动对主轴轴线的平行度	0.04/300
G13	G－横刀架 横刀架横向移动对主轴轴线的垂直度	0.02/300（偏差方向 $\alpha \geqslant 90°$）
G14	H－丝杆 丝杆的轴向窜动	0.015
G15	从主轴到丝杆间传动链的精度	（a）任意 300 测量长度上为 0.04 （b）任意 60 测量长度上为 0.015
P1	精车外圆 （a）圆度 （b）圆柱度	在 300 长度上为： （a）0.01 （b）0.03（锥度只能大直径靠近床头端）
P2	精车端面的平面度	300 直径上为 0.02（只许凹）
P3	精车螺纹的螺距误差	（a）300 测量长度上为 0.04 （b）任意 50 测量长度上为 0.015

注：① 在导轨两端 1/4 测量长度上的局部公差可以加倍。

（1）床身导轨的精度检验。床身导轨的精度检验包括导轨在垂直平面内直线度和导轨应在同一平面内的两个项目（见表 6-5G1）。

① 床身导轨在垂直平面内的直线度。将水平仪纵向放置在溜板上并靠近前导轨（见图 6-8 位置Ⅰ），从刀架靠近主轴箱一端的极限位置开始，从左向右每隔 250 mm 测量一次读数，将测量所得的所有读数用适当的比例绘制在直角坐标系中，所得的曲线就是导轨在垂直平面内的直线度曲线，然后根据图上的曲线计算出导轨在全长上的直线度误差和局部误差。

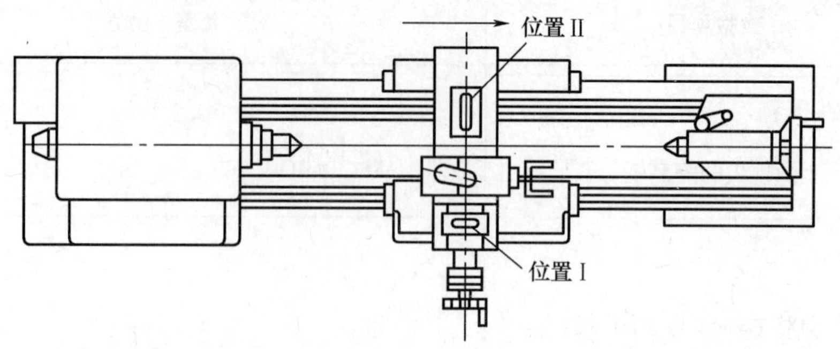

图6-8　床身导轨在垂直平面内的直线度和在同一平面内的检验

例：车床的最大车削长度为1 000 mm，溜板每移动250 mm测量一次，水平仪刻度值为0.02/1 000。水平仪测量结果依次为：+1.1、+1.5、0、−1.0、−1.1格，根据这些读数给出拆线图（见图6-9）。由图可以求出导轨在全长上的直线度误差为

$$
\begin{aligned}
\delta_{全} &= bb' \times (0.02/1\,000) \times 250 \\
&= (2.6-0.2) \times (0.02/1\,000) \times 250 \\
&= 0.012(\text{mm})
\end{aligned}
$$

导轨直线度的局部误差$\delta_{局}$为

$$
\begin{aligned}
\delta_{局} &= (bb' - aa') \times (0.02/1\,000) \times 250 \\
&= (2.4-1.0) \times (0.02/1\,000) \times 250 \\
&= 0.007(\text{mm})
\end{aligned}
$$

② 床身导轨在同一平面内。水平仪横向放置在溜板上（见图6-8位置Ⅱ），纵向等距离移动溜板（与测量导轨在垂直平面内的直线度同时进行）。记录溜板在每一位置时的水平仪的读数。水平仪在全部测量长度上的最大代数差值，即为导轨在同一平面内的误差。

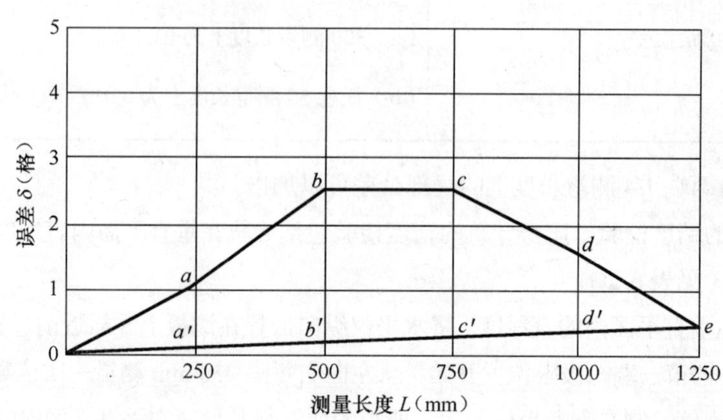

图6-9　导轨在垂直平面内的直线度曲线

纵向车削外圆时，床身导轨在垂直平面内的直线度误差会导致刀尖高度位置发生变化，使工件产生圆柱度误差；床身导轨在同一平面内的误差会导致刀尖径向摆动，同样使工件产生圆柱度误差。

（2）主轴的几何精度检验。

① 主轴的轴向窜动，轴肩支承面的端面圆跳动（见表 6-5G4）。

a.主轴的轴向窜动。在主轴中心孔内插入一短检验棒，检验棒端部中心孔内置一钢球，千分表的平测头顶在钢球上［见图 6-10（c）］，对主轴施加一轴向力，旋转主轴进行检验。千分表读数的最大差值就是主轴的轴向窜动误差值。

b. 主轴轴肩支承面的端面圆跳动。将千分表测头顶在主轴轴肩支承面靠近边缘处，对主轴施加一轴向力，分别在相隔 90° 的四个位置上进行检验［见图 6-10（d）］，四次测量结果的最大差值就是主轴轴肩支承面的端面圆跳动误差值。

在机床加工工件时，主轴的轴向窜动误差会引起工件端面的平面度、螺纹的螺距误差和工件的外圆表面粗糙度；主轴轴肩支承面的端面圆跳动会引起加工面与基准面的同轴度误差，端面与内、外圆轴线的垂直度误差。

② 主轴定心轴颈的径向圆跳动（见表 6-5G5）。将千分表测头垂直顶在定心轴颈表面上，对主轴施加一轴向力 F，旋转主轴进行检验［见图 6-10（b）］。千分表读数的最大差值就是主轴定心轴颈的径向圆跳动误差值。

用卡盘加工工件时，主轴定心轴径向圆跳动误差会引起圆度误差、加工面与基准面的同轴度误差；钻、扩、铰孔时，会使孔径扩大。

③ 主轴轴线的径向圆跳动（见表 6-5G6）。在主轴锥孔中插入一检验棒，将千分表测头顶在检验棒外圆柱表面上。旋转主轴，分别在靠近主轴端部的 a 处和距离主轴端面不超过 300mm 的 b 处进行检验［见图 6-10（a）］，千分表读数的最大差值就是径向圆跳动误差值。为了消除检验棒的误差影响，可将检验棒相对主轴每转 90° 插入测量一次，取四次测量结果的平均值作为径向圆跳动的误差值。a、b 两次的误差应分别计算。

④ 主轴轴线对溜板移动的平行度（见表 6-5G7）。在主轴锥孔中插入长 300mm 的检验棒，两个千分表固定在刀架溜板上，测头分别顶在检验棒的上母线 a 和侧母线 b 处［见图 6-10（e）］。移动溜板，千分表的最大读数差值即为测量结果。为消除检验棒误差的影响，将主轴回转 180° 再检验一次，两次测量结果的代数平均值即为平行度误差。a、b 两处误差应分别计算。

用卡盘车削工件时，主轴轴线对溜板移动在垂直平面内的平行度误差会引起圆柱度误差，在水平面内的平行度误差会使工件产生锥度误差。

（3）机床工作精度的检验。工作精度检验的方法是，在规定的试件材料、尺寸和装夹方法以及刀具材料、切削规范等条件下，在机床上对试件进行精加工，然后按精度标准检验其有关精度项目。

2. 无损探伤

无损探伤是在不损坏工件或原材料工作状态的前提下，对被检验部件的表面和内部质量进行检查的一种测试手段。

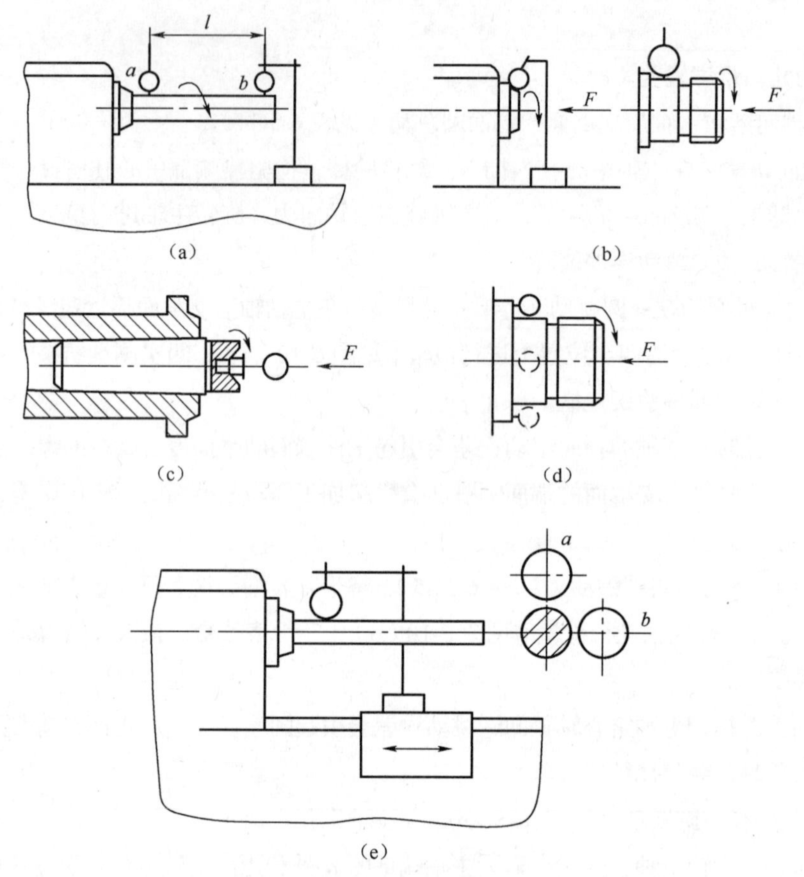

图6-10　主轴的几何精度检验

常用的无损探伤方法有 X 光射线探伤、超声波探伤、磁粉探伤、渗透探伤、涡流探伤、γ 射线探伤、萤光探伤、着色探伤等。

（1）射线探伤。射线探伤是工业上常用的无损检测方法之一。射线探伤是利用射线穿透物体来发现物体内部缺陷的探伤方法。射线能使胶片感光或激发某些材料发出萤光。射线在穿透物体过程中按一定的规律衰减，利用衰减程度与射线感光或激光荧光的关系，可检查物体内部的缺陷。射线穿过材料到达底片，会使底片均匀感光；如果遇到裂缝、洞孔以及气泡和夹渣等缺陷，将会在底片上显示出暗影区来。这种方法能检测出缺陷的大小和形状，还能测定材料的厚度。

射线对人体有害。探伤作业时，应遵守有关安全操作规程，采取必要的防护措施。

（2）超声波探伤。超声波探伤是利用超声能透入金属材料的深处，并由一截面进入另一截面时，在界面边缘发生反射的特点来检查零件缺陷的一种方法。超声波束自零件表面由探头通至金属内部，在遇到缺陷与零件底面时就分别产生反射波，在荧光屏上形成脉冲波形，根据这些脉冲波形来判断缺陷位置和大小。超声波探伤仪如图 6-11 所示。

图6-11　超声波探伤仪

现在广泛采用的是观测超声脉冲在材料中反射情况的超声脉冲反射法，此外还有观测穿过材料后的入射声波振幅变化的穿透法等。常用的频率在0.5～5MHz之间。

根据仪器示波屏上反射信号的有无、反射信号和入射信号的时间间隔、反射信号的高度，可确定反射面的有无、其所在位置及相对大小。

① 超声波法同其他无损检验方法相比，主要优点是：

- 穿透能力强，探测深度可达数米；
- 灵敏度高，可发现与直径约十分之几毫米的空气隙反射能力相当的反射体；
- 在确定内部反射体的位向、大小、形状及性质等方面较为准确；
- 仅须从一面接近被检验的物体；
- 可立即提供缺陷检验结果；
- 操作安全，设备轻便。

② 主要缺点是：

- 要由有经验的人员谨慎操作；
- 难以检验粗糙、形状不规则、小、薄或非均质材料；
- 对所发现缺陷作十分准确的定性、定量表征仍有困难。

（3）磁粉探伤。磁粉探伤的基本原理是在铁磁性材料工件被磁化后，由于不连续性的存在，使工件表面和近表面的磁力线发生局部畸变而产生漏磁场，吸附施加在工件表面的磁场，在合适的光照下形成肉眼可见的磁痕，从而显示出不连续的位置、大小、形状等。

磁粉探伤的特点是磁粉探伤设备简单，操作容易，检验迅速，具有较高的探伤灵敏度，可用来发现铁磁材料镍、钴及其合金、碳素钢及某些合金钢的表面或近表面的缺陷。它适于薄壁件或焊缝表面裂纹的检验，也能显露出一定深度和大小的未焊透缺陷，但难以发现气孔、夹渣及隐藏在焊缝深处的缺陷。

要注意的是某些零件在磁粉探伤后要退磁，因为某些转动部件的剩磁将会吸引铁屑而使部件在转动中产生摩擦损坏，如轴类轴承等。某些零件的剩磁将会使附近的仪表指示失常，因此，某些零件在磁粉探伤后必须要退磁处理。

磁粉探伤仪是根据磁化原理设计而成的，其周向磁化采用交流电，纵向磁化采用直流电，用于检验铁磁性材料制成的零件，适用于各种几何形状的零件，可以发现零件表面因锻压、淬火、研磨等形成的疲劳裂痕以及夹渣等细微的缺陷。但是深入零件表面的缺陷不能利用此法检查。磁粉探伤仪如图 6-12、图 6-13 所示。

图6-12 手持式磁粉探伤仪

图6-13 磁粉探伤仪

四、任务小结

（1）车床尾座的功用是用来装夹顶尖支承工件，还可安装钻头等孔加工刀具进行孔加工。

（2）采用涂色法，用锥度环（塞）规检验零件的内外锥度。涂色法一般用于精加工表面的检验。运用正弦规检测锥度能获得需要的准确数据。

（3）熟悉车床尾座套筒的加工工艺过程。

五、思考题与练习

6-1 车床尾座的主要零部件有哪些？

6-2 车床尾座的主要功用是什么？

6-3 检测锥度的方法有哪些？为了获得准确的锥度值，应采用何种检测方法？

6-4 车床尾座套筒的机加工工艺流程有哪些？请详细写出其机加工过程。

参考文献

[1] 陈舒拉．公差配合与检测技术［M］．北京：人民邮电出版社，2007.

[2] 甘永立．几何量公差与检测［M］．上海：上海科学技术出版社，2001.

[3] 黄云清．公差配合与测量技术［M］．北京：机械工业出版社，1996.

[4] 刘巽尔．形状与位置公差原理与应用［M］．北京：机械工业出版社，1999.

[5] 陈泽民,忻良昌．公差配合与技术测量［M］．北京：机械工业出版社，1984.

[6] 薛彦成．公差配合与测量技术［M］．北京：机械工业出版社，1992.

[7] 何镜民．公差配合实用指南［M］．北京：机械工业出版社，1991.

[8] 韩进宏．互换性与技术测量［M］．北京：机械工业出版社，2004.

[9] 陈舒拉．公差配合与测量技术习题册［M］．北京：机械工业出版社，2003.

[10] 胡立炜，杨淑珍．机械材料与公差［M］．北京：北京理工大学出版社，2010.

[11] 胡凤翔，于艳丽．工程材料及热处理［M］．北京：北京理工大学出版社，2008.

[12] 韩美娥，邹炳文．工程力学［M］．重庆：重庆大学出版社，2007.

[13] 赵世友．模具装配与调试［M］．北京：北京大学出版社，2010.

[14] 苏伟，姜庆华．模具概论［M］．北京：人民邮电出版社，2009.

[15] 晋其纯，张秀珍．车铣工艺学［M］．北京：北京大学出版社，2010.

[16] 吴国华．金属切削机床［M］．北京：机械工业出版社，2007.

[17] 程良益．机械加工实习［M］．北京：机械工业出版社，2005.

[18] 华东升．机械制造基地［M］．北京：中国劳动社会保障出版社，2006.